U0818512

江苏高校优势学科建设工程资助项目
江苏高校品牌专业建设工程资助项目

SBP 探测技术及其在海底勘查中的应用

史建青　王　晓　施　凤　董春来　著

中国矿业大学出版社
·徐州·

内 容 提 要

本书在系统总结SBP(Sub-Bottom Profile)探测声波理论与技术机理的基础上，研究了SBP探测的数据解码、异常数据修复、数据滤波、多次波压制、数据解译、底质分类、层界信息提取等技术问题，设计了海底勘查工程中探测数据预、精处理技术方案，开发了SBP探测实施相应的数据处理软件系统，实践分析了SBP探测技术在海底地质调查、填海工程验收、海洋底质层界提取、海底管线勘测及航道淤泥工程等方面的应用，具有较好的参考和借鉴价值。

本书可作为从事海洋技术、海洋地质、港口航道、海洋调查、海洋测绘和海洋管理等方面工作的工程技术人员和相关领域的科研院所人员参考使用。

图书在版编目(CIP)数据

SBP探测技术及其在海底勘查中的应用 / 史建青等著.—徐州：中国矿业大学出版社，2019.7

ISBN 978-7-5646-4501-4

Ⅰ. ①S… Ⅱ. ①史… Ⅲ. ①海底测量 Ⅳ. ①P229.1

中国版本图书馆CIP数据核字(2019)第144697号

书　　名　SBP探测技术及其在海底勘查中的应用
著　　者　史建青　王　晓　施　凤　董春来
责任编辑　李　敬
出版发行　中国矿业大学出版社有限责任公司
（江苏省徐州市解放南路　邮编 221008）
营销热线　(0516)83884103　83885105
出版服务　(0516)83995789　83884920
网　　址　http://www.cumtp.com　**E-mail**:cumtpvip@cumtp.com
印　　刷　江苏淮阴新华印务有限公司
开　　本　787 mm×960 mm　1/16　**印张** 12.5　**字数** 245千字
版次印次　2019年7月第1版　2019年7月第1次印刷
定　　价　37.50元

（图书出现印装质量问题，本社负责调换）

前　言

海洋强国战略是一个时代的命题，是一个需要全民族为之奋斗的共同目标。建设海洋强国是一个庞大的系统工程，必须加强海洋农牧化建设工程、海洋能源基地建设工程、港口和海运开发工程、滨海旅游开发工程、海洋综合开发工程等建设，加快海岸带、中国海域及大洋资源的开发利用；必须再造中国海生态的良性循环，积极推进依法治海，合理利用海洋资源，提高海洋开发的科技水平，加强海洋生态环境整治与保护。

随着地球科学的研究进展，海底的调查和研究对于地球科学发展的贡献极为巨大，而海洋地球物理调查技术和方法则是海底科学研究的主要手段，海洋底层勘查在海洋综合调查中起着越来越重要的作用，它能提供海底地层自然状态的基本信息。海洋底层勘查技术与区域地质、底质取样、钻孔取芯和原位测试等调查方法相结合，构成一个综合海洋调查系统，可以提供海洋地质学、物理海洋学、海洋生命学、海洋化学、海洋环境生态学等多学科综合资料，是海洋科学研究的重要手段。为了弄清与人们生产活动密切相关的海底状态及变异的原因和规律，保护海洋环境、海洋底质等一系列的需要，必须正确地掌握海底地层分布、形成、构造及变化规律，查明现代海底浅地层、海洋航道、海岸带的变迁与发展演化规律，作为现代海洋物理探测的重要组成部分，海洋观测与监测技术研究正越来越受到人们的重视。SBP(Sub-Bottom Profile，即浅地层剖面)探测作为海洋地球物理调查的常用手段之一，随着近海资源的大规模调查、开发、利用和港海工程建设、海洋工程勘察、地质灾害调查、海洋科学研究的开展，SBP 探测系统以其灵敏度和分辨率高、连续性好而在海底调查中得到了广泛的应用。

本书是国家自然科学基金项目(41806117)、江苏省研究生教育教学改革项目(JGLX19_154)、连云港市科学技术局重点实验室项目(JC1604)的科研实践成果，介绍了目前 SBP 探测技术发展及应用过程中面临的主要技术理论问题，重点研究了探测数据解码、异常数据修复、数据滤波、多次波压制、数据解译及图像层界信息提取等方面内容，分析论证了 SBP 探测模式及其在数据处理过程中涉及的关键技术，形成了一套完整的包括外业探测标准化和内业数据信号提取、海底跟踪、径向道变换滤波、非高斯性最大化法、声强波形特征、图像边缘检测及灰度共生矩阵法等的技术体系，开发实践了基于海底层界提取和航道淤泥分析的数据处理软件系统，在江苏连云港、广西防城港、广东深圳伶仃洋等不同海域开展了海底地质调查、填海工程验收、海洋底质层界提取、航道淤泥工程、海底管线勘测等应用实践，取得了较好的论证效果和社会价值。

全书共 9 章，包括绪论、SBP 探测声波理论、SBP 探测技术机理、SBP 探测数据预处理技术、SBP 探测数据精处理技术、SBP 探测层界信息提取技术、SBP 探测海底底质分类技术、SBP 探测数据处理分析系统及 SBP 探测技术在海底勘查中的应用与分析等。

本书的出版得到了江苏高校优势学科（海洋科学技术）建设工程、江苏高校品牌专业（海洋技术）建设工程的联合资助，淮海工学院王晓松硕士、胡梦涛硕士等参与了研究与应用，武汉大学赵建虎教授，河海大学岳建平教授，淮海工学院周立教授、焦明连教授、蒋廷臣教授，中国科学院何林帮博士等给予了诸多有益的指导与建议，在此一并表示感谢。

本书内容是作者及其团队实践研究成果的阶段性总结，相关理论与技术有待进一步深入探讨，加上作者水平有限，经验不足，书中难免有不足之处，恳请同行专家及读者不吝赐教。

著　者

2019 年 5 月

目　录

1 绪 论

1.1 概 述

21 世纪被称为“海洋的世纪”。中国的领海，从渤海、黄海经东海到南海，横跨 22 个纬度带，大陆海岸线 18 000 多千米，岛屿海岸线约 14 000 km，全国海岸线总长达 32 000 km，根据《联合国海洋法公约》的规定和我国的一贯主张，可划归我国管辖的海域面积约 300 万平方千米，既有开阔的陆架浅海，又有倾斜的陆坡和深邃的海盆，海底蕴藏着丰富的石油、天然气、天然气水合物、铁锰结核等矿产资源，是一个巨大的资源宝库。海底科学是研究海底自然现象、性质、变化规律以及开发利用的系统科学，新兴的海底科学是海洋科学研究的重点领域和前沿领域之一。海底科学对社会经济发展具有重要意义。海底蕴涵极其丰富的资源，包括：海底矿产资源，如滨海、浅海的砂矿和深海的大洋多金属结核、富钴结壳和热液硫化物等；海底能源资源，如石油、天然气、天然气水合物和海底热能等；有新型药物开发前景的深海生物基因资源；可用于海洋交通运输的港口建设、海底管线铺设、滩涂利用和围海造地等的海底空间资源等。由于海底很大程度上还是亟待探索的未知世界，海底探测技术研究在海底科学中占有相当重要的地位。当前，海底探测主要依赖于声学探测技术，特别是海底浅地层声学探测。

SBP(Sub-Bottom Profile，即浅地层剖面)探测技术是现今海底浅层声学探测主流技术之一，是一种基于水声学原理进行海洋地球物理调查的方法，利用声波在海水和海底沉积物中的传播和反射特性及规律，对海底沉积物结构和构造进行连续探测，从而获得直观的海底浅部地层结构剖面，采用走航式测量，工作效率高，是进行海洋底层地球物理调查的主要手段之一。SBP 探测技术具有重要的科学和应用意义：海底浅层沉积物是海洋资源开采、探测以及海底构建物的承载面，其物理特性及结构的研究是海底科学研究的一个重点；海底浅层声学探测对水声学研究、海洋工程、海底沉积物研究、海底地形地貌研究、海底矿产研究、海洋地球物理研究，乃至大洋构造研究等都有重要的作用；海底浅层声学探测还关系到地质灾害防护的问题，河口和陆架海区的浅沉积层中常含有可能诱发地质灾害的浅层气团（沼气等），会直接威胁到海底管线、跨海大桥及港口码头堤坝等近岸海洋工程的安全。

SBP 探测系统以其灵敏度和分辨率高、连续性好且能快速地探测水下地层的地质特征及其分布而在海洋调查中得到了广泛的应用，其应用范围涉及水上工程勘察、灾害地质调查和海洋地质科学研究等诸多领域。由于 SBP 探测系统具有安装方式便捷、分辨率高、灵敏度高以及连续性较好等优点，在海上风电场桩机站位的物探、海上管道铺设、水下考古、锚地调查等近海工程中发挥了重要作用。

1.2 国内外发展现状

1.2.1 SBP 数据处理研究现状

SBP 探测系统是在测深仪基础上发展起来的，只不过其发射频率更低，声波信号通过水体穿透床底后继续向底床更深层穿透，结合地质解释，可以探测到海底以下浅部地层的结构和构造情况。SBP 探测系统在地层分辨率（一般为数十厘米）和地层穿透深度（一般为近百米）方面有较高的性能，并可以任意选择扫频信号组合，现场实时设计调整工作参量，可以在航道勘测中测量海底浮泥厚度，也可以勘测海上油田钻井平台基岩深度。利用 SBP 探测系统进行海底声学 SBP 探测时，受测量船噪声、气泡、紊流等海洋环境及基岩等坚硬地质的影响，获得的测量资料会出现模糊、失真以及多次波等问题，这会给后期的资料解译工作带来困难，并且会使得数据的可靠性大大降低，为了解决以上问题，国内外专家学者及各类业内人士已对其展开研究，并取得了不错的进展。

在数据处理方面，Bentsen 研究了利用地震偏移方法进行 SBP 探测数据的处理，但仅涉及提高成像和分辨率，并没有进行自动层界划分的研究。Stevenson 等用 SBP 探测系统进行了海底浅地层类型分类的研究，通过 SBP 探测数据估计沉积物品质因数，并与实验室模拟测量的品质因数进行比对以确定底质类型，但对于品质因子相近的沙、淤泥、黏土等沉积物难以区分。在层界划分上，仅韩国배진호等人于 2013 年提出了基于 Schur 法则提取层界位置的方法，该方法根据层界对 SBP 探测信号反射的特点，建立 Schur 模型，寻找 SBP 回波信号特征，并进行层界划分。早在 20 世纪 60 年代 SBP 探测技术开始应用不久，Bortfeld 就提出基于正常时差和周期性来识别多次波，Schneider 和 Backus、Taner 和 Koehler 研究了利用 Common Middle Point 零偏移距消除多次波的方法，该方法要求多次波和反射波有速度差异，可适用于常规资料处理，对于层间多次波，这种速度差异不明显，往往难以进行消除。Robinso 和 Backus 利用多

次波的周期性分别引入维纳滤波和预测反褶积来进行多次波的压制，该种方法只能处理简单的一维数据，不能处理二维及倾斜复杂地质情况的数据。此外，该方法还要求多次波的周期不能超过预测滤波器的长度，因此无法处理深水鸣震问题。1986 年，Hampson 提出了用抛物 Radon 变换压制多次波方法。Douglas 等也在 1992 年提出了用双曲 Radon 变换压制多次波的方法。最近几年，国外又出现了一些较新的压制多次波的方法。Stefan 和 Dir 提出利用 CRS 属性来进行表面多次波的识别和压制，该方法通过 CRS 属性的帮助计算出多次波，然后通过自适应衰减得到有效剖面。Sergey 提出了利用规则非固定回归方法进行多次波的自适应衰减，方法的主要思想是利用整形规则化来约束非固定回归反射系数的变化，模型试算取得较好效果。

SBP 探测系统设备性能指标中分辨率与穿透深度是互相矛盾的。20 世纪 80 年代，美国 Datasonics 公司与罗得岛州州立大学的海军研究所及美国地质调查局联合开发了一种称为“Chirp”的压缩子波，并广泛应用于海底浅地层勘探中。通过长时间的调频脉冲，接收信号经过滤波处理，得到一个比发射脉宽的宽度窄很多的压缩脉冲，压缩后的脉冲宽度与发射脉冲宽度无关，此压缩脉冲宽度等于调频带宽的倒数，即 $\tau_p = 1/\Delta f$，其中，τ_p 为处理后的脉冲宽度，Δf 为调频宽度。发射较宽的线性调频(Chirp)脉冲，能够保证一定的穿透深度，同时不会降低垂直分辨率。其中 GeoChirp Ⅱ 是采用线性调频 Chirp 声呐作为声源，来探测海底浅地层构造情况的一种 SBP 探测系统。与此同时，为了产生具有足够穿透力的低频，它的换能器必须做得大而重，分辨率也较差。于是人们提出了参量阵非线性调频原理，德国 Innomar 公司利用该原理研制了 SES-1996 参量阵 SBP 探测系统。总体来看，Chirp 技术在地层分辨率上具有极高的性能，而其勘探深度的限制又使其应用范围具有很大的限制。同时，传统的 Boomer 为电磁式剖面仪，但其声能发射机震源输出的电压通常为几千伏，针对该问题，研究人员在设计上进行重大改进，采用独特低压技术的新型 SBP 探测系统 C-Boom 应运而生。

国内从 20 世纪 70 年代开始研究浅层剖面仪，但大多数研究都集中在 SBP 探测系统设备测量原理介绍及应用探讨上，在 SBP 探测数据处理方面的文献则相对较少。目前对 SBP 探测数据处理的研究主要集中在提高 SBP 探测数据信噪比方面，如王方旗等进行的地层时深转换及地层畸变校正方面的研究，罗进华对涌浪影响的处理，以及对多次波分析及压制的各类研究。在浅地层层界识别上，仍以人工识别为主要方式。赵建虎等提出了基于图像处理技术的浅地层层界划分方法，对 SBP 原始观测数据解码，在此基础上，根据回波振幅与层界的响应机制以及回波强度时序的变化特点，利用灰度突变的阈值法进行层界提取，实现了概略层界位置的确定，在此基础上又提出了基于信息熵的地层提取方法。李海森、朱建军等在分析分数阶傅里叶变换解卷积定理，推导时间量纲化变换公式的基础上，提出了一种基于傅里叶变换的 SBP 精细探测方法，通过窄带滤波器进行滤波处理消除白噪声，获取 SBP 探测数据的包络痕迹，最终通过计算机仿真实验验证算法的精细探测能力，可得到高质量的 SBP 探测图像。郑红波等通过代码程序将 Chirp 型 SBP 原始记录的 JSF 格式数据转换为数字包络信号和全波形振幅信号两种类型的 SEG-Y 标准地震数据，并运用程序读取且转换了南海北部某区域的实测 SBP 探测数据，并分析了 SBP 资料解译中采用包络信号的原因，为利用振幅信号数据反演海底反射系数等后续工作奠定了基础。众多科研工作者从各种数学理论入手已对 SBP 数据解译做了大量工作，虽然在一定程度上提升了 SBP 探测数据解译的质量，为 SBP 探测数据解译研究奠定了良好的理论基础，但大多数研究没能考虑到 SBP 探测在实际应用过程中的问题。刘秀娟等人虽进行了海底地形自动提取的研究，但仅停留在海底表面，并未进行海底底质内部层界的自动提取研究。罗进华等人提出了基于改进的滚动时窗法实现海底地层剖面反射层位自动拾取的方法，该方法需人为设置约束条件，且对数据质量具有较高的要求。刘玉萍等人通过提取 SBP 探测资料海底均方根振幅并绘制等值线图，并结合海底摄像资料进行了海底底质分析，但仅验证了利用 SBP 探测资料海底均方根振幅的特征属性进行底质分析的可行性，并未利用 SBP 探测资料进行独立的层界提取及底质划分。

纵观国内外 SBP 探测系统发展历程及现状，可以看到有关 SBP 探测的研究已从系统原理和应用方面逐渐转移到高精度数据处理方面，并出现一系列研究改善 SBP 探测成像质量和分辨率的文献，而在 SBP 探测层界的自动划分提取方面则刚刚起步，鲜有相关的文献发表，运用 SBP 探测数据进行海底底质识别的研究虽偶有见到，但大多结合其他测量手段或设备进行，很少有单独利用 SBP 探测系统设备优势进行的底质分类研究。SBP 探测数据处理的研究，是未来 SBP 探测技术研究的发展趋势之一。

1.2.2 国内外 SBP 探测应用现状

SBP 探测技术起源于 20 世纪 60 年代初期，其后广泛应用于港口建设、航道疏浚、海底管线布设以及海上石油平台建设等方面。20 世纪 70 年代以来，随着近海油气资源的大规模开发和各种近岸水上工程建设项目的不断增加，以及各种地质灾害的频繁发生，SBP 探测的重要性越来越为人们认识，同时，SBP 探测系统呈现多元化的发展趋势。海底声学探测最早始于回声探测，其从 20 世纪初开始应用，在很短的时间内就从根本上改变了人们对海底地形地貌的认识。SBP 探测系统就是在回声探测原理基础上发展起来的，20 世纪 40 年代国外就已经出现了最原始的海底剖面仪，六七十年代就已经有了商用产品，受当时技术水平的限制，无法实现声电信号处理、数据传输、实时自动形成电子图像记录等功能，探测结果只能记录打印在热敏记录纸上。

20 世纪 60 年代，SBP 探测技术进入实际应用阶段，并很快在海底制图中得到应用。Limonov 等利用高分辨率地层剖面设备对黑海泥火山区域的海底进行了探测，通过分析获得的高分辨率声学资料，系统分析了泥火山区域的海底地形地貌特征，将泥火山区域海底地貌分为三种类型，通过对比侧扫声呐图像及海底地层剖面发现了大量麻坑等油气渗漏点，综合分析了油气渗漏与海底地貌形态特征的关系。Carl 等利用高分辨率侧扫声呐图像和高分辨率 SBP 探测系统对哥斯达黎加近海的 6 个大型海底圆丘及其附近的流体渗漏特征进行了系统分析，得出了流体渗漏与海底圆丘地貌密切相关的研究结论，为今后研究该区域的海底灾害地质因素奠定了良好基础。Lafferty 等利用高分辨率 SBP 数据和高分辨率侧扫声呐数据对爱尔兰西部海域的海底地貌及地层单元属性进行了系统分析，通过分析侧扫声呐图像地貌特征及海底地层剖面特征，划分 4 个地层单元，识别了自然沉积物堆积和人为沉积物堆积，了解了该区的地貌成因及演化过程。还有其他一些专家学者如 Savini、Curt 等，都是在高分辨率声学探测的基础上通过分析取得的声学剖面得到相关研究区的科研成果，丰富了当地的海底地形地貌或地层信息，识别了相关潜在的灾害地质因素，为当地的海洋经济建设提供了科学依据。

在国内，由于声学设备较为落后，从 20 世纪 70 年代由中科院和地矿系统开始研究地层剖面设备，有更多的专家学者也开始应用 SBP 探测技术，如夏伟等利用 SBP 探测水库水底地形及其沉积记录，证实了水库库底地形复杂多变，局部可见水下滑坡和泥沙淤积及明显层状结构，分辨率可达 10 cm，说明 SBP 探测技术适用于研究山地型水库沉积物分布，是进行水库长期生态学野外采样的必要手段。孙鹏、马胜中等人分别应用 SBP 探测技术进行了海底管线路由的探测，董玉娟等结合 SBP 探测技术和侧扫声呐进行了海底管线的探测，杨敏、张伟等人在海底管线路由探测方法的总结中也对 SBP 探测技术给予了极大肯定。徐国强等利用参量阵 SBP 探测系统的非线性特性，在高压下同时向水底发射两个频率相近的高频声波信号作为主频，声波在水介质中传播时由于水的非线性效应而形成差频波，该差频波具有很强的沉积层穿透力，可以用来探测海底浅部地层裸露及埋藏的管线，结合导航设备可以准确确定海底管线位置，经实际验证该方法快速有效。刘玉萍等提出利用 SBP 资料进行海底底质分析，张海青等通过海底地层剖面灰度图像的纹理分析进行底质分类。王明田等使用 Chirp 型 SBP 探测系统在古河道所在位置附近范围内施测，依据 SBP 探测系统高分辨率、穿透性强的特性可快速探测出古河道所在的具体位置及古河道的层间结构，对于认识地层古环境、海上施工、海上建筑和防灾减灾上具有重要科研意义和现实意义。

迄今为止，SBP 探测系统已经历了连续波技术、线性调频 Chirp 技术、非线性调频参量阵差频技术三个技术阶段，且 SBP 探测产品也逐渐优化，当前应用较多的 SBP 探测系统有以下几种：Geo Marine Survey System 公司生产的 Geo-Source 系列电火花地震仪系统，其高分辨率电火花声源运用了电极保护技术，通过负极放电的方式大大延缓了电极损耗，真正做到了免维护，且放电形态稳定；C-Products 公司生产的 C-Boom 低压 Boomer SBP 探测系统，工作电压低至 400～600 V，较传统的 Boomer 电压有了极大的降低；Odom 公司生产的 Chirp Ⅲ型 SBP 探测系统，它是一个双频同时工作系统，可用频率范围在 2～7 kHz 和 10～20 kHz；德国 Innomar 公司生产的 SES-1996 和 SES-2000 系列参量阵 SBP 探测系统，其参量阵技术在海洋测量实践中已有较多成功典范。我国在第八个五年计划期间将地层剖面设备研究列入了国家攻关项目，“十五”期间的国家 863 计划中也有了相关项目的立项。目前，国内研究成功的 SBP 探测系统主要有 HQP 型、HDP 型、CK 型、QPY 型、GPY 型、DDC 型、PGS 型、PCSBP 型等。这些设备在声学系统设计、发射能量、分辨率等功能指数上较国外产品都表现出了优良性能，在实际应用当中得到了良好的效果，但在稳定性上需进一步提高。

1.3 发展趋势

2014 年，我国国家海洋局发布了《全国海洋观测网规划（2014—2020 年）》。规划提出：到 2020 年，我国将建成全国性、地方性以及其他行业专业三种等级的海洋数据服务平台，以全国性数据平台为主，地方性以及其他行业专业平台为辅，打造一个可以覆盖近岸并向近海、中海、远海拓展，从水面向水下和海底延伸的巨大范围，并实现海洋立体化观测，拥有综合保障体系和数据资源共享机制的大型海洋观测及数据可视化网络平台，全面服务于海洋的防灾减灾、经济、管理以及科研等海洋项目。随着水声学、电子技术和各种新算法的不断出现和发展，海底声学探测技术正在由结构探测向地质属性、底质分类探测与识别的方向发展，随之推动了海底浅地层探测新思想的提出。同时，对于各种先进技术的融合，随着技术的不断进步，人们对地层剖面仪的探测性能有了更高的要求，SBP 探测系统被公认为是测量海底浅地层最常用的声学仪器，在船只走航过程中，以垂直纵向剖面图形反映海底浅地层地质构造，实现海底浅地层组织结构的快速有效探测，为海底科学探索、海洋工程、航道测量提供最基本的数据。通过对国内外典型 SBP 探测系统的比较分析，结合探测信息数据处理的研究，SBP 探测系统未来的发展趋势是全覆盖多波束系统、差频参量阵声源、深海探测技术、改进接收基阵、智能海底层析和完善后处理系统。研究开发出高性能的国产设备与数据后处理软件是一项重要任务。

1.3.1 差频参量阵声源

参量阵声源是利用两个高频原声信号，通过声学非线性原理差频生成低频声信号，其优点是利用较小的换能器尺寸生成高指向性低频声信号，差频 SBP 探测系统的频率低、指向性强、旁瓣小、穿透能力强。参量阵技术构成的全海洋宽频带非线性差频浅层剖面系统，其地层穿透最大深度达 150 m，分辨率为 0.3 m，并且具有同时测量水深的功能。因此，提高参量阵原频信号到差频信号的转换效率是未来的发展趋势。

1.3.2 全覆盖多波束系统

开发能够发射窄波束的全覆盖多波束浅地层探测系统，提高地层剖面仪的穿透深度与分辨率，特别适用于复杂水下地形和沉积层倾角随距离变化的情况，能够分辨出来自不同方向的浅地层回波信号，多波束浅地层探测系统可以接收到包括垂直方向在内的多个角度方向上的散射回波信号，工作效率高，获取信息量大，可以得到较大面积海底表层沉积物的信息，在海底地形和地层全覆盖多波束测量系统方面应用前景十分广阔，拓展 SBP 探测系统应用性能是将多波束技术的使用扩展到了新的应用领域，创建全覆盖多波束系统，实现海底剖面探测与地形测量的高层次融合。

1.3.3 深海探测技术

随着深海载人潜水器、深海 AUV、深海 ARV 等水下移动平台的发展，海洋科学研究与开发在不断深入，SBP 探测的涉海范围和服务内容会大大拓展，必须加强研究浅到几米、深至万余米的海洋底层全面覆盖探测技术，才能满足海洋科学研究和开发所需的深海底地层剖面信息数据，可见深海 SBP 探测技术是海底地层剖面探测系统未来的发展趋势。

1.3.4 改进接收基阵

国外参量阵多波束 SBP 探测技术已发展到了较高的程度。为了达到好的探测效果，很多参量阵多波束浅地层探测设备采用大尺寸低频接收基阵，这就造成信号接收系统复杂、成本高、不利于推广应用等缺点。由于参量接收基阵的机理和构成都很复杂，技术实现难度很大，成本很高，因而至今不能像参量发射基阵那样能够对多波束浅地层探测系统进行改进，这应是未来重点解决的问题。

1.3.5 智能海底层析

SBP 探测系统直接测量的是回波时间，而不同海底层质对应不同的声传播速度。因此，只有当正确确定每层的声速后，才能获得真实的地层厚度和浅地层剖面。采用宽带扫频技术开发深海宽带换能器和频率无缝合成技术，结合已有地形特征和多波束回波强度，对底质进行智能层析，有助于确定地层构成和声速，提高浅地层剖面测量精度。

1.3.6 完善后处理系统

全面分析 SBP 探测的水声波发射与接收的影响因素，厘清多次波中包含的复杂地层有效信息，优化研究声波海底地层真实声速算法模型，融合波动方程和滤波方法，克服单一多次波压制方法去噪，开展综合法多次波滤波压制，加入潮位数据进行潮位改正，实时展现真三维立体地层显像，高精度准确提取 3D 地层数据信息，开发强兼容性数据处理系统软件，提高数据处理、解释的准确性和可靠性，是未来 SBP 探测信息处理的研究方向。

1.4 SBP 探测主流系统

1.4.1 SBP 探测系统组成

SBP 探测系统由主体部分与若干辅助部分组成，如图 1-1 所示。主体部分主要包括发射换能器、接收换能器、甲板单元、连接换能器和甲板单元的通信与电源电缆、地线等配套设备；辅助部分主要由导航系统、姿态补偿传感器、声速剖面仪等其他为了提高测量精度的传感器组成。在此主要介绍固定安装的 SBP 探测系统的组成部分。

1.4.1.1 换能器

换能器由震源激发单元与回波信号接收单元两部分组成。震源激发单元由内部激发声波垂直向海底发射，其输出形式有模拟的或数字的，线性调频波或非线性调频波(参量阵技术)，根据水深、地层层序结构、地质构造以及探测目的的不同，可以选择适用不同应用领域的换能器并根据不同地质状况调整发射频率；接收换能器通过回波信号接收单元接收来自海底地层的反射波，传输至甲板单元经过一系列数据处理以地层剖面灰度图像显示出来。

目前 SBP 探测系统的换能器通常是发射基阵和接收基阵合二为一。可在一定程度上控制自动增益(AGC)并放大时变增益(TVG)，进而动态地将接收到的声波信号压缩到一定范围，减少甲板单元信号处理工作量，以保证信号处理系统可正常流畅地工作。

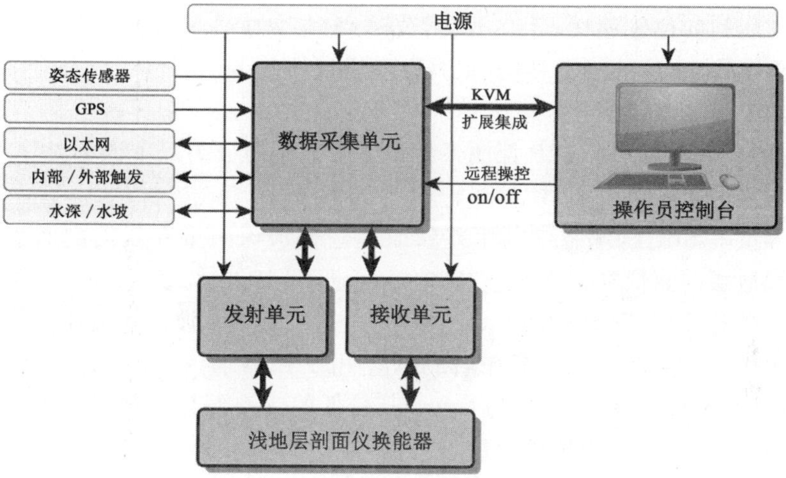

图 1-1 SBP 探测系统组成示意图

1.4.1.2 甲板单元

甲板单元既是记录数据、显示数据的设备，同时也是进行数据存储的存储器。随着智能运算与计算机技术的快速发展，甲板单元不断更新换代，已逐渐成为探测工作人员进行操控换能器的遥控装置。探测工作人员可根据甲板单元反馈的数据图像效果，结合探测目的不断调整发射频率、增益等参数，达到最佳数据采集参数组合、获取高质量探测记录的目的。

1.4.1.3 导航系统

SBP 探测通常需要在测量工作的准备阶段进行测量区域的规划，根据测量区域规划和行业标准合理布置计划测线，为保证换能器能够准确无误地沿着计划测线进行 SBP 探测，必须有高精度的辅助系统为测量船只进行导航。同时当 SBP 探测过程中发现有可疑海底目标物，需获取该目标物坐标时也需要结合导航系统的定位功能，所以导航系统对 SBP 探测系统有着不可或缺的作用。当前 SBP 探测中所用的 DGPS 有信标站差分与星站差分两种，二者差分信号在我国沿海海域都已实现全覆盖，星站差分比信标站差分精度更高，但星站差分用户端接收机账号昂贵，在兼顾价格和精度的情况下，通常采用信标站差分导航。

1.4.1.4 姿态传感器

考虑到海上天气多变及风浪影响，SBP 探测系统的甲板单元通常都预留有接入姿态数据的接口。姿态补偿传感器固定安装在与换能器位置相近且平稳的地方，将其测量的横摇、纵摇、升沉数据实时传输至甲板单元。结合姿态传感器与换能器之间的位置偏移，计算出换能器的姿态变换数据进而对测量数据进行实时的姿态修正，达到涌浪补偿、提高数据质量的效果。

1.4.2 SBP 探测系统类型

根据声波产生原理，SBP 探测系统设备类型主要分为以下四类。

1.4.2.1 声参量阵式

声参量阵 SBP 探测系统利用差频原理进行水深测量和浅层剖面探测。声参量阵浅地层剖面仪在工作时，在高电压驱动下同时向海底发射 2 个频率接近的高频声学脉冲信号（f_1，f_2，$f_1>f_2$）作为主频，主频声波经换能器向海底传播时会产生一系列二次频率。其中，高频 f_1 用于探测水深，f_1+f_2 可以用来记录水体中的信息。差频波 f_1-f_2 由于其较低的频率而具有很强的地层穿透能力，可以用来探测海底地层结构信息。

声参量阵 SBP 探测系统具有换能器体积小、质量轻的优点，在实际作业中方便搬运和安装。同时仪器主频高、波束角小、指向性好，具有较高的分辨率，差频声波信号可承载更多的底质信息。该类 SBP 探测系统适合于淤泥、浮泥、沉积层等浅层底质的探测，主要缺点是穿透能力较差。

1.4.2.2 压电陶瓷式

压电陶瓷式 SBP 探测系统主要分为固定频率和线性调频 Chirp 两种，其中 Chirp 型 SBP 探测系统是为解决传统浅地层剖面探测设备分辨率与穿透深度矛盾的问题而研制，目前已被广泛应用于海底地层剖面勘探中。线性调频技术 Chirp 原理是：换能器发射宽带调频脉冲，通过匹配滤波对接收信号进行处理，得到一个比发射脉冲宽度窄很多的压缩脉冲，压缩后的脉冲宽度与发射脉冲的宽度无关。压缩脉冲宽度等于调频带宽的倒数，即表达式如下：

$$\tau_p = 1/\Delta f \tag{1-1}$$

式中，τ_p 为压缩脉冲宽度，Δf 为调频宽度。

压电陶瓷式 SBP 探测系统具有高分辨率、穿透力较好的优点，且适用范围广；但价格较高、换能器笨重。

1.4.2.3 电磁式

电磁式 SBP 探测系统通常多为各种不同名称的 Boomer，它是利用换能器上的线圈快速通电激发磁场产生强烈排斥力，推动极板从而产生高能量声波。电磁式 SBP 探测系统大多能兼容电火花系统，其地层穿透深度及分辨率适中，且与其他类型仪器相比价格适中。但传统 Boomer 声能发射器输出的电压通常为几千伏，在外业使用中存在相当多的问题，如仪器故障率高、功耗大、工作危险性大、仪器过重等。C-Boom SBP 探测系统为 C-Products 公司研发的新型电磁式 SBP 探测系统，它采用该公司设计的独特低压技术，其工作原理与其他 Boomer 相同，但电压更低、设备更轻便，特别适合浅水、近岸和小船使用。

1.4.2.4 电火花式

电火花式 SBP 探测系统采用高压放电的原理，利用高电压在海水中的放电产生声音，并向海底传播。该类 SBP 探测系统具有地层穿透深度较大的优点，能够满足对地层探测深度有要求的浅地层剖面测量任务，但同时具有分辨率较差、仪器笨重、能耗大、故障率高的缺陷，实际使用中应根据测量任务要求进行选择。

1.4.3 主流产品评述

目前，国内 SBP 探测系统主要有 HQP-1 型、HDP-1 型、CK-1 型、QPY-1 型、SES-1996 型、GPY-1 型、DDC-1 型、PGS 型、PCSBP 型等；国外 SBP 探测系统主要有美国产 PTR-106 型、Bathy200P 型和 X-Star 型，日本产 SP-2 型和 SP-3 型，挪威产 TOPAS PS 018 型，英国 SES、AAE 公司和荷兰 Geo Marine Survey System 公司生产的系列 SBP 探测系统等。国产仪器与国外相比仍存在较大差距，且国产仪器在性能方面也多有局限性。在海洋调查中，我国使用的 SBP 探测系统大多仍是从国外进口，尤其是在深海调查领域。

SBP 探测系统声波穿透地层的深度受发射器的声源级、工作频率、海底表层的反射系数和散射系数及地层的声吸收系数等因素影响。从仪器本身来说，探测深度与工作频率成反比，一般来说，频率越高，穿透地层越浅，分辨率则越高；频率越低，穿透能力越强，但分辨率越低。应用非线性声学原理的参量阵剖面仪既可以提高地层分辨率，又可以提高抗干扰能力，但其有效工作频率声波的电声转换功率很低。现时主流的 SBP 探测系统，各种产品性能多有各自的优势或者各有其独特的用途，依据一般适用原则，下面选择其中较为成熟和较为出色的产品加以介绍，主要介绍型号、特点和关键技术指标等。

1.4.3.1 C-Boom 低压 SBP 探测系统

1.4.3.1.1 概述

英国 C-Products 公司 C-Boom 低压 SBP 探测系统(图 1-2)是一款结构非常紧凑、轻便、安全、可靠、便携的剖面探测系统，工作电压在 400～600 V 之间。该系统安装起来简便快捷，各种操作船只无论大小都可以安装。额定水深从 1 m 至 100 多米，都可获得超高分辨率数据。河床渗透深度达80 m。该系统价格适中，成本效益高，是目前市面上唯一的 LVB 系统。它保留了传统 Boomer 的所有功能，同时提供多种关键性的益处，为世界上高质量 SBP 探测系统之一。

1.4.3.1.2 性能分析

(1) 优点：

图 1-2 C-Boom 低压 SBP 探测系统

① 结构紧凑,安装简便快捷,适用于各种船舶。

② 拥有浅水、深海、淡水等不同海域作业能力,尤其是在极浅水域也可以工作,也是其独特之处。

③ 采用目前市场上电压最低的 Boomer 系统,安全可靠。

(2) 缺点:地层穿透能力(深度)一般。

1.4.3.2 TOPAS PS 018 深水探测系统

1.4.3.2.1 概述

TOPAS PS 018 深水 SBP 探测系统是挪威 Simrad 公司生产的窄波束 SBP 探测系统,属于船载型设备,在同类产品中,是目前国际上最先进的深水 SBP 探测系统之一。该系统是全海洋宽带非线性差频 SBP 探测系统,可对海底地层进行全方位测量,同时还兼有测量水深的功能,可根据工作需要选择不同的波形(Ricker 波、Burst 波和 Chirp 波)进行勘测,如图 1-3 所示,其中,Ricker 波形能提高分辨率,Chirp 波形能提高声波穿透率,从理论上实现了全海洋测量功能,该系统是中、深水地层测量的理想测量系统。我国海洋科考船“大洋一号”“向阳红 14 号”等都安装有该深水浅地层剖面探测系统。

1.4.3.2.2 性能分析

(1) 优点:

① 属于参量阵 SBP 探测系统,可以对发射接收进行电子束控,可以进行大的扇区覆盖。

② 从实测剖面分析,该系统是中、深水地层测量的理想测量系统。

(2) 缺点:

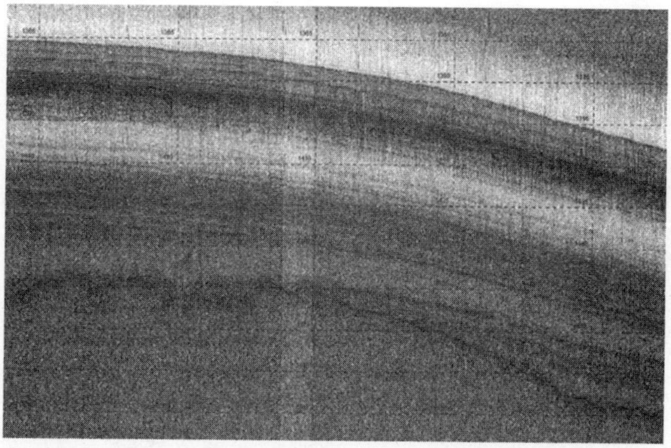

图 1-3 TOPAS PS 018 系统实测某海底地层剖面图

① 属于船载型地层剖面仪，对安装条件要求较高，不如拖体型剖面仪携带方便、运用灵活。

② 对陡坡的返回信号较差。

1.4.3.3 Chirp Ⅲ SBP 探测系统

1.4.3.3.1 概述

Chirp Ⅲ SBP 探测系统由美国 Benthos 公司生产，其质量轻，方便携带运输，适合在小船上应用（图 1-4）。SBP 探测系统工作原理为系统发射一个线性扫频调制的脉冲，声反射信号由水听器线列阵接收，通过脉冲压缩滤波，由此产生海洋、湖泊或河流底床的高分辨率地层图像。其发射频率较通常使用的测深仪要低得多，所以可以穿透淤泥层。由于调频脉冲由宽动态范围的数字模拟变换而成，并通过线性功率放大器发射，声学脉冲的能量、振幅及相位特征均得到精确控制。这种精确控制可以获得很高的脉冲重复性，同时可以获得清晰海底回波信号，是进行海底沉积物分类所必需的。

1.4.3.3.2 性能分析

（1）它质量轻，方便携带和运输，售价较低，适用于多种应用。

（2）系统配置灵活，能提供多种拖鱼和船舷式安装阵列。

（3）能适应 AUV 配置。

1.4.3.4 Edgetech 3200XS 型 SBP 探测系统

1.4.3.4.1 概述

Edgetech 3200XS 型 SBP 探测系统是 EdgeTech 公司采用全频谱 Chirp 技

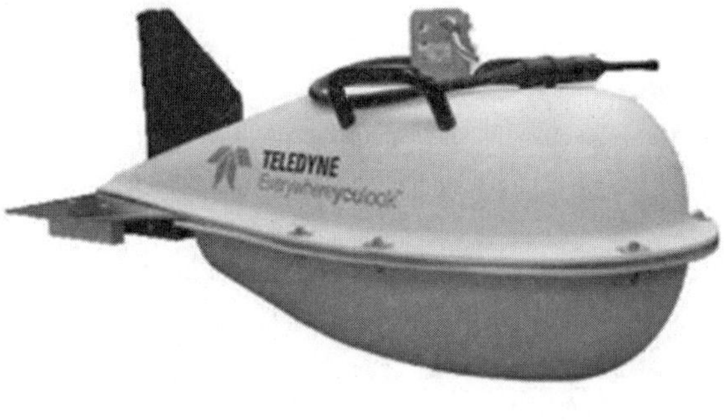

图 1-4　Chirp Ⅲ SBP 探测系统

术生产的一种高分辨率宽带调频(FM)浅地层剖面仪系统。系统发射一个线性扫频调制的脉冲,声反射信号由水听器线列阵接收,通过脉冲压缩滤波,由此产生海洋、湖泊或河流底床的高分辨率地层图像。3200XS 有三种拖鱼可选:SB-512i(500 Hz～12 kHz)(图 1-5)、SB-216S(2～16 kHz)、SB-414(4～24 kHz)。波束宽度分别为 16°～32°、17°～24°、16°～23°,垂直分辨率分别为 10 cm、6 cm、8 cm。最大工作水深 300 m,主要用于工程勘察、底质调查、沉积物分类等。

图 1-5　SB-512i 型 SBP 探测系统

1.4.3.4.2　性能分析

(1) 优点:

① 作业方式简单,既可以刚性或拖挂安装在船舷,也可以用拖缆进行拖带。

② 作业灵活。加装浮球后可以在 10 m 以下浅水工作,且拖鱼有三种可选型号,可以根据作业情况选择应用。

(2) 缺点:

① 只适合浅水,作业条件受限较大。

② 拖鱼体积偏大。

1.4.3.5 Geo-Source 系列 SBP 探测系统

1.4.3.5.1 概述

荷兰 Geo Marine Survey Systems 公司生产的高分辨率电火花声源运用了电极保护技术，通过负极放电的方式大大延缓了电极的损耗，损耗少，放电形态稳定。Geo-Source 系列(图 1-6)随着能量和深度的增加有 3 种标准的配置：200 极、800 极和 1 600 极。每个极理论最大放电能量是 10 J。厂家还制造独特淡水电火花系统，用于湖泊、河流和所有低盐度的水环境中。

图 1-6 Geo 浅部拖鱼和电火花声源

1.4.3.5.2 性能分析

(1) 优点：

① 独特的电火花声源电极保护技术，可以大大减少耗材消耗成本。

② 拥有浅水、深海、淡水等不同水域作业能力。

③ 全频谱 Chirp 处理技术，垂向分辨率较高。

(2) 缺点：

① 价格远比同类产品高。

② 地层穿透能力(深度)一般。但是震源功率和发射频率都是可以调换的，如用大功率低频发射穿透能力就会增强。

1.4.3.6 SES-2000 系列 SBP 探测系统

1.4.3.6.1 概述

SES-2000 系列 SBP 探测产品是由德国 Innomar 公司生产的世界上第一款便携式的参量阵测深 SBP 探测系统，设备体积小，搭载在小渔船上也可以出海作业。SES-2000 系列专门为近岸和河道等水深小于 400 m 的浅水作业而设计，是一种提供测深、浅地层剖面解决方案的新型参量阵声呐。系统采用差频原理进行浅地层剖面勘探和精确水深测量，具有很高的分辨率(100 kHz 换能器束角仅为 1.8°)，仅由一个主机就能完成数据采集及后处理等全部工作，换能器小巧轻便，安装快捷，是进行高精度测深、浅地层剖面以及旁扫测量的最佳设备。图 1-7所示为 SES-2000 相应 SESWIN(SES for Windows)系统软件实测某海底地层主界面图。

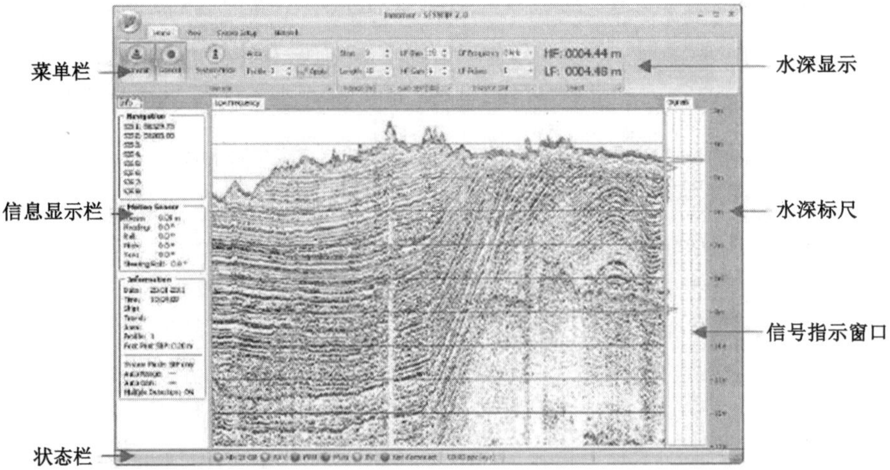

图 1-7　SESWIN 主界面

1.4.3.6.2　性能分析

(1) 设备体积小。

(2) 轻型主机内置工业电脑。

(3) 波束角小。

2　SBP 探测声波理论

2.1　概　　述

SBP 探测技术的依据为声学原理，海底声波探测的有效波为纵波，探测的核心部件是水声换能器，其承担着声波信号的发射与接收任务，声波信号对 SBP 探测系统探测功能的实现具有十分重要的作用，因此海底地质浅层剖面探测的基本原理就是声波的基本原理。声波信号是现如今唯一已知的在海水里传播效果最好的通信方式。声波能够传播是由于介质的机械振动，通过相邻介质点间的振动，将声波由近处向远处传播。声波在不同介质中传播的时候会表现出不同的特征（例如声波的传播速度、能量衰减状况、频率变化等），并且声波在分层界面处还会发生声波的反射与透射现象，如图 2-1 所示。因此，人们利用声波的基本原理，研究开发出了参量阵型 SBP 探测系统，通过声波在海底地质中的传播速度、振幅、频谱等特征信息，推断出海底地质的构造信息。

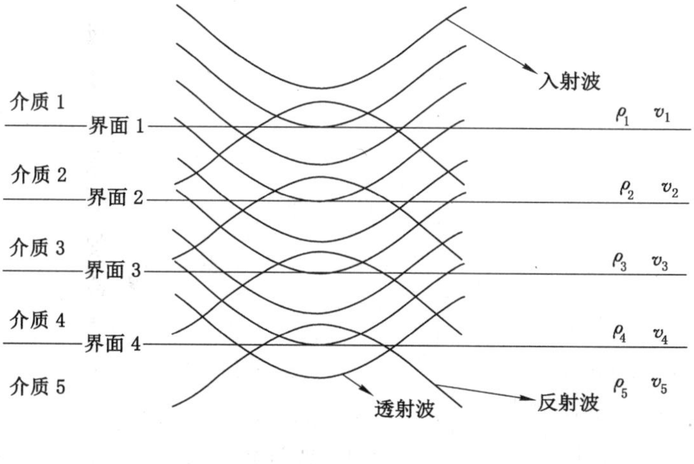

图 2-1　声波的入射、反射、透射现象

2.2 海底声波运动特征

SBP 水声换能器发出的声波在传播途中遇到目标体后，由于波阻抗的改变，将有部分能量被反射，形成目标体的反射波信号被接收阵接收，通过计算机处理，以声学反射剖面形式显示目标层位形态。在声波探测中，当发射声波到达海底时会有一部分能量被海底反射，形成较强的海底反射波，一部分能量穿透海底进入下部沉积层继续向下传播形成透射波。海底地质结构是由多层介质组成的，声波在海底介质中传播时遇到分层界面会发生声波的反射与透射现象。

2.2.1 反射定律

声波反射定律的定义是声波的入射角等于声波的反射角，如图 2-2 所示。从图 2-2 中，可以得出声波的入射线、法线、反射线是在同一个平面内，且声线所在平面与分层界面是相互垂直关系。

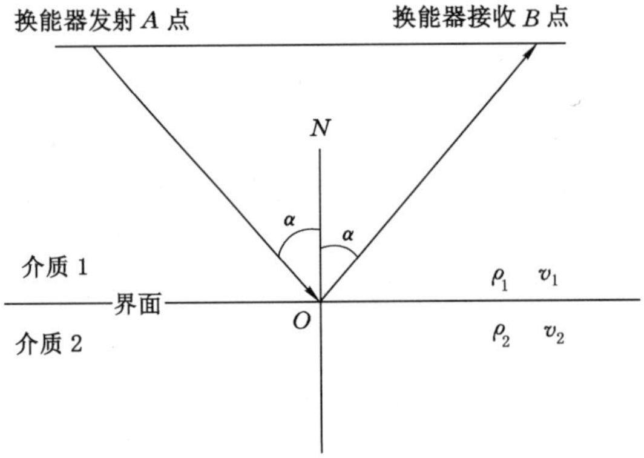

图 2-2 声波的反射定律

若用字母 R 表示海底地质分层界面的声波反射系数，则其计算公式为反射声波的振幅 A_f 与入射声波的振幅 A_r 之比。数学表达式如下：

$$R=\frac{A_f}{A_r} \tag{2-1}$$

且式(2-1)满足以下条件：

$$R=\frac{Z_2-Z_1}{Z_2+Z_1}=\frac{\rho_2 v_2-\rho_1 v_1}{\rho_2 v_2+\rho_1 v_1} \tag{2-2}$$

在式(2-2)中，$Z=\rho v$，表示的是声波在分层界面处上、下两部分介质中的声波阻抗，ρ_1、ρ_2 分别表示的是该分层界面上部分介质的密度与下部分介质的密度，v_1、v_2 分别表示的是该分层界面上部分介质中声波传播的速度与下部分介质中声波传播的速度。

根据式(2-1)与式(2-2)可以推断出以下结论：

(1) 当分层界面上、下两部分介质声波阻抗相等时会发生声波透射现象而不会发生声波反射现象，因此只有当分层界面上、下两部分介质声波阻抗不相等时才会发生声波反射现象。

(2) 分层界面上、下两部分介质的声波阻抗差值越大，则表现为反射波越强。但是反射波的反射系数不仅随着分层界面上、下两部分介质的声波阻抗差值增大而增大，而且还随着分层界面上、下两部分介质的声波阻抗之和增大而减小。

(3) 当分层界面下部分介质的声波阻抗大于分层界面上部分介质的声波阻抗时，入射波与反射波的相位相同，称为正极性反射；当分层界面下部分介质的声波阻抗小于分层界面上部分介质的声波阻抗时，入射波与反射波的相位相反，称为负极性反射。因此，可以通过反射极性来判断地层结构的属性。

(4) 海底沉积物是非理想的弹性介质，声波在其中传播时高频成分容易消失，振幅按指数规律衰减，即声波能量在海水及海底沉积地层中传播时会产生吸收损失。试验表明：声波在浅海的衰减微不足道，在沉积物中的衰减幅度较大，与发射声波频率有着线性关系，同时与海底沉积物的类型有关。

2.2.2 透射定律

声波在海底地质中传播遇到介质分层界面时，一部分声波在分层界面处会发生反射现象，还有一部分声波发生透射现象。当声波透射到分层界面下部分介质时，由于分层界面上、下两部分介质组成成分不相同，会造成声波的速度发生改变。因此，声波发生透射现象时会发生声波声线偏离原来入射波的方向，且满足以下定律(即透射定律)：声波入射角的正弦值与声波透射角的正弦值之比，等于入射波的速度与透射波的速度之比，如图 2-3 所示。数学表达式如下：

$$\frac{\sin\alpha}{\sin\beta}=\frac{v_1}{v_2} \tag{2-3}$$

根据式(2-3)，可以推导出在多个分层界面中声波透射公式：

$$\frac{\sin\alpha_1}{v_1}=\frac{\sin\alpha_2}{v_2}=\frac{\sin\alpha_3}{v_3}=\cdots=\frac{\sin\alpha_n}{v_n}=P \tag{2-4}$$

在式(2-4)中，P 称为射线参数。

若用字母 T 表示声波透射系数，则其计算公式为透射波的振幅 A_{t} 与入射波的振幅 A_{r} 之比，数学表达式如下：

$$T=\frac{A_{\mathrm{t}}}{A_{\mathrm{r}}} \tag{2-5}$$

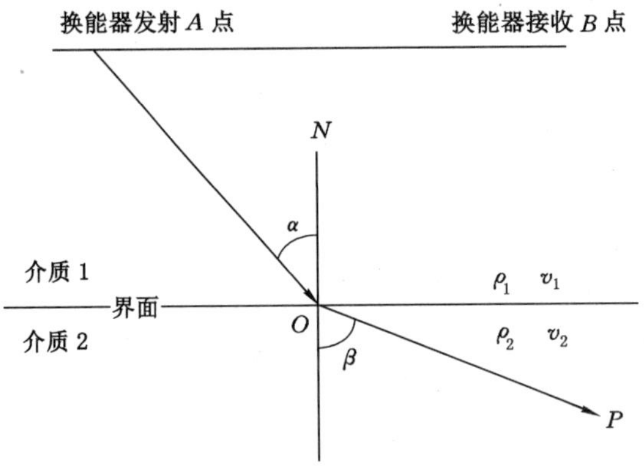

图 2-3　声波的透射定律

当换能器是垂直发射声波的时候，透射系数表达式如下：

$$T=\frac{2\rho_1 v_1}{\rho_1 v_1+\rho_2 v_2}=1-R \tag{2-6}$$

综合上述声波定律可知，只有当 $v_1\neq v_2$ 时才会发生声波透射现象，即透射波发生在分层界面上、下两部分介质声波速度不同的分层界面上，而反射波发生在分层界面上、下两部分介质声波阻抗不相同的分层界面上。

2.2.3　海底声波损耗

实际海底并不是理想的平面，海底表面存在着地形起伏和物性差异等不同类型的不均匀性。这些不均匀性形成介质物理性质上的不连续性，因而就阻挡入射在海底上的一部分声能，并把这部分声能再辐射回去，这种声的再辐射称作散射。散射系数与海底粗糙度有直接关系：当波长小于海底粗糙度时，海底的反向散射系数与频率无关；当波长大于海底粗糙度时，散射强度随频率升高而增大。浅海试验表明：软泥底的散射强度最弱，岩石和粗砂最强。

震源激发出的声波在向海底传播的过程中，无论是经过海水还是各类海底沉积物，必定存在着声能损失。这种损失一般是以振幅减小程度来进行评价的，但就声能损失对接收信号的影响而言，振幅的随机震荡也常常被当作能量损失程度的评价指标。

声能在海底的传播损失一般分为三种：扩展损耗、吸收损耗、边界损耗。扩展损耗即发射的声波能量是一定的，而声波在向海底传播的过程中其波阵面的面积会随着传播距离变大，发射的声能平均在这个波阵面单位面积上的能量减小，相对平均功率的密度减小，因此就造成了扩展损耗。其损耗值主要是由换能器发射声波的方向系数（波束开角）确定，合适的波束开角能在一定程度上减小损耗值，但损耗值不可能为零。吸收损耗是 SBP 探测系统探测过程中声波最为主要的损耗形式，吸收损耗是指声波在水中传播时由于海水及海底地质的非理想性，导致声能被传播介质吸收而转化为其他能量，是不可逆的过程。

假设平面声波传播距离 $\mathrm{d}x$，由于声吸收而引起声强降低 $\mathrm{d}I$，则：

$$\mathrm{d}I = -2\beta I\,\mathrm{d}x \tag{2-7}$$

式中，$\beta > 0$ 是比例常数；负号表示 $\mathrm{d}I$ 是声强的负标量（$\mathrm{d}I < 0$）；I 为声强。

积分得声强：

$$I(x) = I_0 \mathrm{e}^{-2\beta x} \tag{2-8}$$

对上式取自然对数得：

$$\beta = \frac{1}{2x}\ln\left[\frac{I_0}{I(x)}\right] \tag{2-9}$$

也可表示为：

$$\beta = \frac{1}{x}\ln\left[\frac{p_0}{p(x)}\right] \tag{2-10}$$

式中，声压振幅的自然对数瞬间为无量纲量，称之为奈培（Np），上式为单位距离的奈培数（Np/m）。

实际应用中，声强的书写形式如下：

$$I(x) = I_0 10^{-\alpha x/10} \tag{2-11}$$

则有：

$$\alpha = \frac{10}{x}\lg\left[\frac{I_0}{I(x)}\right] = \frac{20}{x}\lg\left[\frac{p_0}{p(x)}\right] \tag{2-12}$$

式中，α 为吸收系数（dB/m），声强之比的以 10 为底的对数为贝[尔]（B），贝尔值的 1/10 称为分贝（dB）。

海洋底部的地形构造和地质成分是影响 SBP 探测穿透深度的主要因素，海底地质的声学吸收系数、透射系数和反射系数等关系到声能损耗。海底中声波衰减损失一般表示为：

$$\alpha = K f^m \tag{2-13}$$

式中，K 为常数；f 为频率，kHz；m 为指数，$m \approx 1$。

2.2.4 海底声波时距

声波在海底地质中的传播过程是非常复杂的，因此分析声波传播过程通常都是通过简化海底地质模型来进行介绍的。图 2-4 表示的就是一种简化声波传播过程的层状介质模型。声波在换能器 A 点发射出去，经过一系列的运动轨迹，最终被换能器 B 点接收。

在图 2-4 中，换能器发射和接收装置分别是由声波发射阵和声波接收阵组

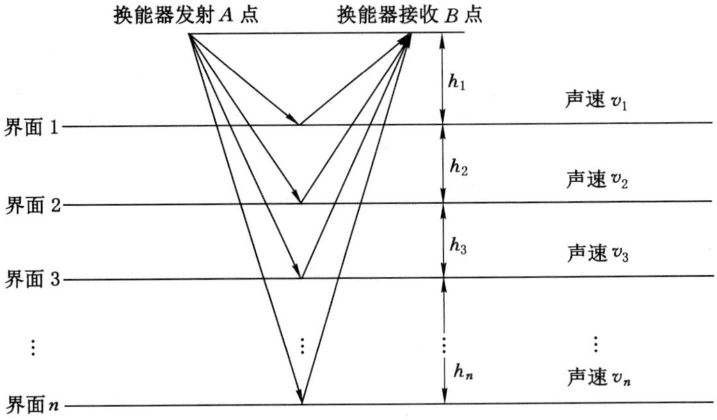

图 2-4　层状介质模型

成的，根据声波的旅程时间、相位、振幅等信息就可以推算出海底地质层界结构信息。

SES-2000 Light Plus 型 SBP 探测系统的声波发射装置和接收装置距离很近，假设使用图 2-4 海底地质简化模型，且声波是垂直传播的，则可以推导出下列公式：

$$t_1=\frac{2h_1}{v_1} \tag{2-14}$$

$$t_2=\frac{2h_1}{v_1}+\frac{2h_2}{v_2} \tag{2-15}$$

同理可得：

$$t_n=\frac{2h_1}{v_1}+\frac{2h_2}{v_2}+\cdots+\frac{2h_n}{v_n} \tag{2-16}$$

在式(2-14)、式(2-15)、式(2-16)中，t_1 表示的是声波从 A 点发射出去，经过海水传播到达海底后被反射回去，然后被 B 点接收的一个旅程时间。同理，t_2、t_3、…、t_n 也是表示类似定义。h_1、h_2、h_3、…、h_n 分别表示的是海底地质各个分层界面之间的垂直距离。v_1、v_2、v_3、…、v_n 分别表示的是声波在各个介质层界中传播的速度。

通过引入平均声速的概念，可以将式(2-16)转换成为：

$$t_n=\frac{2h_1}{v_1}+\frac{2h_2}{v_2}+\cdots+\frac{2h_n}{v_n}=2\left(\frac{h_{总}}{v_{平均}}\right) \tag{2-17}$$

但在实际海上测量过程中，SES-2000 Light Plus 型 SBP 探测系统发射的声波并不是理想的垂直声波，而是具有一定的偏斜角，如图 2-5 所示。

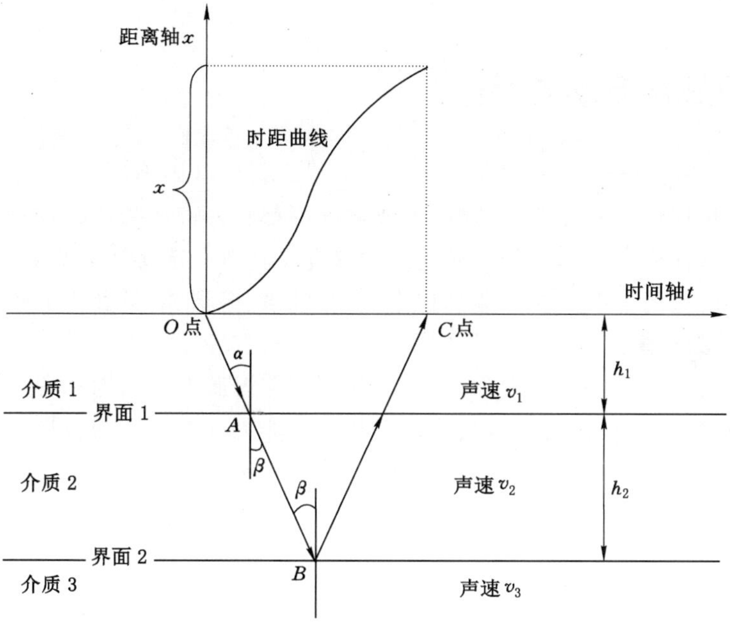

图 2-5　层状介质时深模型

在图 2-5 中，x 轴表示的是声波传播的距离。声波从震源 O 点发射，然后透射过海底淤泥层，其声波传播过程必然满足透射定律，数学表达式如下：

$$\frac{\sin\alpha}{v_1}=\frac{\sin\beta}{v_2}=P \tag{2-18}$$

随着声波的继续传播，声波会在 B 点发生反射现象。由于层状模型的分层界面是水平的，因此其入射路线和反射路线一定是对称的，则声波接收 C 点到声波发射 O 点的距离为：

$$x=2\left(\frac{h_1}{\cos\alpha}+\frac{h_2}{\cos\beta}\right) \tag{2-19}$$

声波的传播时间为：

$$t=2\left(\frac{h_1}{v_1\cos\alpha}+\frac{h_2}{v_2\cos\beta}\right) \tag{2-20}$$

通过式(2-18)、式(2-19)、式(2-20)可以推导出声波传播时间和距离的另一种以射线参数 P 表示的参数方程，其数学表达式如下：

$$x=2\left[\frac{h_1}{\sqrt{1-v_1^2P^2}}+\frac{h_2}{\sqrt{1-v_2^2P^2}}\right] \tag{2-21}$$

$$t=2\left(\frac{h_1}{v_1\sqrt{1-v_1^2P^2}}+\frac{h_2}{v_2\sqrt{1-v_2^2P^2}}\right) \tag{2-22}$$

2.3 海底声波动力特征

声波的动力学理论是海底地质探测中最重要的基础理论之一。声波的动力学特征变化规律与海底地质结构、组成成分等都有着密切的关联，因此利用声波的动力学特征变化规律来研究海底地质状况是具有一定实际意义的。声波的动力学主要研究的是声波在传播过程中波形、频谱、振幅、能量等特征的变化规律。

2.3.1 声波频谱

声波的频谱是声波动力学的特征之一，其与海底地质结构具有一定的关联。声波在海底地质传播过程中，其表现的是一种非周期性振动的波形，频谱为连续谱。若用 $f(t)$ 表示随时间 t 变化的非周期性声波振动图像，频谱用 $F(\omega)$ 表示，则根据傅里叶变换理论可知其数学表达式为[当 $t<0$ 时，$f(t)=0$]：

$$f(t)=\frac{1}{2\pi}\int_0^{+\infty}F(\omega)\mathrm{e}^{\mathrm{j}\omega t}\mathrm{d}\omega \tag{2-23}$$

$$F(\omega)=\int_0^{+\infty}f(t)\mathrm{e}^{-\mathrm{j}\omega t}\mathrm{d}t \tag{2-24}$$

$F(\omega)$ 为 $f(t)$ 的傅里叶变换，由 $f(t)$ 求 $F(\omega)$ 的过程叫作频谱分析，也叫傅里叶变换的逆过程。根据欧拉公式将式(2-24)展开，则有：

$$\begin{aligned}F(\omega)&=\int_0^{+\infty}f(t)\cos(\omega t)\mathrm{d}t-\mathrm{j}\int_0^{+\infty}f(t)\sin(\omega t)\mathrm{d}t\\&=a(\omega)+\mathrm{j}b(\omega)\\&=A(\omega)\mathrm{e}^{\mathrm{j}\varphi(\omega)}\end{aligned} \tag{2-25}$$

在式(2-25)中：

$$a(\omega)=\int_0^{+\infty}f(t)\cos(\omega t)\mathrm{d}t \tag{2-26}$$

$$b(\omega)=-\int_0^{+\infty}f(t)\sin(\omega t)\mathrm{d}t \tag{2-27}$$

因此声波的振幅谱为：

$$A(\omega)=\sqrt{a^2(\omega)+b^2(\omega)} \tag{2-28}$$

声波的相位谱为：

$$\varphi(\omega)=\arctan\frac{b(\omega)}{a(\omega)} \tag{2-29}$$

海底地质分层界面的反射波都是由多个相邻分层界面的反射子波叠加而形

成的，如下式所示：

$$F(\omega)=F_1(\omega)+F_2(\omega) \tag{2-30}$$

由于频谱不一样，因此反射波的波形与反射子波的波形是不相同的，如图2-6所示，而反射波的波形与海底地质分层界面是紧密相关的。海底地质分层界面的结构包含分层界面的数量、分层介质的厚度、界面反射系数的大小和极性等，在这些因素中，任何一个因素的改变都会引起反射波频谱信息的改变。因此，利用反射波的频谱可以判断出海底地质结构信息。

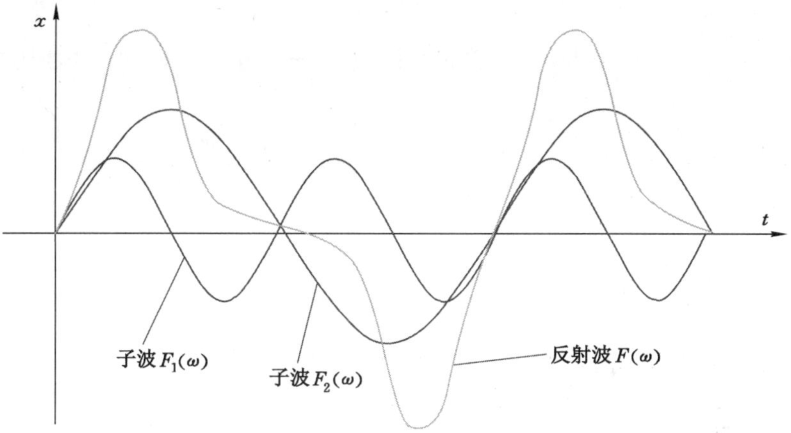

图 2-6　声波频谱的合成

2.3.2　声波振幅

声波的振幅也是声波动力学的特征之一。对海底地质结构进行探测时，反射波的振幅特征也是反演海底地质的重要依据。影响海底地质分层界面反射波振幅的因素有很多，主要影响因素有介质吸收、声波透射损失、分层界面反射系数等。

当声波在海底地质中传播时，一部分声波会发生反射现象，另一部分声波会发生透射现象。根据能量守恒定律可知，声波的总能量等于反射波能量与透射波能量之和。由于反射声波已经不包含在透射声波里面了，因此这种现象叫作透射损失。假设海底地质有 n 个分层界面，每个海底地质分层界面的声波反射系数分别用 R_1、R_2、…、R_n 表示，则第 i 个海底地质分层界面的反射系数 R_i 和透射系数 T_i 的数学表达式可以分别表示为：

$$R_i=\frac{\rho_{i+1}v_{i+1}-\rho_i v_i}{\rho_{i+1}v_{i+1}+\rho_i v_i} \tag{2-31}$$

$$T_i=\frac{2\rho_i v_i}{\rho_{i+1}v_{i+1}+\rho_i v_i}=1-R_i \tag{2-32}$$

当声波从第 $i+1$ 个海底地质分层界面反射回到第 i 个海底地质分层界面时，则第 i 个海底地质分层界面的反射系数 R'_i 和透射系数 T'_i 的数学表达式分别可以表示为：

$$R'_i=\frac{\rho_i v_i-\rho_{i+1}v_{i+1}}{\rho_i v_i+\rho_{i+1}v_{i+1}}=-R_i \tag{2-33}$$

$$T'_i=\frac{2\rho_{i+1}v_{i+1}}{\rho_i v_i+\rho_{i+1}v_{i+1}}=1+R_i \tag{2-34}$$

从上述公式可以推导出，声波往返经过同一个分层界面 R_i 时，声波振幅的衰减因子 D_t 为：

$$D_t=(1-R_i)(1+R_i)=1-R_i^2 \tag{2-35}$$

一般情况下，声波的反射系数越大，海底地质分层界面越多，则透射损失就越大。

影响声波能量的因素有很多种，其中最主要的影响因素是海底地质分层界面的反射系数，即当入射波振幅一定的时候，则反射波振幅的大小完全取决于海底地质分层界面的反射系数。海底地质分层界面反射系数越大，反射波振幅就越大，被反射回去的声波能量就越强。如果用 A_0 表示入射声波的振幅，α 表示分层界面吸收系数，r 表示声波的传播距离，则换能器接收到的第 n 个分层界面反射波的振幅表达式如下：

$$A_n=\frac{A_0}{r}e^{-\alpha r}(1-R_1^2)(1-R_2^2)\cdots(1-R_{n-1}^2)R_n=\frac{A_0}{r}e^{-\alpha r}\left[\prod_{i-1}^{n-1}(1-R_i^2)\right]R_n \tag{2-36}$$

海底地质分层界面反射系数 R 的大小与分层界面两侧介质的声波阻抗有关联。如果分层界面反射系数改变了，会引起声波振幅的变化，因此可以利用反射波振幅资料达到解释海底地质构造的目的。

2.4 声呐系统及方程

对海底地形、地貌以及浅部松散沉积地层进行探测所采用的声学探测技术属于主动声呐的技术范畴。通过声呐方程可将传播介质、探测目标和探测设备的作用连接在一起，利用声呐方程建立的关系，能够实现对探测系统特性的分析。实际应用中根据不同的系统模型可以建立不同的声呐方程式，对声地层剖面系统而言，声传播损失和系统穿透地层的深度等指标可以在建立地层模型后，通过声呐方程进行大致估算。

声波是由弹性物质分子的规则振动所产生的，声发射器激励弹性物质产生运动，并将运动传递给邻近粒子，即为声波自声源处向外的传播。弹性介质中粒子平行于声波传播方向做往复运动引起压力变化，这种压力变化可被压敏水听器所检测。在平面波中，声压 p 和介质分子运动速度 u 的关系为：

$$p = \rho c u \tag{2-37}$$

式中，ρ 为流体密度；c 为声波传播速度；比例系数 ρc 为介质声阻抗。

由于波的传播，每秒钟都有一定的能量流经垂直于传播方向的平面，每秒钟流经单位面积的这些能量叫作声强。对平面波，声强 I 与声压 p 的关系为：

$$I = p^2/\rho c \tag{2-38}$$

声呐系统的工作由声源、海水信道和接收设备三个基本环节组成，这三个环节决定了声呐设备性能优劣。用来描述这三个环节特性的若干参数称为声呐参数。按照工作方式区分，声呐系统可分为主动声呐系统和被动声呐系统。其中，主动声呐系统通过向目标发射声信号并接收回波来检测目标特性，是海底声学探测技术的主要方式。SBP 探测技术采用的声呐系统即为主动声呐。

主动声呐系统的工作模式，如图 2-7 所示。

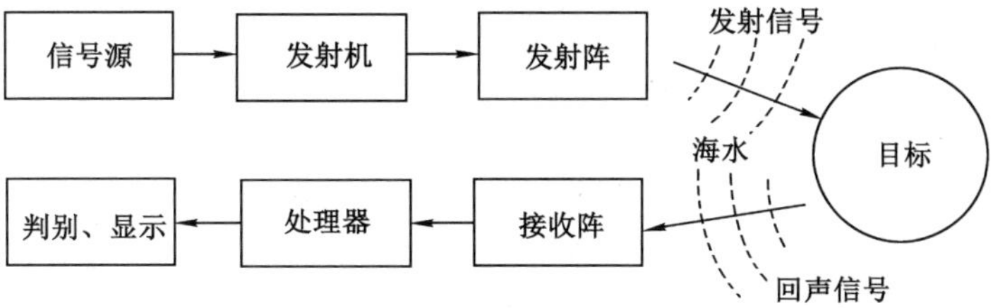

图 2-7　主动声呐系统工作模式示意图

从图 2-7 中可看出，声信号经发射换能器向水体中传播，到达目标时发生反射，接收阵接收反射回波经过处理后在显示器上显示，以此对目标进行识别和分析。

2.4.1　声呐参数

2.4.1.1　声源级的定义

声源级用来描述主动声呐所发射的声信号的强弱，其定义如下：

$$SL = 10\lg \frac{I}{I_0}\bigg|_{r=1} \tag{2-39}$$

式中，I 是发射器换能器声轴方向上距声源中心 1 m 处的声强；I_0 为参考声强，对于水中声波，参考声强 I_0 通常取均方根声压为 1 μPa 的平面波的声强，约为 0.67×10^{-22} W/cm^2。

2.4.1.2　发射器发射指向性指数

发射指向性，是指将换能器所发射的声能主要集中于目标所在方向，其余方向上仅少量发射声能。一定的发射指向性，能有效提高主动声呐作用距离，以及提高接收信号的信噪比。发射指向性指数 DI_T，是在发射声功率相同时，在相同距离上指向性发射器声轴方向上的声级高出无指向性发射器辐射声场声级的分贝数，其公式如下：

$$DI_T = 10\lg \frac{I_D}{I_{ND}} \tag{2-40}$$

式中，I_D 是在指向性发射器声轴方向上测得的声强度；I_{ND} 是同样距离下无指向性发射器辐射声强度。DI_T 值越大，则声能在声轴方向上的集中程度越高，越能提高主动声呐作用距离。

2.4.1.3　声源级与发射器辐射声功率

设在无吸收的介质中有一个辐射声功率为 P 的点声源，则距离此声源声中心单位距离处的声强度为：

$$I\,|_{r=1} = P/4\pi \tag{2-41}$$

代入式(2-39)得到发射器声源级 SL 为：

$$SL = 10\lg P + 170.77 \tag{2-42}$$

2.4.1.4　传播损失 TL

由于介质吸收、波阵面的扩展及各种不规则散射等原因，声波在水体及底质中传播时，会不可避免地出现传播损失，导致声强度逐渐减弱。声波传播一定距离后声强度的衰减变化称为传播损失 TL，其定义如下：

$$TL = 10\lg \frac{I_1}{I_r} \tag{2-43}$$

式中，I_r 是距离声源等效中心 r 处的声强度；I_1 为距离声源等效中心 1 m 处的声强度。上式定义的传播损失 TL 总为正值。

2.4.1.5　目标强度 TS

目标强度 TS 反映了目标反射声波的能力大小，其定义如下：

$$TS = 10\lg \frac{I_r\,|_{r=1}}{I_i} \tag{2-44}$$

式中，I_i 是目标处入射平面波强度；$I_r\,|_{r=1}$ 是在入射波相反方向上、距离目标等效声中心 1 m 处的反向回波强度。

2.4.1.6　海洋环境噪声级 NL

海洋环境中存在大量的、各种各样的噪声源，构成了海洋环境噪声。用来衡量海洋环境噪声强弱的量称为海洋环境噪声级 NL，其定义如下：

$$\mathrm{NL}=10\lg\frac{I_{\mathrm{N}}}{I_0} \tag{2-45}$$

式中，I_{N} 为测量带宽内的噪声强度；I_0 为参考声强。测量带宽为 1 Hz 时的海洋环境噪声级，称为海洋环境噪声谱级。实际应用中，常认为海洋环境噪声为平稳的、各向同性的，且满足高斯分布特征。

2.4.1.7　等效平面波混响级 RL

混响是主动声呐的一种特殊形式的背景干扰。海洋中存在大量的散射体，如海洋生物、泥沙、气泡等，声波在投射到这些散射体上时会发生不规则散射，散射声波在接收点处叠加就形成了混响。混响的产生，为无规律的随机过程。

设强度为 I 的平面波入射到水听器上，水听器输出的电压值与置于混响场中输出的电压值恰好相等，则用该平面波的声强级来度量混响场的强弱，等效平面波混响级 RL 可表示为：

$$\mathrm{RL}=10\lg\frac{I}{I_0} \tag{2-46}$$

式中，I 为平面波强度；I_0 为参考声强。

2.4.1.8　接收指向性指数 DI

用来描述接收换能器(阵)的指向特性的参数，称为接收指向性指数 DI，其定义如下：

$$\mathrm{DI}=10\lg\frac{R_{\mathrm{N}}}{R_{\mathrm{D}}} \tag{2-47}$$

式中，R_{N} 和 R_{D} 分别为在同一各向同性噪声场中，轴向灵敏度相同的无指向性水听器和指向性水听器所产生的噪声功率。

2.4.1.9　检测阈 DT

工作带宽内接收信号功率与工作带宽内噪声功率的比值称为接收信号信噪比 SNR：

$$\mathrm{SNR}=10\lg\frac{P_{\mathrm{S}}}{P_{\mathrm{N}}} \tag{2-48}$$

式中，P_{S} 为信号功率；P_{N} 为噪声功率。

设备刚好能正常工作所需的处理器输入端的信噪比值称为检测阈 DT。其定义如下：

$$\mathrm{DT}=10\lg\frac{\text{刚好完成某种职能的信号功率}}{\text{水听器输出端上的噪声功率}} \tag{2-49}$$

2.4.2 声呐方程

声呐方程是声呐设计和声呐性能预报的理论依据，是水下探测技术的基础。对一个收发合置的主动声呐系统，设其辐射声源级为 SL，由声源到目标的传播损失为 TL，目标的目标强度为 TS，则声波由声源经目标再返回接收阵的声源级为 SL－2TL＋TS。

考虑海洋环境噪声及接收换能器(阵)的接收指向性指数，如海洋环境噪声级为 NL，由于受到接收换能器(阵)指向性的抑制作用(假设接收指向性指数为 DI)，实际起干扰作用的噪声级为(NL－DI)，则主动声呐系统的声呐方程可表示为：

$$SL - 2TL + TS - (NL - DI) = DT \tag{2-50}$$

式中，DT 为检测门限，表示设备刚好能正常工作所需的处理器输入端的信噪比值。

3 SBP 探测技术机理

3.1 概 述

SBP 探测系统是一种在超宽频海底剖面仪的基础上改进后进行地层剖面探测的产品系统。SBP 探测技术从 20 世纪 60 年代发展至今经历了多个技术变革阶段，当前广泛应用的 SBP 探测系统可从声学机理上分为线性和非线性声源两类。SBP 探测系统线性声源功率大，穿透力强，但体积大；非线性声源体积小而轻，但穿透力弱。无论哪一类声源的 SBP 探测系统，都是利用声波在通过不同介质时，由于介质的波阻抗差异性，产生强弱不同的回波信号，在输出记录上形成不同的地层记录这一特点设计的。

由于水介质的特殊性以及海洋探测技术的特点，目前对海底沉积层进行探测最为有效的方法仍是基于水声学原理的 SBP 探测系统遥测方法。SBP 探测技术主要应用于海洋科学考察、海底管缆路由探测、港池探测、海底地质结构探测、水下工程选址及日常维护等领域，在海洋科学研究、海洋工程以及海洋开发中发挥着重要的、不可替代的作用。从工作机理的角度出发，SBP 探测声呐通常分为线性 SBP 探测声呐和非线性 SBP 探测声呐。

线性 SBP 探测声呐技术的研究和应用早于参量 SBP 探测声呐，基本技术理论经过长期发展已较为成熟，工程应用也很普遍，但其在实际应用中普遍存在以下几个方面的问题：

(1) 受基阵孔径限制，探测波束通常较宽、横直分辨率较低，且随着探测深度的增加这一现象更加明显。

(2) 由于旁瓣的存在，受后辐射干扰、直达波干扰和侧向反射干扰等干扰因素影响，探测结果中易产生虚假地层。

(3) 宽波束特征以及旁瓣的存在使得其混响和噪声干扰抑制能力较差，直接限制了 SBP 探测成图质量的进一步提高。

(4) 探测效果易受水下地形变化影响，由于大部分声波被反射掉，倾斜地形探测困难。

解决上述问题最有效的技术途径即采用低频、低旁瓣的相控窄波束进行探测，但线性声呐需采用几米至十几米孔径的基阵才能发射几度的窄波束，这将导致技术难度增大、系统复杂度提高、成本增加，特别是难以满足实际应用对设备便携性的普遍要求。

参量声呐具有小孔径基阵相控发射低频、宽带、高指向性且无旁瓣波束的特点，与相同孔径的线性声呐相比，可极大地提高探测分辨率，同时可保证对噪声干扰和混响的抑制能力，这些独特的技术优势决定了参量声呐适合用于 SBP 探测，并且其声场中高频与低频（差频）声波共存的特点，使得其在浅地层结构探测的同时还可以共点获取海底地形等信息。因此，近年来参量 SBP 探测声呐逐步受到水声技术人员和设备用户的广泛关注，其优越性能也决定了参量 SBP 探测声呐正在成为 SBP 探测系统技术发展的重要方向。虽然参量阵在 SBP 探测中具有诸多优越性能，但目前其在设备研制、应用规模等方面均在一定程度上滞后于线性声呐，这主要是由参量阵辐射声场基于非线性原理产生的特殊性决定的，从技术方面来说主要表现为：

(1) 没有形成一套系统的、能够对参量 SBP 探测声呐辐射非线性声场进行有效分析的技术理论方法，从而难以对水介质非线性作用间接产生的非线性参量声场特性进行全面、准确的研究，难以对参量 SBP 探测系统的性能进行有效评估，难以科学、合理地指导具体的工程实际应用。

(2) 参量发射系统实现技术难度大，发射系统实现各环节均需充分考虑非线性声学机理，否则难以达到预期的系统设计指标，甚至导致系统无法正常工作。

(3) 由非线性声学基本原理决定，原频至差频的转换效率低是制约参量 SBP 探测技术发展的主要因素之一。

3.2 线性调频技术

线性调频技术也称为 Chirp 技术，它是一种不需要随机编码序列的扩展频谱调制技术。Chirp 技术在声呐技术中应用广泛，如在 SBP 探测技术中，它可在增大脉宽、提高平均发射功率、加大通信距离的情况下，不降低 SBP 数据的距离分辨率。众多研究表明：Chirp 技术可以有效地降低数据通信带来的快速衰落影响，适合应用在数据通信领域。

线性调频信号是指瞬时频率随时间呈线性变化的信号。假设信号在一个周期 T 内，信号的瞬时频率变化如图 3-1 所示，即假设信号瞬时角频率 ω_t：

$$\omega_t = \omega_0 + \frac{2\pi F}{T}t, -\frac{T}{2} \leqslant t \leqslant \frac{T}{2} \tag{3-1}$$

$$\omega_0 = 2\pi f_0 \tag{3-2}$$

式中,f_0 为中心频率;F 为瞬时频率的变化范围。

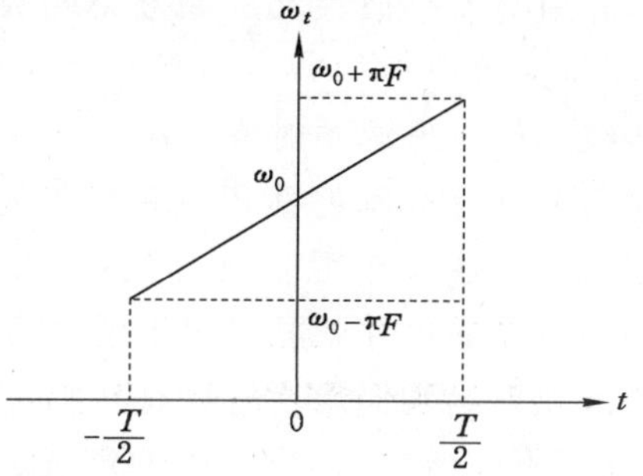

图 3-1 线性调频信号瞬时频率

由式(3-1)与式(3-2)可得到线性调频信号的相位函数为:

$$\theta(t) = 2\pi\left(f_0 t + \frac{Ft^2}{T}\right) \tag{3-3}$$

式中,$\theta(t)$为 t 时刻相位;f_0 为中心频率;F 为瞬时频率的变化范围;t 为时间。

对式(3-3)等号两端求导可以得到线性调频信号的瞬时频率:

$$\omega_t = \frac{d\theta(t)}{dt} = f_0 + kt \tag{3-4}$$

式中,ω_t 为信号瞬时角频率;f_0 为中心频率;k 为线性系数;t 为时间。

由式(3-4)可看出,瞬时频率是关于时间的线性函数,二者之间呈线性相关关系。线性系数 k 可以称为线性信号的调频率,该系数越大则信号频率随时间变化越快;反之,该系数越小,则频率变化也越慢。

所以,在振幅归一化、初始相位为零时,Chirp 信号的时域表达式如下:

$$f(t) = \cos[\theta(t)] = \cos\left(\omega_0 t + \frac{\pi F}{T}t^2\right), -\frac{T}{2} \leqslant t \leqslant \frac{T}{2} \tag{3-5}$$

式中,$f(t)$为对应时间 t 的频率;ω_0 为初始角频率;T 为周期;F 为瞬时频率的变化范围。

3.3 参量发射阵技术

3.3.1 非线性声场

在介质中,声源发射出的两个共轴高频波束,它们的频率分别是 f_1、f_2(若

$f_1>f_2$)，称作原频波。由于声波频率很高，所以即使较小的辐射器，辐射的波束宽度仍比较窄。利用声波之间的非线性作用，在这两个原频波的共同作用区域内，产生了差频波(即 f_1-f_2)的波源，其在高频波波束共同作用区域内能够看作是差频波波源。对于共轴波束来说，差频波的波源可以看作是一个沿声轴向连续分布的虚源线阵，介质对差频波束和原频波束的吸收系数决定了它的有效长度。因为差频波束相位沿着声轴的方向不断发生变化，则线阵轴向声场是最强的，因此又可以把该线阵称作虚源端射阵。在一般情况下，为了能够形成指向性高的波束，需要低频声波具有大辐射面积或者长阵列。通过介质的非线性作用，参量阵能够把原频波的非线性作用区域当作是虚源阵；这样一来，与低频波的波长进行比较的话，换能器的尺寸就显得很小了，然而其辐射场就要等效于特别长的端射阵，最后便能发射出我们想要的具有高指向性优点的低频波波束。

当换能器发射信号强度不断增加时，声场中的声波会逐渐由小振幅波转变为有限振幅波，并伴有波形畸变的现象产生，基波能量开始转移至谐波等声散射声信号中，最终形成了非线性声场。此时，线性声学中的一般结论将不再适用，并且当非线性效应产生谐波的增量远大于小振幅衰减量时，谐波积累甚至会引起冲击波的产生。除大功率发射声波外，介质非线性参量的存在是非线性声场形成的最重要因素，因此，通常将介质非线性参量间接激励产生的信号称为参量激励信号，将参量阵直接辐射出的大功率声波信号称为原频信号，将包括原频信号和参量激励信号的辐射声场统称为参量声场。在介质中传播时，有限振幅的声波将会发生非线性现象，我们将这种现象称作非线性声学，如波形畸变、谐波滋生、逾量衰减、声饱和、声空化，同时如果介质性质发生变化，这些非线性现象随之发生变化。在线性声学理论中，尽管声波的波形会相互叠加但波形不会发生变化，然而在运动的非线性以及介质的非线性产生作用时，声波的叠加原理将不再成立，因为此时声波会产生除此之外的频率，包括谐波、频波和差频波等，同时也不再遵守线性声学规律。

3.3.1.1　连续性方程

在已知的体积内流体的质量增加率与在单位时间内流入这个体积的净质量相等称作质量守恒定律，连续性方程表现出了这个定律。

在这个体积内，假设单位时间流入的净质量为：$-\int_S \rho v \mathrm{d}S$。其中，$v$ 与 ρ 分别表示流体流入该体积的流速与密度，S 为有效面积。

在该体积内，流体的质量增加率表示成：

$$\frac{\mathrm{d}}{\mathrm{d}t}\int_\tau \rho \mathrm{d}\tau = \int_\tau \frac{\partial \rho}{\partial t}\mathrm{d}\tau \tag{3-6}$$

式中，τ 为该流体的体积。

满足质量守恒定律，因此就有：

$$\int_{\tau} \frac{\partial \rho}{\partial t} \mathrm{d}\tau = -\int_{S} \rho v \mathrm{d}S \tag{3-7}$$

由高斯公式：

$$-\int_{S} \rho v \mathrm{d}S = -\int_{\tau} \nabla(\rho v) \mathrm{d}\tau \tag{3-8}$$

其中，$\nabla = \frac{\partial}{\partial x} + \frac{\partial}{\partial y} + \frac{\partial}{\partial z} k$ 为哈密顿算子，于是得：

$$\int_{\tau} \left[\frac{\partial \rho}{\partial t} + \nabla(\rho v) \right] \mathrm{d}\tau = 0 \tag{3-9}$$

若要求对于任意的 τ，式(3-9)均成立，则只有被积函数为 0，即得到连续性方程为：

$$\frac{\partial \rho}{\partial t} + \nabla(\rho v) = 0 \tag{3-10}$$

式(3-10)的泰勒级数展开式中即包含了运动非线性和介质非线性项。

3.3.1.2 *运动方程*

作用于该体积上的流体压力为：$-\int_{S} p \mathrm{d}S$

由高斯公式(3-8)和牛顿第三定律，可得：

$$-\int_{\tau} \nabla p \mathrm{d}\tau = \int_{\tau} \frac{\mathrm{d}v}{\mathrm{d}t} \rho \mathrm{d}\tau \tag{3-11}$$

若要求任意条件下，式(3-11)均成立，即得到运动方程为：

$$-\nabla p = \rho \frac{\mathrm{d}v}{\mathrm{d}t} \tag{3-12}$$

在欧拉体系下，该体积的速度包含两部分：第一部分是由场的不定常性导致的空间某点速度随时间的变化率，第二部分是因为场的不均匀性导致的速度的变化率。在欧拉坐标下，速度变化率的表达式就可以是：

$$\frac{\mathrm{d}v}{\mathrm{d}t} = \frac{\partial v}{\partial t} + (v \nabla) v \tag{3-13}$$

所以，运动方程可表示为：

$$\rho \left[\frac{\partial v}{\partial t} + (v \nabla) v \right] = -\nabla p \tag{3-14}$$

从上面的公式推导，可知考虑运动的非线性和介质的非线性，则介质运动不再遵循线性方程，式(3-14)左边括号内的第二项描述了运动的非线性。

3.3.1.3　物态方程

物态方程是描述当声波传递过该体积的流体时，流体自身相互关联的三个量（压强、密度、温度）会随之发生状态变化的方程：

$$p = p(\rho, S) \tag{3-15}$$

式中，p 为压强；ρ 为密度；S 为熵。

对于声波传播，即使在很低的频率下仍然传播得很快，同时体积膨胀和压缩的周期比热传导要短，所以我们可将声传播看作是一个绝热的过程，则：

$$p = p(\rho)_S = p_0 + \left(\frac{\partial p}{\partial \rho}\right)_{S,0}(\rho - \rho_0) + \frac{1}{2!}\left(\frac{\partial^2 p}{\partial \rho^2}\right)_{S,0}(\rho - \rho_0)^2 + \cdots \tag{3-16}$$

式中，p_0 为无声波作用时的静态压强；ρ_0 为无声波作用时的静态密度。

令声波传播时变化的压强、密度为：

$$\begin{aligned} p' &= p - p_0 \\ \rho' &= \rho - \rho_0 \end{aligned} \tag{3-17}$$

代入物态方程化简得到：

$$p' = A\left(\frac{\rho'}{\rho_0}\right) + \frac{B}{2!}\left(\frac{\rho'}{\rho_0}\right)^2 + \frac{C}{3!}\left(\frac{\rho'}{\rho_0}\right)^3 + \cdots \tag{3-18}$$

其中：

$$A = \rho_0\left(\frac{\partial p}{\partial \rho}\right)_{S,0}; B = \rho_0^2\left(\frac{\partial^2 p}{\partial \rho^2}\right)_{S,0}; C = \rho_0^3\left(\frac{\partial^3 p}{\partial \rho^3}\right)_{S,0}$$

式(3-18)从第二项开始出现介质非线性项。

3.3.2　参量发射阵

在线性声学理论中，推导波动方程时没有将存在于连续方程、状态方程以及运动方程中的高阶项考虑进来，然而如果是有限振幅下振动的声波，就必须要考虑非线性项。此时，决定声波的传播速度因素包括介质特性、质点的振动幅度，声波的传播速度随着质点振动速度代数值变化而变化。在受到正弦扰动的情况下，声波的传播在波峰时传播速度最大，在正弦的波谷时传播速度最小，所以在一定时间以后，声波传播的波峰就会与波谷相遇，此时正弦波就有可能变成其他波形。图 3-2 描述了在传播的过程当中有限振幅的两个声波叠加还会产生不同于之前频率的频率分量。

水中声吸收随频率增加而增大，因此低频波相比高频波传播得更远，但是发射低频声波的换能器的尺寸必须相较于波长大很多时，才可以使得到的声波指向性尖锐。因此，在线性声学中，换能器、换能器的发射阵物理尺寸和声波的频率存在一个矛盾，声学参量阵是采用小尺寸的换能器、换能器发射阵发射两个频

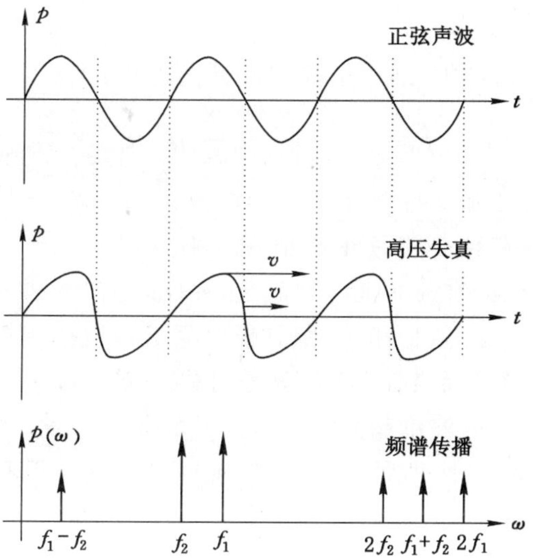

图 3-2　非线性声学原理示意图

率相差不大的声波，这两个不同频率的强声波因介质的非线性作用，在声场的相互作用区域发生非线性作用，产生较低频率的差频波，表示如下：

$$p(\omega_1)+p(\omega_2)\rightarrow p(\omega_1)+p(\omega_2)+\beta_1 p(\omega_1+\omega_2)+\beta_2 p(\omega_1-\omega_2)+\beta_3 p(2\omega_1)+\beta_4 p(2\omega_2)$$

其中，$\beta_i(i=1,\cdots,4)$为一个无量纲的非线性参数。

3.3.2.1　莱特希尔波动方程

莱特希尔将理想流体假设为传播介质，并将介质中的声波衰减看作是由小振幅声波的吸收引起的，用来解出由波动方程引起的衰减因子。在理论上，将连续性方程、运动方程、物态方程取到二级近似。经过计算，最后得到的非线性波动方程为：

$$\nabla^2 p-\frac{1}{c^2}\frac{\partial^2 p}{\partial t^2}=-\rho_0\frac{\beta}{A^2}\frac{\partial^2 p^2}{\partial t^2}=-\rho_0\frac{\partial q}{\partial t} \tag{3-19}$$

其中，$\beta=1+B/(2A)$为非线性参数，而$q=\frac{\beta}{A^2}\frac{\partial^2 p^2}{\partial t^2}$称为源强函数。

3.3.2.2　韦斯特维尔特线源参量阵

韦斯特维尔特提出的参量阵是一个线源参量阵，将源看作是分布在一条直线上，将传播介质假设是理想的流体，并在求解波动方程的时候，以理想的方式代入衰减因子，同时，忽略有限振幅效应，在讨论介质中的衰减时，假设是小振幅吸收，并且假设原频波与差频波均是以小振幅的方式进行传播的，同时在推导过程中，只取到二级近似。

根据韦斯特维尔特的推导，求解非线性波动方程：

$$p_{d}=-\frac{\rho_0}{4\pi}\iiint\frac{1}{r}\frac{\partial}{\partial t}[q]\mathrm{d}\tau \tag{3-20}$$

式中，$[q]=q(t-r/c)$ 为 q 的推迟量；c 为声速。

对原频为 ω_1、ω_2 的两个正弦波来说，其声压为：

$$p=p_0\mathrm{e}^{-\alpha_0 x}[\cos(\omega_1 t-k_1 x)+\cos(\omega_2 t-k_2 x)] \tag{3-21}$$

假设两个原频 ω_1、ω_2 近似相等，则其吸收系数也近似相等为 α，否则要分别写出不同频率对应的吸收系数，原频波波数分别为 $k_1=\omega_1/c_0$、$k_2=\omega_2/c_0$。

韦斯特维尔特推导的波束截面积是 S_0，于是有 $\mathrm{d}\tau=S_0\mathrm{d}x$，因为只考虑和差频波 $p^2=p_1p_2$，根据图 3-3 所示，相当于辐射问题中的夫琅禾费近似下，即取近似 $R_0>k_d/\alpha_0^2$，可以推导出差频波的声压 p_d 为：

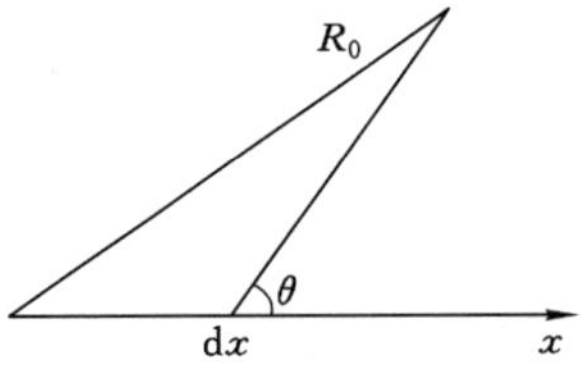

图 3-3　线源参量阵示意图

$$p_{d}=\frac{\omega_d^2\rho_0 AS_0\mathrm{e}^{\mathrm{j}k_d R_0-J\omega_d t}}{4\pi R_0}\int_0^l \mathrm{e}^{\mathrm{j}(k_d+2\mathrm{j}\alpha_0-k_d\cos\theta)x}\mathrm{d}x \tag{3-22}$$

式中，$\omega_d=\omega_1\pm\omega_2$，$k_d=\omega_d/c_0$，$A=\rho_0^{-2}c_0^{-4}\left[1+\frac{1}{2}\rho_0 c_0^{-2}\left(\frac{\partial^2 p}{\partial\rho^2}\right)_{\rho=\rho_0}\right]p_0^2=\frac{\beta p_0^2}{\rho_0^2 c_0^4}$。

l 是源强 q 衰减到可忽略的距离，若 $l=1/(2\alpha_0)$，则有：

$$p_{d}=\frac{\omega_d^2 AS_0}{8R_0\pi}\frac{1}{\alpha_0-\mathrm{j}k_d\sin^2(\theta/2)}\mathrm{e}^{\mathrm{j}k_d R_0-J\omega_d t} \tag{3-23}$$

若用声强表示则为：

$$I_{d}=\frac{\omega_d^2 p_0^4 S_0^2\beta^2}{2(8\pi)^2\rho_0^3 c_0^9 R_0^2}\frac{1}{\alpha_0^2+k_d^2\sin^4(\theta/2)} \tag{3-24}$$

式中，β 是介质的非线性参数。

因此，通常定义参量阵的阵长为：

$$l_0=1/(2\alpha_0) \tag{3-25}$$

当 $\theta=\theta_d=2\sqrt{\alpha_0/k_d}$ 时，此方向上的 I_d 小于主轴方向的 3 dB，此时的 θ_d 是

参量阵指向性图的半束宽。和频波受到的吸收是比较大的，在超过一段距离之后，仅存在差频波，束宽非常窄的参量阵辐射场是一种具有强指向性的球面波束。比如，对于 100 kHz 的原频，若其在水中产生差频 10 kHz 的参量波，其中，θ_d 仅有 1.1°，可见参量阵是一种低频超指向性的声源。其次，从差频波声强表达式看出，参量阵指向性图没有旁瓣，而且参量阵为一个宽带声源，例如，当原频波频率变化 10%，差频波可能变化若干个倍频程，因此，它有很大的信息容量，能够得到非常高的信号处理增益。

3.3.2.3　宽带参量阵

韦斯特维尔特提出的参量阵的原频为两个单频正弦波，产生的差频波只有一个频率成分。如果原频波为一个宽带信号，能够用傅里叶积分进行表示，被积函数是一个单频正弦波，无数频率成分在相互作用之后，产生一个宽带差频信号，组成了宽带参量阵，正如原频波为两个正弦波的参量阵称为双频参量阵。如果发出的原频波为平面波，则当 $x=0$ 时的声源形式为：

$$p(t)=p_0 f(t)\cos(\omega_0 t) \tag{3-26}$$

式中，p_0 为原频波幅度；ω_0 为原频波角频率。令原频波包络函数 $f(t)$ 幅值为 1，带宽相对较窄，以至于衰减系数可以看作是原频波 ω_0 时的值 α_0。因此得到轴上一点 x 的声压为：

$$p(t)=p_0 f(t)\cos(\omega_0 t) \tag{3-27}$$

其中，$k_0=\omega_0/c_0$ 为原频波的波数。于是：

$$p^2(x,t)=p_0^2 e^{-2\alpha_0 x} f^2(t-x/c_0)[1+\cos(2\omega_0 t-2k_0 x)]/2 \tag{3-28}$$

式中，$2\omega_0$ 衰减较快，因此可以忽略掉这次辐射波对二次差频波的贡献，代入源强函数 q，可得：

$$q(x,t)=\frac{\beta p_0^2}{2\rho_0^2 c_0^4} e^{-2\alpha_0 x}\frac{\partial}{\partial t}\left[f^2\left(t-\frac{x}{c_0}\right)\right] \tag{3-29}$$

代入差频波声压计算公式，可知：

$$p_d(r,\theta,t)=-\frac{p_0^2 S_0 \beta}{8\pi\rho_0 c_0^4}\frac{\partial^2}{\partial t^2}\left[\int_0^{\infty}\frac{e^{-2\alpha_0 x-\alpha_d r}}{r} f^2\left(t-\frac{x}{c_0}-\frac{r}{c_0}\right)dx\right] \tag{3-30}$$

式中，α_d 为差频波的吸收系数。

在远场条件下，将声轴上声压近似地代替整个方位声场分布，并且原频波的频率比包络函数 $f(t)$ 的频率高得多，则 $\alpha_0=\alpha_d$，又有 $r=R-x\cos\theta$，所以当 $\theta=0°$时，宽带参量阵的声压为：

$$p_d(R,0,t)=\frac{p_0^2 S_0 \beta}{16\pi\rho_0 c_0^4 \alpha_0 r}\frac{\partial^2}{\partial t^2}\left[f^2\left(t-\frac{R}{c_0}\right)\right] \tag{3-31}$$

表明：参量阵自解调得到的差频声压与包络函数平方的二次偏导数成正比。

3.3.3 参量阵技术分析

参量阵技术即非线性调频技术，该技术合理运用在 SBP 探测系统中产生了参量阵换能器，参量阵 SBP 探测系统换能器在高电压下同时垂直向海底发射两个频率相近的高频信号 f_1 与 f_2（此处假设 $f_1>f_2$）作为主频信号，当声波作用于水体时，由于参量阵的非线性特征，两个原始高频波会产生一系列的二次频率如 f_1、f_2、(f_1+f_2)、(f_1-f_2)、$2f_1$、$2f_2$ 等等。f_1 高频声波信号用来进行水深探测，而 f_1 与 f_2 的频率相对非常接近，则 (f_1-f_2) 会产生低频率的差频信号，形成的低频信号拥有较强的穿透性，可以用来进行海底剖面探测，而且仍然可以保持高频时的波束角不变。参量阵声源波形如图 3-4 所示。

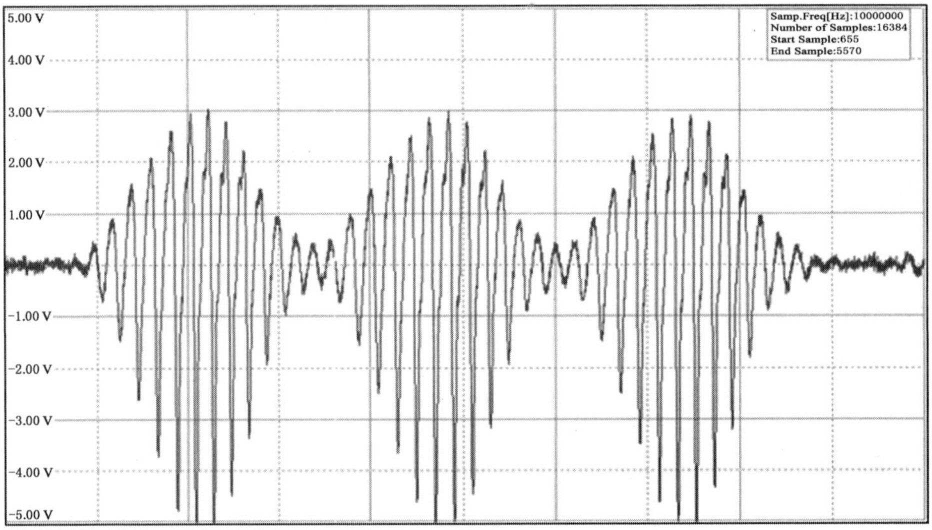

图 3-4 参量阵声源波形示意图

参量阵技术的非线性特性也决定了参量阵 SBP 探测仪具有以下优点，参量阵声呐波束方向如图 3-5 所示：

（1）在使用小体积换能器的情况下，产生高指向性的低频声波。

（2）在更广的频率范围内指向性基本保持不变，且无旁瓣效应。

（3）更短的脉宽发射声波。

（4）更高的脉冲频率。

（5）更高的空间分辨率与动态范围。

（6）更低的混响级别。

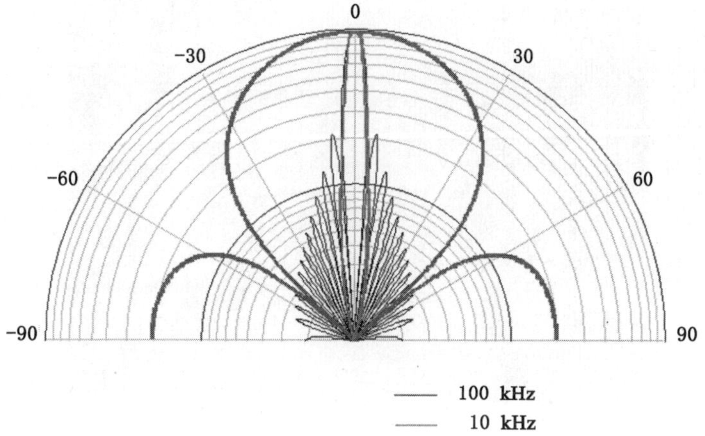

图 3-5　20 cm×20 cm 参量阵声呐波束方向图

参量阵 SBP 探测系统在浅地层地质勘查测量中，以高精度全球 DGPS 定位系统和姿态传感器为辅助手段提高探测精度，可实时探测出水底沉积结构的层序分布，采用合适的采集参数组合也可探测出海底管线等小型目标物的反射弧，帮助使用者获取沉积物分布情况和管道埋设位置信息。

参量阵 SBP 探测系统除了有以上优点之外，也有设备控制系统复杂、价格昂贵、穿透海底沉积物能力较差等缺点。

3.4　SBP 探测作业模式

SBP 探测技术是基于水声学和声呐方程的水下主动声呐探测技术，这里主要介绍 SBP 探测技术的工作原理及实际作业中的工作模式，对 SBP 探测系统分辨率指标作以分析。

3.4.1　SBP 探测技术工作原理

SBP 探测系统通过换能器将控制信号转换为不同频率的声波脉冲，并向海底垂直发射，声波到达海底面时一部分发生强反射被换能器所接收，另一部分穿透海底面继续向下传播。继续向下的声波到达海底浅表层不同底质分界面时，由于介质差异会发生强反射，而在同介质内声波发生反射的强度则较弱。通过分析换能器接收的来自不同层界面声波时序信号的特点，可以获得海底浅地层的底质结构分布，从而为海底资源探测、管线检测等提供依据。其工作原理如图 3-6 所示。

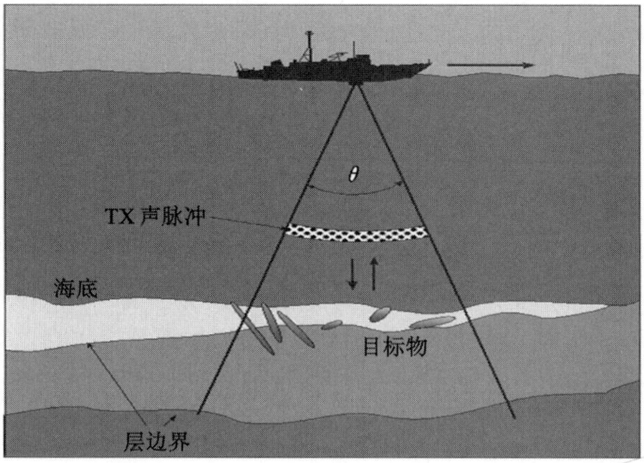

图 3-6　SBP 探测系统工作原理示意图

声波在不同介质中具有不同的传播特性，在不同介质分界面上会发生波的反射。分界面上反射波产生的条件是界面两边介质的波阻抗不相等。反射系数 R 决定了声波在反射面的反射强度，其表达式如下：

$$R=\frac{\rho_2 v_2-\rho_1 v_1}{\rho_2 v_2+\rho_1 v_1} \tag{3-32}$$

式中，ρ_1、ρ_2 分别为介质一和介质二的密度；v_1 和 v_2 分别为声波在两种介质中的传播速度；$\rho_1 v_1$、$\rho_2 v_2$ 分别为介质一和介质二的波阻抗。

从式(3-32)中可看出，声波传播过程中是否发生强反射，取决于反射面两边介质的差异，两边介质的波阻抗相差越大，反射系数越大，发生的反射越强；反之，波阻抗差异越小，反射系数越小，反射越弱。由于反射波特征与介质密切相关，可通过分析 SBP 探测回波信号特征，得到海底底质信息。

3.4.2　SBP 探测技术工作模式

在工程实践中，SBP 探测系统测量常与多波束测深、侧扫声呐等同步进行，构成水下一体化测量系统，并采用专业软件进行数据处理，生成记录文件、垂直剖面图等相关资料。测量作业中，除 SBP 探测系统仪外，测量船上还安装有 GPS 定位系统，同步采集剖面和定位数据。SBP 探测系统换能器的安装，需根据仪器型号及测量目的不同选用不同的安装方式，主要分为船底固定安装、船侧安装及拖曳式作业等几种。以 C-Boom SBP 探测系统为例，其换能器安装如图 3-7 所示。

图 3-7 SBP 探测系统换能器安装示意图

SBP 探测系统数据处理通常采用仪器配套软件进行，后处理包括底部追踪识别、声信号增益调节、带通滤波等。SBP 探测系统记录经室内资料处理后，得到可反映地下地质结构特征的海底浅层地质声学剖面图。SBP 探测资料解释的主要内容就是根据该声学剖面图上的反射波组特征，划分反射层位，推测海底各地层间的界线，并作出相应的地质解释。在反射层位分析的基础上，SBP 探测系统声速采用平均声速值进行反射层位时深转换，最后绘制包括 SBP 探测航迹线图、SBP 探测图像和基岩等深线图。SBP 探测常规作业处理流程如图 3-8 所示。

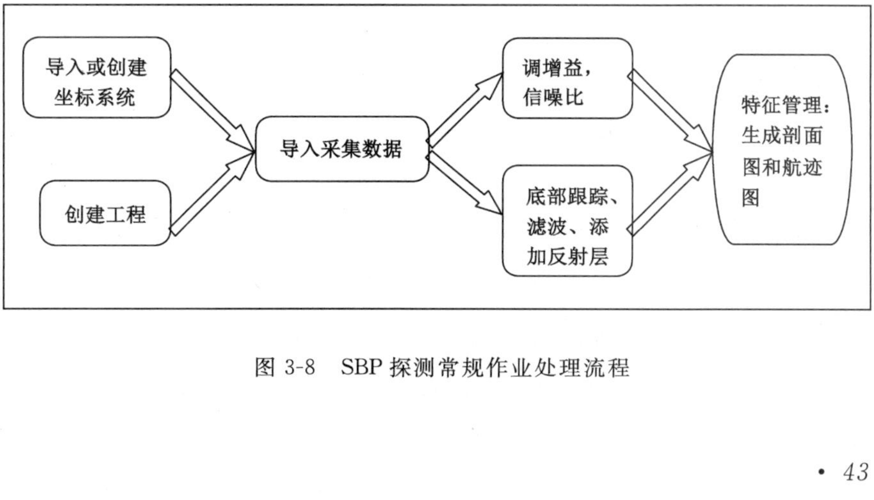

图 3-8 SBP 探测常规作业处理流程

3.4.3 SBP 探测系统指标分析

由于不同类型或型号的 SBP 探测系统设备在同一测区的海底地层穿透能力、地层分辨率等有很大差别，通常在实际应用中，需要根据不同的使用目的，综合考虑作业环境、经济状况等条件，在众多 SBP 探测系统中选取满足使用要求的设备。选取设备的关键是以 SBP 探测系统的性能指标与应用目的、应用条件一一对比分析，分析该设备是否可满足应用目的和应用条件。

SBP 探测系统的性能指标从大的方面可归纳为穿透深度和垂直分辨率。通常换能器的发射频率越高，海底地层的垂直分辨率越高，而穿透深度越低；发射频率越低，穿透深度越大，而海底地层的垂直分辨率越低。同时地层垂直分辨率还与 SBP 探测系统换能器发射声波的脉冲宽度、波束开角、接收带宽等有关。

3.4.3.1 地层穿透深度分析

当前多数 SBP 探测系统的发射基阵与接收基阵是合二为一的，可将其视为一个收发合置的主动声呐，其穿透深度可根据不同的应用模型建立的声呐方程推算获得。20 世纪 80 年代，QPY-1 型 SBP 探测系统研制组提出了声呐方程，设辐射声源级为 SL，SL 为发射换能器或发射换能器阵声轴方向上离声源中心 1 m 处的声强，则有如下等式：

$$\mathrm{SL} = 20\lg 2(H_w + H_s) - 20\lg T + 2\alpha H_w - \mathrm{RL} + (\mathrm{NL} + 10\lg f - \mathrm{DI}_s) + \mathrm{DT} \tag{3-33}$$

式中，H_w 为海水表面至海底的水深，m；H_s 为沉积层厚度，m；T 为海底沉积层分界处声波透射系数；α 为声波带宽内海底的声波平均衰减速度，dB/m；RL 为等效平面波混响级；NL 为海洋环境噪声级，dB；f 为信号频率，Hz；DI_s 为接收换能器处理增益；DT 为检测阈。根据声呐方程及换能器发射声波频率、海底沉积物的孔隙度、密度、衰减系数、海水深度等，结合声速仪提供的声速数据，可计算出声波传播过程中的损失量，最终估算出穿透深度。

3.4.3.2 垂直分辨率

分辨率是指两层面之间能分辨的最小间隔。分辨率的高低，直接影响到 SBP 探测系统测量结果的好坏。除穿透深度之外，垂直分辨率是 SBP 探测系统的另外一个重要性能指标。垂直分辨率即在垂直方向上可以辨别地层的最小厚度，它取决于发射脉冲信号的脉宽。设垂直分辨率为 Δh，则有：

$$\Delta h = \frac{c \cdot \tau}{2} \tag{3-34}$$

式中，c 为声波在水中与沉积层中的速度，m/s；τ 为发射脉冲。

设换能器频率带宽为 W，接收阵从零开始接收脉冲至建立稳健的接收状态这段时间称为过渡期，所接收脉冲的最终一段脉冲至零之间也存在一个过渡期。

过渡期的存在会造成接收脉冲延长即出现拖尾时延现象，时延现象的存在会使$(n-1)$层的回波与第 n 层的拖尾时延重叠，则第$(n-1)$层回波就不能被 SBP 探测系统的处理单元识别或识别后出现叠加波，导致地层数据混乱，所以在讨论垂直分辨率时需考虑有效信号的频带宽度 W，理论上应满足：

$$W \geqslant \frac{c}{2 \cdot \Delta h} \tag{3-35}$$

此时第 n 层的垂直分辨率为：

$$\Delta h = \frac{c \cdot \tau}{2}, \tau = \frac{1}{W} \tag{3-36}$$

式中，c 为声波在介质中的传播速度，m/s；τ 为发射脉冲；Δh 为垂直分辨率。

在实际的 SBP 探测过程中，沉积层的垂直分辨率还与沉积环境中沉积物的孔隙度、密度、弹性等物质条件有关，也与换能器发射声波的开角有关，垂直方向上波束角指的是在最大辐射方向两侧辐射功率下降 3 dB 的两个方向之间的夹角，发射声波的波束开角越小，损失的辐射功率越小，此时分辨率相应会越高；还与显示 SBP 探测数据的设备分辨率有关。因此，在实际应用中应综合考虑各种影响因素，进而分析 SBP 探测系统的真实垂直分辨率。

3.4.3.3 水平分辨率

SBP 探测系统水平分辨率取决于第一菲涅尔带半径大小。测量中，声波以球面方式向海底传播，在触及反射界面时发生发射，反射回波继续传播并被检波器所接收。第一菲涅尔带就是在第一时间被检波器所接收的反射声波记录下来的有限圆域。理论上常把第一菲涅尔带半径作为地震资料的水平分辨率，其半径 R 如下：

$$R = \frac{1}{2} v \sqrt{t/f} \tag{3-37}$$

式中，t 为声波到达反射界面所用的时间，s；v 为声速，m/s；f 为声波信号频率，Hz。

第一菲涅尔带半径 R 越小，水平分辨率越高，剖面声图越能反映所探测反射界面的微小隆起和凹陷形态；反之，第一菲涅尔半径越大，水平分辨率越低，剖面声图无法反映反射界面的微小隆起和凹陷。

4 SBP 探测数据预处理技术

4.1 概 述

在 SBP 勘测过程中采集获取的原始数据虽然能够在一定程度上反映海底地质构造的一些基本特点，但是对于复杂的海底地质而言，这些地质属性远远不够为人类进行海洋地质资源开发提供足够的帮助，特别是需要对海底某一较小的特定区域或目标物进行地质分析的情况下，由于数据采集过程中存在噪声等影响因素，对于 SBP 探测数据图像的判读会带来极大影响，甚至有些影响因素会误导技术人员，导致错误的数据分析结果。因此，选用合适的方法进行 SBP 数据处理是非常必要的。

随着 SBP 探测技术的应用日益广泛，SBP 数据解译技术已从单纯的海底地层层序构造解释，向精确的地层层序构造解释指导下的航道清淤、油藏储层预测、海底目标物定位等范畴发展。在 SBP 数据解译方法研究过程中，针对不同的应用领域可将数据解译分为大范围的地层层序划分和特殊目标物的识别两大类别。

SBP 探测数据记录的是二进制原始 SEG-Y 数据，包含了有效的浅表层底质探测信息、海底信息，也包含了干扰噪声如水面回波、环境干扰等，对其预处理如图 4-1 所示，形成 SBP 探测回波信息或图像，为 SBP 探测底质分布概略呈现、后续数据精处理奠定基础。

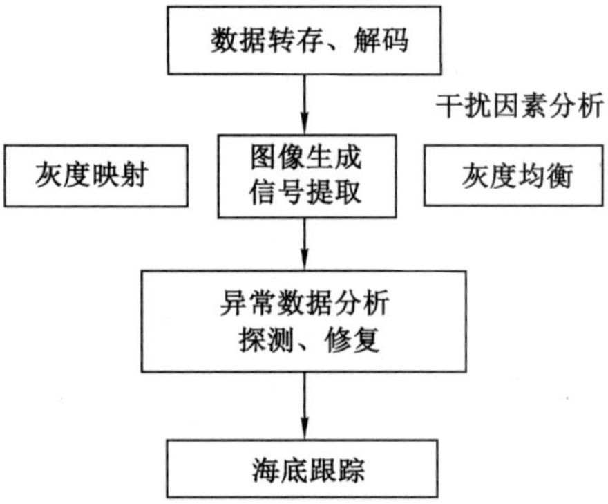

图 4-1 SBP 探测数据预处理流程

4.2　SBP 探测数据解码

海底地质不同导致接收阵采集的声波反射能量大小不同，在这种情况下，各个反映地层特征的特征量会以灰度值的大小反映在灰度图像中，如图 4-2 所示。通常不同的 SBP 探测系统会以不同的文件格式储存 SBP 探测数据。虽然当前不同的 SBP 数据存储文件有 SEG-Y、SES、RAW 等多种格式，但最终都可以转换为标准地震 SEG-Y 格式，因此，SBP 探测数据处理的第一步工作就是需要将数据解码，读取反映海底地层层序的特征值，为下一步的处理、解译工作奠定基础。

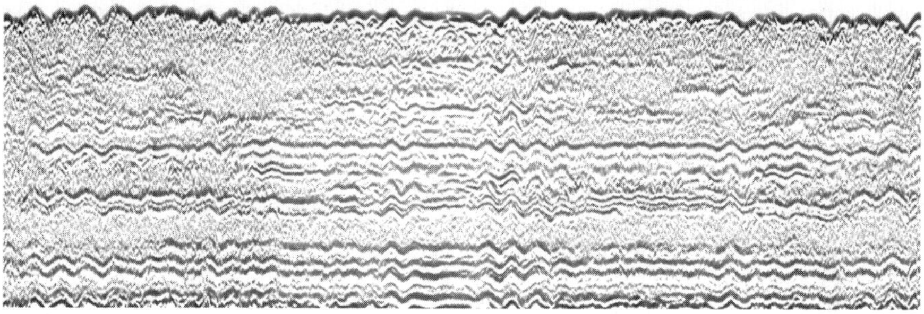

图 4-2　SBP 探测数据图像灰度图

4.2.1　数据转存

SEG-Y 格式是由国际勘探地球物理学家学会（Society of Exploration Geophysicists，SEG）提出的标准磁带数据格式之一，SBP 探测数据一般以标准 SEG-Y 格式存储，该文件存储方式为二进制。在 SBP 探测数据处理中，首要步骤是从记录文件中读取 SBP 探测数据，存储或转换为 SEG-Y 格式。

对 SBP 数据解编首先要了解数据格式的存储规则，了解数据文件的一些重要参数，如数据采样频率、数据道号、头文件、坐标存储形式等。SEG-Y 数据一般有 4 字节 IBM 浮点型 SEG-Y 文件（标准）、4 字节整型 SEG-Y 文件（标准）、2 字节整型 SEG-Y 文件（标准）、4 字节 IEEE 浮点 SEG-Y 文件（非标准）和 1 字节整型 SEG-Y 文件（非标准）五种数据格式，其总形式是由卷头文件和追踪的道头文件两大部分组成，如表 4-1 所示。

表 4-1　　SEG-Y 数据总形式

卷头文件		道头文件				
ebcdic 编码区	二进制文件头	道头 1	数据 1	…	道头 n	数据 n
3 200 个字节的 ebcdic 编码区（40 条记录×80 字节）	400 字节 binary 二进制数区域	240 个字节道头信息	每道数据	…	240 个字节道头信息	每道数据

4.2.1.1　卷头文件

卷头文件信息分为两大部分。第一部分是 3 200 字节的 ebcdic 编码区(40 条记录×80 字节=3 200 字节)，即存放了 40 个镜像，每个镜像均有 80 个字节，该部分信息在 SBP 探测数据解译阶段一般不用，主要是为了查看在勘测区域进行数据记录过程的信息；第二部分是 400 字节的 binary 二进制数区域，这 400 字节的二进制数记录的是这个测线文件的一些基本信息，如文件名及文件位置属性、追踪的道号、每道上的采样点数、根据采样频率计算出的采样间隔等，每个 SEG-Y 文件的这些基本信息都按固定位置存储在这 400 字节的 binary 二进制数区域，在读取数据文件时可根据需要定义好这些信息位置对其进行读取，SEG-Y 卷头文件的 400 字节内容具体说明如表 4-2 所示。

表 4-2　　SEG-Y 卷头文件 400 字节内容表

参数名	参数类型	字节	参数说明
jobid	int	3 201～3 204	任务识别码
lino	int	3 205～3 208	测线号
reno	int	3 209～3 212	卷号
ntrpr	short	3 213～3 214	每个记录的道数
nart	short	3 215～3 216	每个记录的辅助道数
hdt	unsigned short	3 217～3 218	该卷采样间隔(μs)
dto	unsigned short	3 219～3 220	原始记录的采样间隔(μs)
hns	unsigned short	3 221～3 222	该卷每道的样点数
nso	unsigned short	3 223～3 224	原始记录的每道的采样点
format	short	3 225～3 226	数据采样点的记录格式
fold	short	3 227～3 228	CMP 覆盖次数
tsort	short	3 229～3 230	道分选码

续表 4-2

参数名	参数类型	字节	参数说明
vscode	short	3 231～3 232	垂直码
hsfs	short	3 233～3 234	起始扫描频率
hsfe	short	3 235～3 236	终止扫描频率
hslen	short	3 237～3 238	扫描时窗
hstyp	short	3 239～3 240	扫描类型
schn	short	3 241～3 242	扫描频带道数
hstas	short	3 243～3 244	斜坡扫描起始时间
hstae	short	3 245～3 246	斜坡扫描终止时间
htatyp	short	3 247～3 248	斜坡扫描类型
hcorr	short	3 249～3 250	相关数据道
bgrcv	short	3 251～3 252	增益恢复
rcvm	short	3 253～3 254	振幅恢复方法
mfeet	short	3 255～3 256	测量系统
polyt	short	3 257～3 258	激发信号极性
vpol	short	3 259～3 260	振动极性
hunass	short	3 261～3 600	无定义

4.2.1.2 道头文件

每一道的数据由道头文件和每道上的数据体组成。道头长度为 240 个字节，主要记录该道的采样点数、该道的序号等基本信息，这些信息也是按照固定位置定义的。每一道上的数据大小是由记录时长和采样间隔决定的，数据大小在 16 kb 到 32 kb 之间。道头与每一道上的地震数据之间没有间隙，每一道上的数据分为 32 位浮点型、32 位定点型、16 位整型、32 位带增益的定点数四种格式。

4.2.2 数据解码

数据解码的主要工作就是读取 SBP 探测数据文件中存储的关于各条测线中反映地层信息的 Chirp 包络信号、与每一道对应的坐标、采样数、双程旅行时间、采样频率、测线号、整条测线上总道数等信息，为下一步的数据处理及地层剖面图像显示提供翔实的原始资料。

数据解码工作运用 Matlab 语句定义 SEG-Y 数据的卷头文件参数、道头文件参数、道编号、道横坐标、道纵坐标、道采样点数、每道上采样点数的值等，并指定这些要读取的信息在文件中所处的字节位置，进而读取出与定义的参数类型相同的值和矩阵文件。数据读取成果信息,如图 4-3 所示,读取出的成果信息最主要的是“traces”与“headers”两个矩阵文件:“traces”文件储存了整条测线追踪的道集和每一道由上到下不同位置采样点的值;“headers”文件储存了每一道的道头信息,包含追踪道号、坐标等。

字段	值	最小值	最大值
type	'sbp'		
tag	'unspecified'		
name	'4-11ys'		
from	'E:\Master thesis\data\配套数据\convert\4-11ys.sgy'		
line_number	1	1	1
traces_per_record	1	1	1
cdp_fold	1	1	1
first	0	0	0
last	131.0400	131.0...	131.0...
step	0.0320	0.0320	0.0320
units	'ms'		
traces	*4096x17893 double*	<元素...	<元素...
null	*[ ]*		
history	*1x4 cell*		
header_info	*9x3 cell*		
headers	*9x17893 double*	0	2019...
fp_format_of_segy_file	'ibm'		

图 4-3　读取的 SEG-Y 数据成果信息

4.3　SBP 探测干扰因素分析

SBP 探测过程中,由于海水不是静止的,外业数据采集过程中不可避免地会记录一些噪声,如涌浪、机械振动、螺旋桨转动、海底海流的噪声、风吹海面的噪声、生物噪声、电子噪声等。当噪声和有效信息混合在一起时,会造成真实数据被掩盖,降低了采集数据的信噪比,进而影响工作人员对海底地质的解译工作。

SBP 数据读取是数据处理的前提条件,解编后的数据不仅包含有效信号信息,同时也存在一些干扰信号信息,道集数据显示为地层剖面图像后图像中会存在噪声、多次波等影响,这些影响因素的存在将会严重干扰对于真实地层剖面图像的解读。地层剖面图像中的干扰因素与反映地层的真实信息共存在地层剖面图像中,因此要压制或剔除干扰因素,首先要进行地层剖面图像中干扰因素的分析。

4.3.1　海上环境影响

海上的风、流、涌、浪等产生的噪声是客观存在的环境噪声,SBP 数据处理过程中,信噪分离始终是一个中心问题。噪声在地层剖面信号中可分为随机噪声和相干噪声,二者中的相干噪声通常会被误认为是有效信号。一般情况下不论是有用信号还是噪声,只要可以以某个特定变换的很少的基进行表示,这个变换就会对信噪分离有用，因为该变换以很少的基的形式进行信号的表达，那么经变换后就能更简便地进行噪声与有效信号的分离。高密度 SBP 探测数据资料采集失去了利用野外排列组合的方向特性压制规则干扰和随机干扰的机会，导致原始采集高密度 SBP 探测数据线性干扰和随机干扰异常发育，针对高密度 SBP 探测数据资料特点的噪声压制技术对于提高 SBP 探测资料信噪比十分重要。

涌浪噪声是浅海 SBP 探测数据中最常见的噪声之一，其主要是由于海上数据采集时天气状况引起的。当海浪达到一定水平时，海上拖缆采集与固定安装的 SBP 探测系统采集的 SBP 探测数据资料中会包含涌浪噪声信息，较为严重时，甚至必须停止采集。涌浪噪声对 SBP 探测数据信噪比有很大影响，使得叠加剖面上低频能量突出，显著降低资料分辨率。因此，需要在分析其特点的基础上，研究相应的去除方法。

SBP 数据中的涌浪等噪声会对多道底层剖面处理产生不利的影响，如地表一致性振幅补偿或叠前随机噪声衰减等。因为基于多道的地表一致性振幅补偿技术，其振幅补偿系数是基于地层剖面数据的原始振幅信息进行计算得到的，噪声等异常能量的存在会扰乱正常反射波的振幅衰减规律，导致最终计算的振幅补偿系数与真实值有偏差或使得真实振幅补偿系数的计算变得困难。异常噪声在 SBP 探测数据采集过程中工作人员都会尽量避免，如选择海况较好的天气进行外业数据采集。在不考虑异常噪声的前提下，多采用预测滤波进行随机噪声压制，使预测误差算子求取的稳定性变好，可获取相对理想的结果，对后续的数据处理工作有积极意义。

4.3.2 测量船机械影响

固定安装的 SBP 探测系统通常采用侧舷安装方式，根据测量船只的安装条件采用螺栓旋拧的侧舷悬挂安装或焊接固定安装。采用螺栓旋拧安装 SBP 探测系统换能器的方式，在船只进行走航式测量时受海水阻力的影响，螺栓处通常会有一定幅度的震动，消除震动影响的方式通常为在螺栓处加垫橡胶垫片，对震动幅度进行缓冲；焊接固定安装只要焊缝紧密，连接换能器的阀栏杆和支架之间就不会产生多余的震动，即使有小幅度的震动也不会影响到地层剖面声学图像质量。

测量船只的另一项机械干扰是测量船的发动机振动及噪声影响，进行走航式测量过程中发动机通常会产生大量噪声与机械振动，发动机的干扰是不可避免的，为了尽量减小干扰，可在综合考虑其他影响因素的前提下将换能器安装在相对远离测量船发动机的位置。

4.3.3 测量船姿态影响

海上测量工作经常会受到自然因素与人为环境影响。最常见的自然环境影响就是风浪与涌浪影响，如果海况不好则会有较大风浪或涌浪，此时测量船会有横摇、纵摇及升沉的姿态异常；人为环境影响即是测量船周围经过其他船只进而造成的测量船与换能器的姿态异常。这两种情况下的姿态异常都是根据海况不同随机产生的，其幅度是不同的，对地层剖面的记录图像影响也是不固定的，不能用一组既定的改正参数或改正模型进行修正。

对于姿态影响因素的压制可采用加装三维姿态传感器的方法，由三维姿态传感器获取测船姿态变化数据，实时传输至 SBP 探测数据采集单元，进而对 SBP 探测数据进行实时的姿态修正。

4.3.4 绕射回转波影响

SBP 探测获取的地层剖面可认为是理想的零偏移距单道声波剖面，当换能器激发的声源在探测过程中遇到一些岩性的突变点，这些突变点就会成为新的震源，再次发出球面波，向四周传播，称为绕射波；回转波则是凹界面上产生的发射波，它具有交结点和回转点，即记录的图像界面上的反射点坐标和时距曲线上的点的坐标，不是单一对应的关系。

如果存在绕射波和回转波，则会使得断面或凹界面处的绕射波和回转波不能归位，难以确定产生绕射波、回转波处地层的真实位置。利用地层剖面数据偏移处理中的波动方程偏移进行偏移处理，可得到真实的地层信息。

4.4 SBP 探测图像生成

由于 SBP 探测系统设备的差异，SBP 探测数据回波信号的记录类型各有不同，比如 Bathy-2010 SBP 探测系统是记录经过处理的灰度值，C-Boom SBP 探测系统记录回波信号与发射振幅的比值，还有的 SBP 探测系统是记录提取的振幅包络。此实验数据采用 C-Boom SBP 探测系统的测量结果，因此，后面数据处理过程也以 C-Boom SBP 探测数据为例。

4.4.1 回波信号提取

C-Boom SBP 探测系统接收的是回波信号的瞬时采样值，并以相对发射声波振幅的形式记录。完成 SEG-Y 文件解码后，从回波数据中提取出回波的瞬时振幅，瞬时振幅提取采用希尔伯特(Hilbert)变换。给定实值函数 $X(t)$，其希尔伯特变换记作 $Y(t)$，则：

$$Y(t)=X(t)\times\frac{1}{\pi t}=\frac{1}{\pi}\int_{-\infty}^{+\infty}\frac{X(\tau)}{t-\tau}\mathrm{d}\tau \tag{4-1}$$

瞬时振幅为：

$$A(t)=\sqrt{X^2(t)+Y^2(t)} \tag{4-2}$$

式中，$A(t)$为时刻 t 的瞬时振幅；$X(t)$为给定的实值函数；$Y(t)$为 $X(t)$希尔伯特变换结果。

4.4.2　灰度映射

经希尔伯特变换后可得原始回波信号的瞬时振幅，也就是声强。为实现 SBP 探测图像的显示，须将 SBP 探测数据声强数据按其变化范围映射到灰度值范围 0～255。设声强最大值与最小值分别为 $A_{\max}$和 $A_{\min}$，则声强数据与灰度值之间可建立如下式所示的线性关系：

$$\frac{\mathrm{Gray}-\mathrm{Gray}_{\min}}{\mathrm{Gray}_{\max}-\mathrm{Gray}_{\min}}=\frac{A-A_{\min}}{A_{\max}-A_{\min}} \tag{4-3}$$

式中，A 为当前采样点的声强度；Gray 为该声强数据对应的灰度值；$\mathrm{Gray}_{\max}$和 $\mathrm{Gray}_{\min}$分别取 255 和 0。经式(4-3)可将 SBP 探测图像声强数据映射到灰度值，并以灰度图像显示 SBP 探测测线垂直剖面图。

4.4.3　灰度均衡

为使 SBP 探测图像呈现更多细节、图像更加清晰，需对图像做增强处理。灰度均衡是图像增强的常用手段，其基本方法是：对图像中像素个数多的灰度值进行拉伸和展宽，并调整、合并像素个数少的灰度值。经过均衡处理后，SBP 探测图像细节得到凸显，图像变得更为清晰。SBP 探测图像灰度均衡前后对比，如图 4-4 所示。

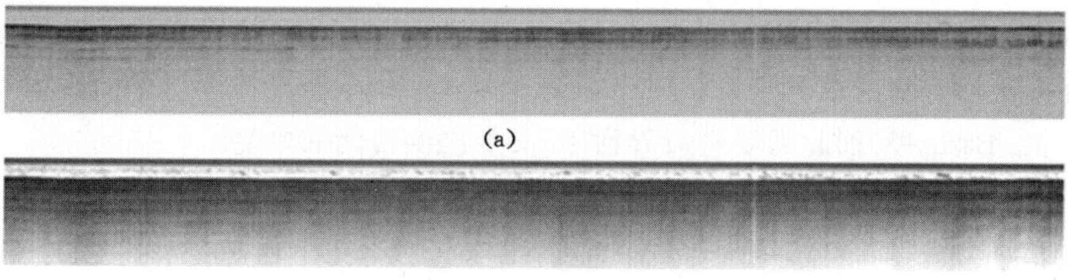

(a)

(b)

图 4-4　SBP 探测图像灰度均衡前后对比图

(a) 灰度均衡前；(b) 灰度均衡后

从图 4-4 可看出，灰度均衡前的图像(a)灰度层次相对单一，除海底线明显外，海底以下部分颜色为统一灰色，海底底质特征无法表现出来；灰度均衡化后的图像(b)与灰度均衡前的图像(a)相比，明显清晰许多，海底面以下底质的细节部分也表现得更丰富。

对灰度均衡前后的数据分别画出分布直方图，如图 4-5 所示。

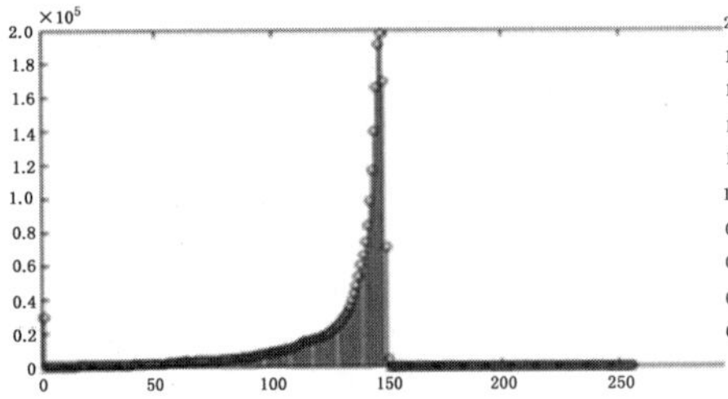

(a)

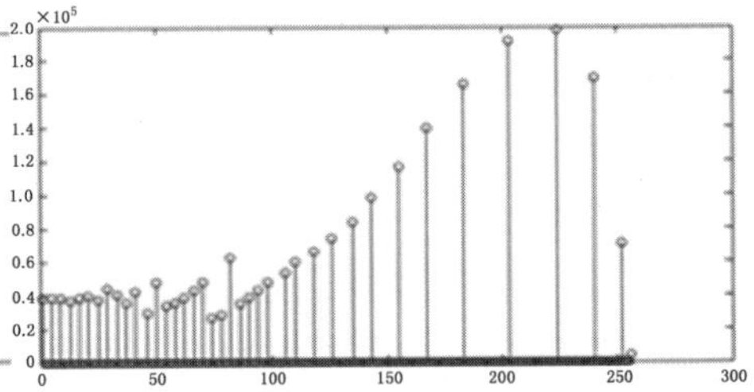

(b)

图 4-5　灰度均衡前后直方图对比

(a) 灰度均衡前；(b) 灰度均衡后

图 4-5 中，(a)为 SBP 探测图像灰度均衡前的直方图，(b)为灰度均衡后的直方图，从图中可看出，灰度均衡前的直方图较为尖锐，值呈两极分化，较大值很大，较小值很小，过渡段的细节无法体现；灰度均衡后的直方图去掉两极分化的最大值和最小值，直方图趋势变得平缓，细节部分凸显，灰度均衡化得到增强图像、凸显图像细节的目的。

4.5　SBP 探测异常数据修复

由于设备异常、数据传输损失及海中鱼群经过等因素，SBP 探测数据中不可避免会出现异常数据，如单 Ping 或连续多 Ping 数据的缺失，表现在垂直剖面图像上为垂直向的单色线条。Ping 数据的缺失，影响 SBP 探测图像的质量和后续数据处理结果，因此需要进行异常 Ping 数据的检测和修复。

4.5.1　异常数据探测

异常 Ping 数据探测的实质是粗差探测，检测出异常数据所在的位置，以便进行剔除或修复，这里主要为修复。粗差探测常用的统计量有均值、标准差等，按统计学理论取 3 倍中误差为阈值，认为超出 3 倍中误差以外为异常数据。具体实现过程如下。

设 SBP 探测图像大小为 row×col，X_{ij} 为 SBP 探测垂直剖面图像中第 i 行第 j 列的灰度数据，X_j 为第 j 列的灰度均值，则计算各 Ping 灰度均值如下：

$$X_j = \frac{1}{\text{row}} \sum_{i-1}^{\text{row}} X_{ij} \ (j = 1, 2, 3, \cdots, \text{col}) \tag{4-4}$$

顾及地质缓变特性，以相邻$(2m+1)$Ping 为滑动窗口，计算滑动窗口内所有灰度均值的平均值和标准差，以 $\overline{X}_k$ 表示平均值，则有：

$$\overline{X}_k = \frac{1}{2m+1}\sum_{j=k-m}^{k+m} X_j \quad (k = m+1, m+2, \cdots, \mathrm{col} - m) \tag{4-5}$$

标准差 σ_k 为：

$$\sigma_k = \sqrt{\frac{1}{2m+1}\sum_{j=k-m}^{k+m}(X_j - \overline{X}_k)^2} \quad (k = m+1, m+2, \cdots, \mathrm{col} - m) \tag{4-6}$$

以滑动窗口内多 Ping 灰度均值的平均值 $\overline{X}_k$ 为参照，考察当前 Ping 的灰度均值是否满足以下检测条件：

$$| X_j - \overline{X}_k | > 3\sigma_k \tag{4-7}$$

逐 Ping 考察当前 Ping 的灰度均值与其所在窗口内灰度均值的平均值之差的绝对值是否大于 3 倍标准差，若大于则认为是异常 Ping 数据，进行下一步的内插和修复操作。

4.5.2　异常数据修复

异常 Ping 修复的实质为数据插值，即根据丢失 Ping 周围的正常 Ping 数据内插出缺失的数据。

采用多项式插值方法，其基本原理为：基于底质渐变原则，利用异常数据周边的多 Ping 正常数据，构建插值多项式进行修复，其多项式模型如下式所示：

$$G_k = m_0 + m_1 k + m_2 k^2 \tag{4-8}$$

其中，G_k 为第 k Ping 某个采样点的灰度值，m_0、m_1、m_2 为多项式系数。首先借助异常 Ping 周边的有效 Ping 序列构建多项式模型，求出系数 m_0、m_1、m_2，再取 $k=j$（j 为异常 Ping 列号）代入多项式得到异常 Ping 的灰度值。

异常 Ping 数据修复前后的对比如图 4-6 所示。

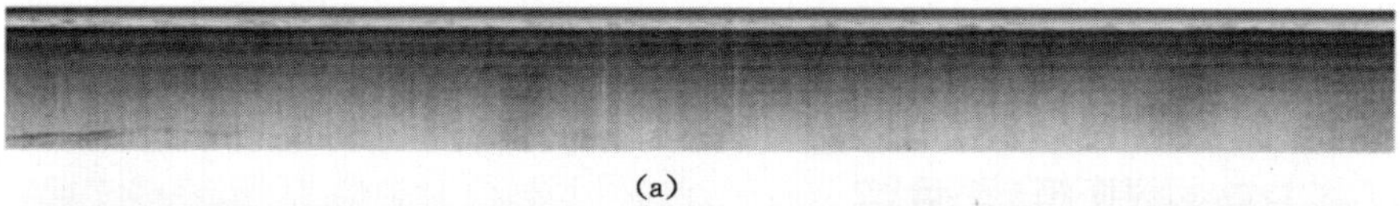

(a)

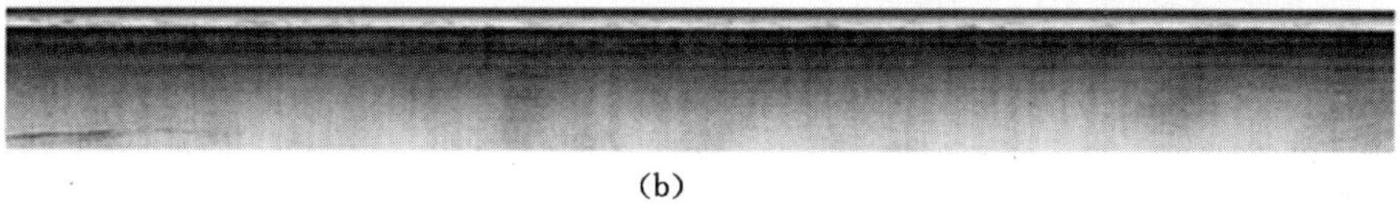

(b)

图 4-6　异常 Ping 修复前后对比图

(a) 修复前；(b) 修复后

从图 4-6 看出，原始 SBP 探测图像(a)中间部分出现两条明显的竖直白线，即为缺失 Ping 数据所在的位置，经多项式插值法内插后的图像(b)白线消失，异常 Ping 得到修复，且修复效果良好。

异常 Ping 探测修复过程中采用迭代算法进行检测和差值，直到修复结果达到要求方停止迭代。迭代过程中各 Ping 灰度均值的变化如图 4-7 所示。可看出，图 4-7(a)中尚有部分远离平均值的离散数据，这些离散数据即为测量中的异常值，每一次迭代过程中异常数据被修复，经多次迭代所有异常数据被修复。

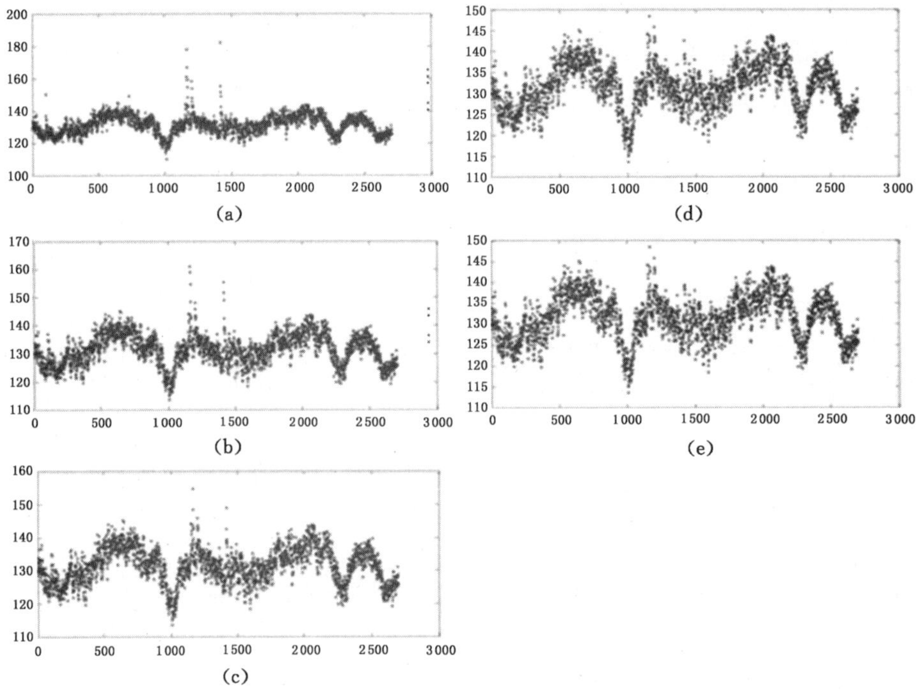

图 4-7　迭代修复过程

4.6 SBP 探测海底跟踪

SBP 探测过程中，换能器发射的声波穿过海水进入海底底质中，在浅地层垂直剖面图中同时记录了海水部分和海底以下浅地层底质部分。如何准确识别海底面，是海底底质声学探测与研究中需解决的重要问题。

海底是海水与海洋底质的分界面，也是声波在向海底传播过程中遇到的第一个强反射界面。由于海水与底质间的差异，该分界面上、下两层介质间声阻抗差异较大，声波在海底表面会发生强反射，表现在声强信号上会出现振幅极大值。同时，声波在界面上层（海水）或下层（底质）的同种介质中反射则比较微弱，对应的振幅值也比较小。根据这个原理，分别找到每 Ping 测量数据中的振幅极大值，即可提取出海底线。

海底跟踪的第一步，需要知道初始的海底大概位置，如外业测量时没有预先知道的大约海底深度，则在内业处理中应根据测量数据确定一个大致的海底深度。将第一 Ping 初始海底深度附近若干个采样点所在范围作为检测区间，将该区间作为海底线的搜索范围，寻找该区间振幅最大值所在点，如该点满足下列条件，则认为是有效海底点位置：

$$\begin{cases} A(i) > A(i-1) \\ A(i) > A(i+1) \\ A(i) > \mu_m + 1.5\sigma_m \end{cases} \tag{4-9}$$

式中，$A(i)$为当前所考察的采样点对应的振幅值；$A(i-1)$和$A(i+1)$分别为考察点前后采样点所对应的振幅值；μ_m 为搜索区间内振幅均值；σ_m 为区间内振幅标准差。

将上述找到的海底点作为相邻下一 Ping 海底的初始位置，并将该点前后一定数量的采样点范围作为海底搜索区间，按式(4-9)的条件寻找海底点。重复此过程，直至所有 Ping 的海底查找完毕，即得到海底的位置。在后续处理中，为进行海底底质研究及海底层界划分，可按照海底位置，从原剖面图中减去海水部分，得到只余海底底质结构的垂直剖面图，如图 4-8 所示。

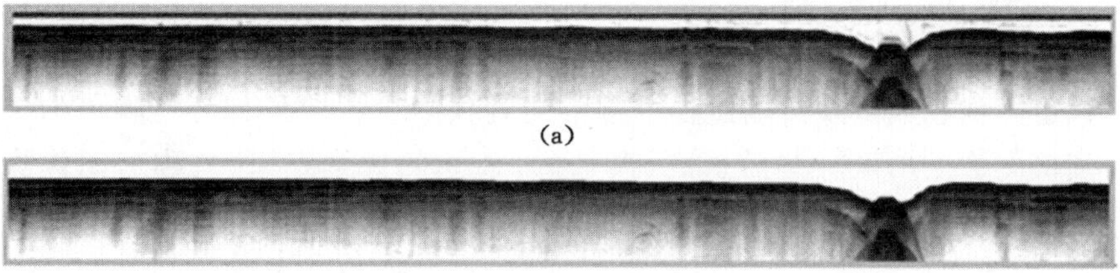

(a)

(b)

图 4-8 底跟踪结果

5 SBP 探测数据精处理技术

5.1 概　　述

SBP 探测原始地层数据经过数据解编、格式转化、干扰因素分析、数据修复等工作，针对地层剖面数据共有的噪声和多次波两大影响因素，采用均值滤波、带通滤波、径向道变换可实现噪声的消除，采用预测反褶积算法、多次迭代自适应预测反褶积法、非高斯性最大化预测反褶积算法对多次波进行了压制，形成了一套完整的数据处理流程，为 SBP 探测技术的应用做好数据处理理论基础，以达到提高地层剖面数据记录图像分辨率，获取真实海底地层信息的目的。

5.2 SBP 探测数据滤波

数字图像在成像及传输过程中常常受到仪器设备与外部环境噪声的干扰，从而使得图像上出现一些随机的、离散的、孤立的像素点，这些称为图像噪声。在数据处理的过程中就要通过一些方法来消除干扰。这种方法就是我们常说的滤波器，信号通过滤波器其频谱将发生变化，有些频率成分被加强，而有些频率成分则被削弱，从信号处理的角度采取不同的方法实现滤波功能的系统称为滤波系统。

5.2.1 均值滤波

均值滤波是采用邻域平均法的线性滤波器，其基本原理是：对待处理的当前像素点，给定一个以当前点为中心的模板，模板中包含当前点周围的邻近像素点，取模板中所有像素点的灰度均值并作为当前像素点的灰度值。以 $f(x,y)$ 为模板中各像素点的灰度值，$g(x,y)$ 为当前像素点做均值滤波后的灰度值，则均值滤波表达式如下：

$$g(x,y)=\frac{1}{M}\sum_{f\in s}f(x,y) \tag{5-1}$$

以 3×3 模板为例，均值滤波器矩阵模板为：

$$1/9\begin{bmatrix}1 & 1 & 1\\1 & 1 & 1\\1 & 1 & 1\end{bmatrix}$$

由于图像高频区域包含图像中的细节信息，采用均值滤波法去噪会导致图像变得模糊，且随着均值滤波模板的增大，这种模糊也会加剧。而均值滤波模板太小，又会导致去噪能力不足。因此，在选用均值滤波法时，需综合考虑去噪能力和保留图像细节信息，选择合适的模板大小。

5.2.2　改进中值滤波

中值滤波是基于排序统计理论的非线性平滑技术，其基本原理是：将数字图像中一点的像素值用该点邻域中各点像素值的中值代替，从而消除孤立噪声点。所选用的邻域，为中值滤波器的模板，通常为 3×3 或 5×5 区域。

以 3×3 模板为例，中值滤波器矩阵模板为：

$$\mathrm{mid}\begin{bmatrix}1 & 1 & 1\\1 & 1 & 1\\1 & 1 & 1\end{bmatrix}$$

对于脉冲噪声，中值滤波器具有明显的优势，但对于高斯噪声，则中值滤波器的去噪效果明显不如线性滤波器。对整幅进行中值滤波，将不可避免丢失图像细节，使图像变得模糊。

为提高中值滤波效果，在去除噪声的同时尽可能保留图像细节，将常规中值滤波法进行改善，将像素点分为平坦像素点、图像边缘点及噪声点三类，并分别采取对应方法。以 3×3 中值滤波器为例，设 M 为设定的灰度阈值，则：

(1) 假设当前像素点为平坦区域像素点，则该点 8 邻域的灰度值应大部分与该点相似，如存在噪声点，则噪声点灰度值与正常点灰度值之差大于 M 的个数不应大于 2。

(2) 假设当前像素点为边缘像素点，即图像轮廓分界线上的点，则该点 8 邻域的灰度值应有一半左右与该点相似，两部分像素点差异的绝对值大于 M 的个数在 4 左右，可设为 2～6 个。

(3) 假设当前像素点为噪声点，则该点 8 邻域中大部分点的灰度值与该点相差较大，当前点与其余点灰度值之差的绝对值大于 M 的个数不少于 6 个。

在去噪声处理中，保留边缘像素点，对平坦区域像素点和噪声点进行中值滤波处理，这种处理的结果可最大化保留图像细节信息，提高图像信噪比。

SBP 探测图像噪声处理前后的效果对比如图 5-1 所示。

从图 5-1 可看出，经去噪处理后，图像中噪声影响明显削弱，尤以海底面表

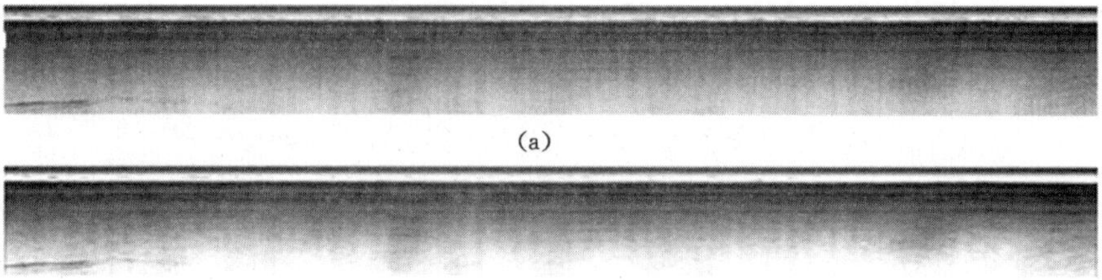

(a)

(b)

图 5-1 SBP 探测图像去噪前后对比

(a) 去噪前;(b) 去噪后

现最为显著,去噪后海水部分噪声得到消除,海水与海底地层分界面变得更加清晰;图像其他地方噪声影响也得到不同程度的削弱。

5.2.3 带通滤波

通过信号分析,我们可知有效信号和干扰信号在频谱上有较大差别,有效信号的频谱集中在中间的一个频带内,而干扰信号的频谱主要集中在两侧。根据这一特点,我们选用带通滤波器,带通滤波器就是选一个高截止频率和一个低截止频率,相减得到的。带通滤波器的作用就是将不需要的噪声信号与有用的反射地层剖面的信号进行分离,也可理解为消除高、低频干扰而保留中频部分的有效信号。

设计一个频带范围为 0—10—20—40 Hz 带通滤波器,滤波前后地层剖面信号如图 5-2 所示,可以明显地看出:沿信号传播方向受截止频域的限制,滤波后波形主要记录的是设计频带 0～40 Hz 内的声地层剖面信号,在极大程度上摒弃了原始波形的边缘干扰信号、保留了有效信号,这为数据处理及最后的资料解释提供了可靠的信息来源。

同样,如图 5-3 所示,从原始声地层剖面信号、滤波信号、声地层剖面子波信号的频谱图可以看出:经过带通滤波后的声地层剖面信号在截止频率 0～40 Hz 之间的振幅谱更为明显,超过截止频域之后基本没有振幅变化,即在该截止域内声地层剖面信号的信噪比会得到明显提高。

如图 5-4 所示,是海上一段浅水原始声地层剖面资料与不同截止频域滤波器滤波后的声地层剖面资料。根据实际剖面数据通过不同截止频率范围的带通滤波对比图也可明显看出当频带范围小的时候地层剖面图的分辨率较低,低频噪声干扰信号较多,而有效信号被大量压制;当截止频率过大时分辨率虽然有一定程度的提高,但是低频范围内的有效信号被大量滤除,不能够真实反映地层剖面信息。从 100—120—380—400 Hz、200—220—780—800 Hz、300—320—1 180—1 200 Hz 三个不同频带的滤波效果图看出在进行声地层剖面图像滤波

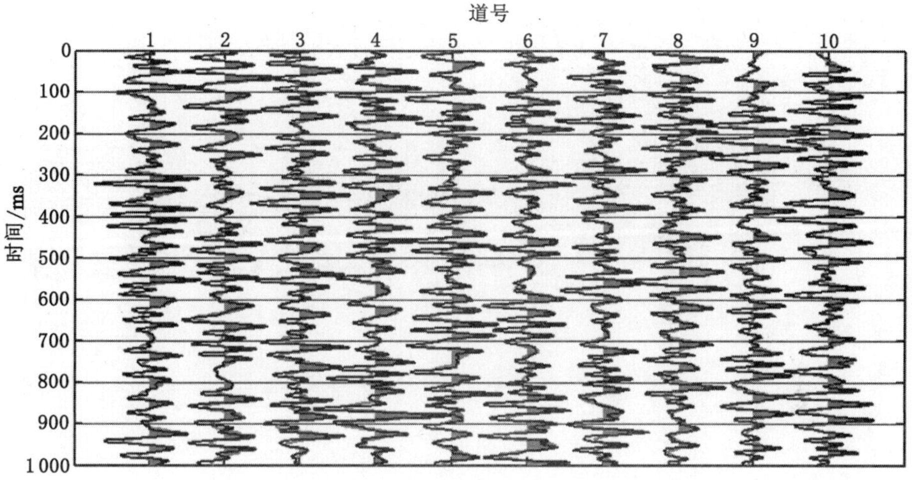

图 5-2 原始信号(黑色)与滤波后信号(灰色)对比图

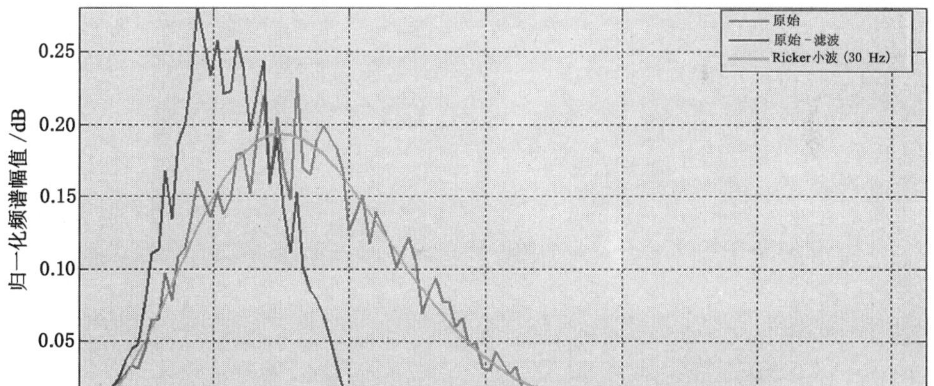

图 5-3 地层剖面信号原始信号-滤波信号-子波频谱图

过程中要兼顾分辨率与信噪比,这样才能够最大程度上得到地层剖面真实信息。

5.2.4 数字滤波

数字滤波指的是将一个原始信号经过特定流程后变成一个新信号的过程。根据数字滤波的定义,可以理解为利用不同的频谱特征来抑制干扰波,对波形信息进行了重造。

数字滤波的效果具有可靠性高、精度高等优点,其在声波噪声数据处理中应

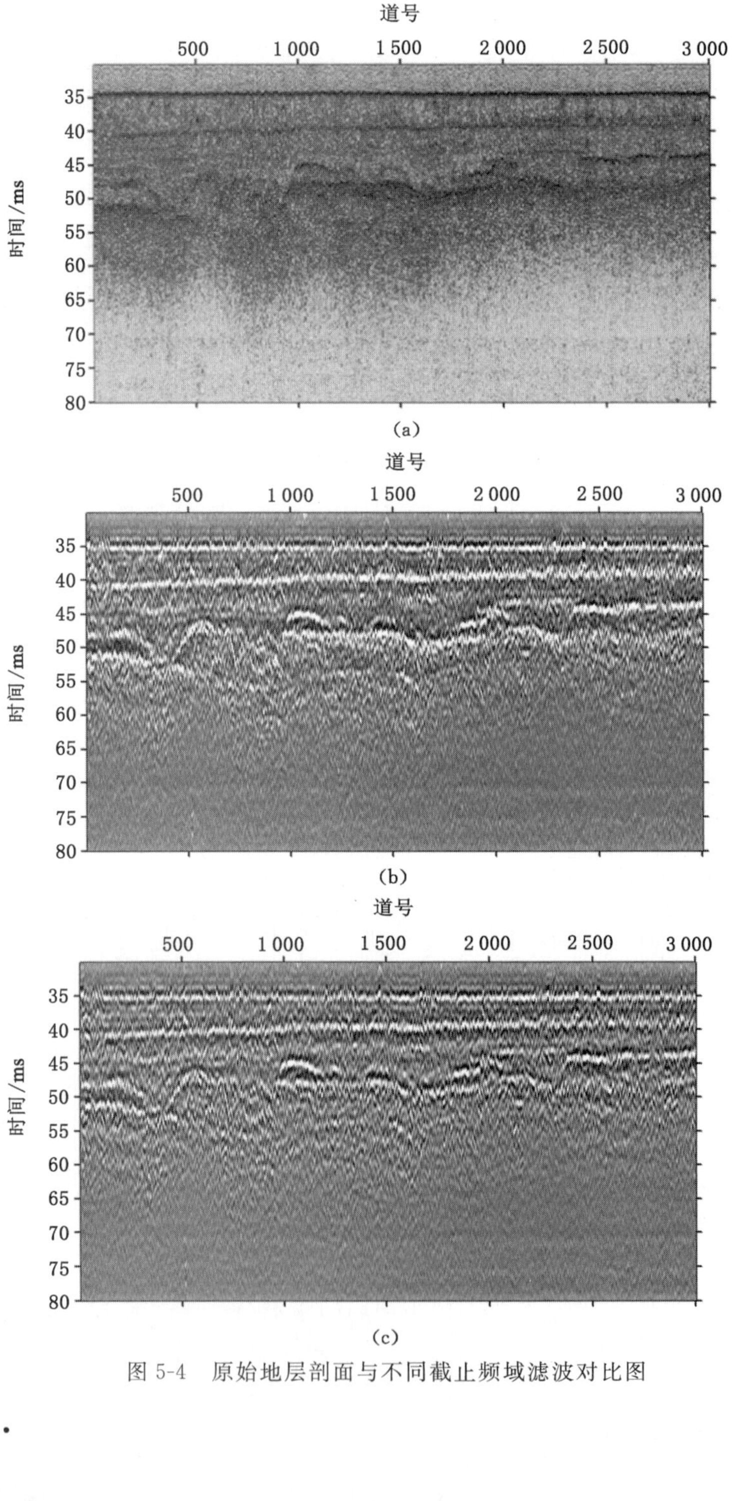

图 5-4　原始地层剖面与不同截止频域滤波对比图

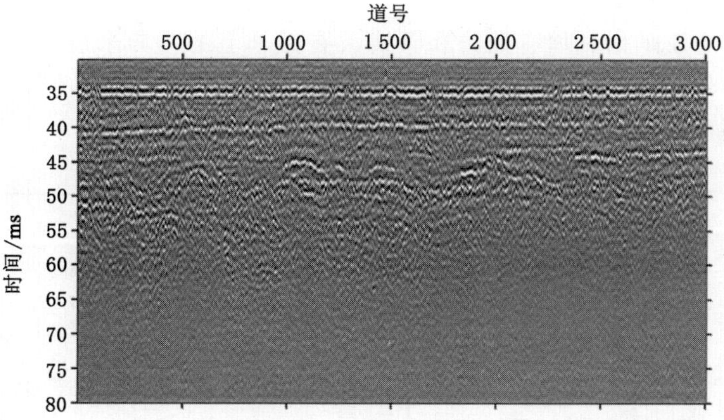

(d)

续图 5-4　原始地层剖面与不同截止频域滤波对比图

(a) 原始地层剖面；(b) 100—120—380—400 Hz 带通滤波；(c) 200—220—780—800 Hz 带通滤波；(d) 300—320—1 180—1 200 Hz 带通滤波

用广泛。数字滤波具有突出有效声波、抑制干扰声波的特点，可以根据道数运算进行分类为一维频率滤波（只需要对单道数据进行运算）和二维视速度滤波（依据视速度差异进行多道数据运算）。

频率域滤波过程：激发声波信号→输入信号，用 $X(f)$ 表示；频率域滤波器，用 $H(f)$ 表示；声波的传播→输出信号，用 $\hat{X}(f)$ 表示。频率域滤波可用输入信号的频谱 $X(f)$ 与滤波器的频率响应函数 $H(f)$ 的乘积表示：$\hat{X}(f)=X(f)\cdot H(f)$。

时间域滤波过程：激发声波信号→输入信号，用 $H(t)$ 表示；时间域滤波器，用 $H(t)$ 表示；声波的传播→输出信号，用 $\hat{X}(t)$ 表示。则时间域滤波可用输入信号 $X(t)$ 与滤波器的脉冲响应 $H(t)$ 的褶积表示：$\hat{X}(t)=X(t)*H(t)$。

当借助计算机进行处理声波数据时，因为数据量比较大，需要对连续信号进行离散取样。设声波信号、滤波因子、输出信号的离散时间序列分别为 $X(n\Delta t)$、$H(n\Delta t)$、$\hat{X}(n\Delta t)$，相应的频谱为 $X\Delta(f)$、$H\Delta(f)$、$\hat{X}\Delta(f)$，则离散的滤波方程为：

$$\begin{aligned}\hat{X}(n\Delta t)&=X(n\Delta t)*H(n\Delta t)\\ \hat{X}\Delta(f)&=X\Delta(f)\cdot H\Delta(f)\end{aligned}\tag{5-2}$$

在声波数据处理过程中，数字滤波的主要作用是抑制干扰信号来提高有效信息的记录。数字滤波一般可以分为一维频率滤波和二维视速度滤波两类。

5.2.4.1 一维频率滤波

一维频率滤波是指利用有效波和干扰波在频率上的差异来进行区分，从而剔除干扰波信号，保存有效波信号。由于频率信息是单变量，故频率滤波又称为一维滤波。频率滤波效果如图 5-5 所示。

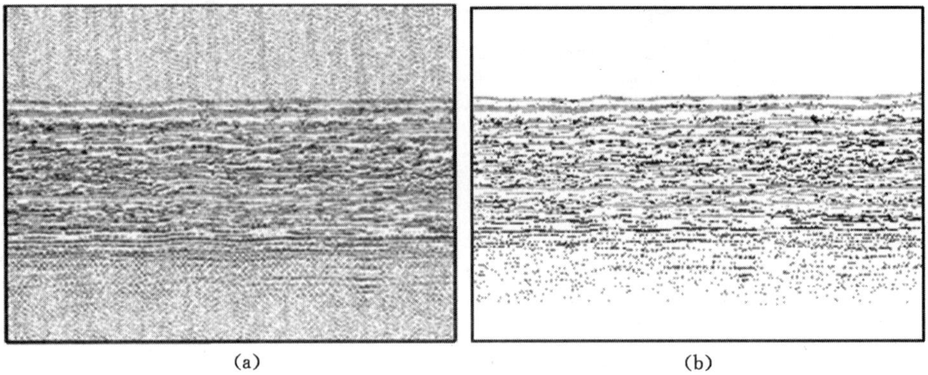

图 5-5　频率滤波去噪前后对比图

(a) 滤波前数据；(b) 滤波后数据

根据低通滤波原理，低通滤波是指频谱中低频信号为有效波，高频信号为干扰波，如图 5-6 所示。低通滤波器的频率响应公式为：

$$H_1(f)=\begin{cases}1 & f\leqslant |f_1| \\ 0 & \text{其他}\end{cases} \tag{5-3}$$

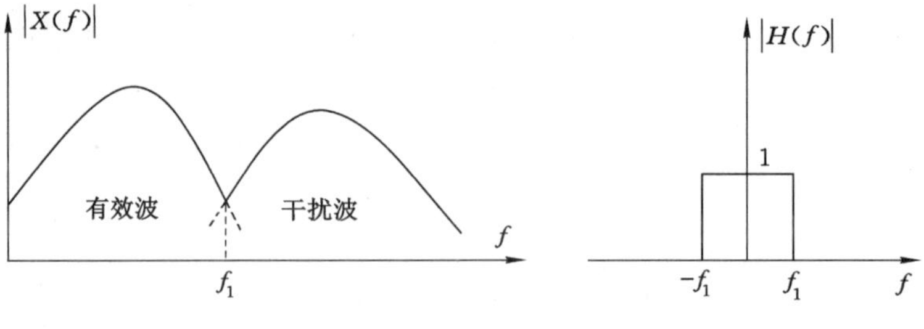

图 5-6　低通滤波器

根据带通滤波原理，带通滤波是指声波频谱信息记录中，干扰波出现在频谱的两端，有效波位于频谱中间，如图 5-7 所示。带通滤波的滤波响应公式为：

$$H(f,k)=\begin{cases}1 & |f/k|\geqslant v_1, f_1\leqslant|f|<f_2\\0 & 其他\end{cases}$$
$$H_2(f)=\begin{cases}1 & |f_1|<f<|f_2|\\0 & 其他\end{cases} \tag{5-4}$$

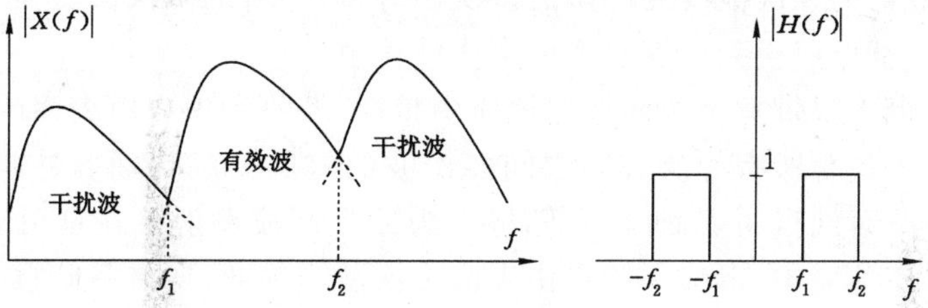

图 5-7　带通滤波器

5.2.4.2　二维视速度滤波

在一维频率滤波过程中，当出现有效波与干扰波在频谱上有较大部分是相同的时候，则一维频率滤波就不能完全剔除干扰波信号，此时可以采用二维视速度滤波模型。二维视速度滤波原理是通过有效波与干扰波记录信息在视速度方面的差异，进行剔除干扰波信息，保存有效波信息。根据相关定义，视速度表示式为 $v_a=f/k_a$ 或 $v_a=X/t$。从视速度定义公式可知，v_a 是频率波数域 $f—k_a$ 的函数或者是时空域 $t—x$ 的函数。

在二维视速度滤波模型中，常用的是采用带通扇形滤波算法或者扇形滤波算法剔除干扰波信号。

在声波信息记录中，对于频率低、视速度低的干扰波信号，可采用带通扇形滤波。其响应函数为：

$$H(f,k)=\begin{cases}1 & |f/k|\geqslant v_1, f_1\leqslant|f|<f_2\\0 & 其他\end{cases} \tag{5-5}$$

在声波信息记录中，对于频率高、视速度低的声波，可采用扇形滤波。其响应函数为：

$$H(f,k)=\begin{cases}1 & |f/k|\geqslant v_1, |f|<f_1\\0 & 其他\end{cases} \tag{5-6}$$

5.2.5　SRME 滤波

进行海底地质探测时，回波信号中多次波噪声问题一直是海底地质探测数据处理中的难题。SRME(Surface Related Multiple Elimination)滤波对抑制多次波具有很好的效果，该方法最大的优势在于完全数据驱动，不需要借助任何海底地质信息，就能剔除所有类型的多次波，并且该方法目前已经成为主流的剔除多次波信号的方法。

海水表面是自由表面，当声波传到自由表面时会发生声波反射现象，使得声波向海底方向传播，当经过海底的反射后，再次传回到海水表面。这个过程往返出现，使得最初的一次波变为一阶的多次波，然后一阶的多次波变为二阶的多次波，以此类推就可以得到所有阶数的多次波信息。

假设一个无限带宽声波向海底地质中传播，若不考虑自由表面因素的影响，它将产生一个包含所有一次波和层间多次波的海底分层界面脉冲响应 $x_0(t)$。如果这些声波遇到自由表面时，它们将作为二次声波发射源在自由表面处全部反射回到海底地质中，形成一阶自由表面多次波。因此，所有一阶自由表面多次波可以表示为：

$$m_1(t) = -x_0(t) * x_0(t) \tag{5-7}$$

在式(5-7)中，公式右边"－"符号代表的是自由表面的反射系数。同理，可以推导出二阶的多次波为：

$$m_2(t) = -x_0(t) * m_1(t) = x_0(t) * x_0(t) * x_0(t) \tag{5-8}$$

根据式(5-7)、式(5-8)，可以推导出包含所有自由表面多次波的海底分层界面脉冲响应 $x(t)$。其数学表达式为：

$$x(t) = x_0(t) - x_0(t) * x_0(t) + x_0(t) * x_0(t) * x_0(t) - \cdots \tag{5-9}$$

从声波发射源 δ 与各阶的多次波之间的隐式关系可以得出：

$$x(t) = x_0(t) * [\delta(t) - x(t)] = x_0(t) - x_0(t) * x(t) \tag{5-10}$$

根据式(5-9)、式(5-10)，可推导出涵盖所有阶数的多次波数据用一次反射与总的记录进行褶积获得。根据式(5-9)，通过褶积定理可以推导出不含自由表面多次波的地层脉冲响应为：

$$x_0(t) = x(t) + x(t) * x(t) + x(t) * x(t) * x(t) + \cdots \tag{5-11}$$

在实际海底地质探测过程中，反射子波是一个有限长度的带限子波，且带宽在传播过程随时间和深度不断变化。假设消除多次波的声波记录为 $p(t)$，反射子波为 $s(t)$，则不含多次波的海底地质分层界面脉冲响应和声波总响应可以分别表示为：

$$x_0(t) = s^{-1}(t) * p(t) \tag{5-12}$$

$$x(t) = s^{-1}(t) * d(t) \tag{5-13}$$

当考虑反射子波特性时，根据式(5-12)、式(5-13)，可以推导出消除多次波的声波记录为：

$$p(t) = d(t) + s^{-1}(t) * d(t) * d(t) + s^{-1}(t) * s^{-1}(t) * d(t) * d(t) + \cdots \tag{5-14}$$

式(5-14)表示的是声波在传播过程中遇到自由表面形成多次波的衰减公

式。因为反射子波是未知的，故 SRME 滤波需要两步进行实现：首先是进行模型预测与噪声分离，即通过 SBP 探测数据进行自身褶积；第二步是利用自适应相减法将多次波在原始的 SBP 探测数据中消除。

自适应相减法包括自适应匹配滤波方法和基于独立变量分析方法等，其中最常用的是自适应匹配滤波方法。自适应匹配滤波方法运算稳定，计算效率高，计算过程如下：

(1) 利用最小二乘法计算出匹配滤波算子 $f(t)$。

$$f(t)=\min\| d(t)-f(t)*m(t)\|_2^2 \tag{5-15}$$

(2) 应用自适应匹配滤波算子，然后相减。

$$m'(t)=f(t)*m(t) \tag{5-16}$$

$$m(t)=d(t)-m'(t) \tag{5-17}$$

式(5-16)、式(5-17)中，$m(t)$表示的是预测的多次波模型，$m'(t)$表示的是实际的多次波记录。SRME 滤波效果如图 5-8 所示，从对比图中能看出 SRME 滤波具有抑制多次波、保留有效波效果。

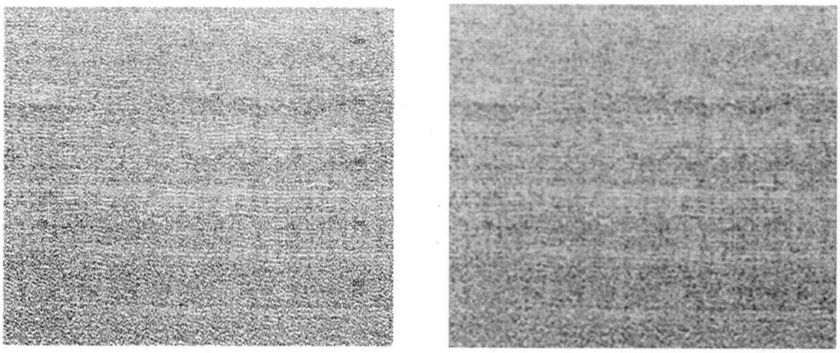

(a) (b)

图 5-8 SRME 滤波效果图

(a) 滤波前数据图像；(b) 滤波后数据图像

5.2.6 径向道变换滤波

径向道变换(RTT，Radial Trace Transformation)技术最早是由 Claerbout 提出的，早期多用于偏移成像，之后 Taner 和 Lamont 等人将该技术用于压制地震资料中的多次波，由于 SBP 探测图像资料本质也是由地震简谐波回波信息构成的，因此可以将径向道变换技术应用于 SBP 数据处理中。通俗地理解 RTT 变换就是简单地将地层剖面数据道振幅从偏移距—双程旅行时坐标系 $S(x,t)$ 变换到视速度—双程旅行时坐标系 $S'(v,t')$。其正变换为：

$$R\{S(x,t)\}=S'(v,t') \tag{5-18}$$

反变换：

$$R^{-1}\{S'(v,t')\}=S(x,t) \tag{5-19}$$

其中：

$$t'=t-t_0,v=(x-x_0)/(t-t_0) \tag{5-20}$$

式中，x 为偏移距；t 为双程旅行时间；v 为视速度；t'为平移后的双程旅行时间；$(x-x_0)$为 RTT 变换原点坐标。

在已有多数滤波算法中，假频是影响最终滤波质量的主要影响因素之一。RTT 变换滤波也会受假频的影响，因此也需要选择恰当的参数来规避假频。由于 RTT 变换在变换前后采用的时间轴是一样的，因此会规避时间假频的产生；通过增加径向道密度，则不会产生空间假频。

图 5-9(a)所示为一段近海地层剖面记录，存在着能量较强的相干干扰，应用 RTT 变换方法压制线性干扰后的剖面如图 5-9(b)所示，可看出线性干扰得到有

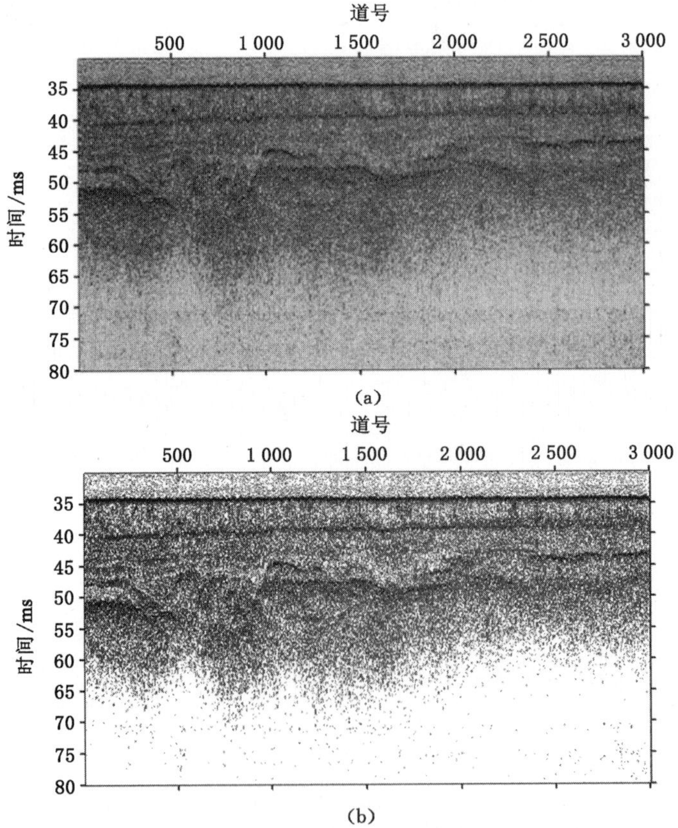

图 5-9 原始地层剖面与 RTT 滤波剖面对比图

(a) 原始地层剖面；(b) RTT 低通模拟-相减效果

效衰减，滤波后剖面波形自然，具有较高的保真性。

通过 RTT 变换、带通滤波方法理论和实际声地层剖面资料处理研究分析，可得到如下结论：

(1) RTT 变换滤波应用 RTT 域低通模拟-相减法在有效压制线性干扰的同时，有效地保留了地层反射信息不受损害。

(2) RTT 滤波压制线性干扰，能够较好地保留空间波场的横向不连续性，确保数据横向分辨率不受影响。

5.3　SBP 探测数据多次波影响与压制

5.3.1　多次波的形成及分类

多次波是 SBP 探测系统测量中的主要干扰波，多次波的存在严重影响 SBP 探测系统测量成果的质量。因此，将重点研究多次波的压制方法，以最大限度地虚弱多次波的影响。

5.3.1.1　多次波的形成机理

由于海面、硬海底等强反射界面的存在，声波在传播中会有一部分反射波在各强反射界面间多次震荡，这些反射波就构成了多次波。多次反射波能力很强，且常与一次反射波混杂在一起，干扰甚至掩盖有效信号，严重影响剖面成像质量，甚至导致错误的地质解释。

5.3.1.2　多次波的分类

根据产生多次波的反射界面的不同，SBP 探测系统测量中的多次波类型可分为以下几种，如图 5-10 所示：

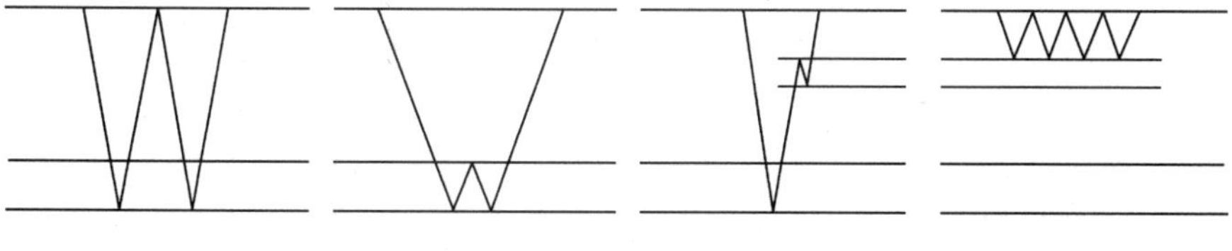

(a)　　(b)　　(c)　　(d)

图 5-10　多次波分类

(a) 表面多次波；(b) 层间多次波；(c) 微屈多次波；(d) 鸣震

(1) 表面多次波：地震波在自由界面与地下界面之间发生多次反射所形成的多次波。

(2) 层间多次波：地震波向地下传播后，在各地层界面之间发生多次反射形成的多次波。

(3) 微屈多次波:在几个界面上发生多次反射,且多次反射的路径不相同,或在一个薄层内受到多次反射形成的多次波。

(4) 鸣震:地震波在海底和海面之间连续来回反射形成的水中混响,在地震记录上鸣震呈近似正弦曲线。鸣震通常会对深层一次有效波造成掩盖。

根据传播时间,多次波可分为两类:

(1) 长程多次波:与相同深度界面的有效波相比,具有更长的传播时间和传播路径。

(2) 短程多次波:与相同深度界面的有效波几乎同时到达地面,在地震记录上较难识别。

5.3.1.3 多次波的识别

要对多次波进行有效压制,首要前提是能从 SBP 探测记录数据中准确识别出多次波。多次波可从以下几个方面进行识别:

(1) 在成像剖面上的识别。在成像剖面上,根据多次波与有效波在距海水面距离及倾角上的差异,可有效识别出二者。在垂直剖面上,倾斜程度较小的一阶多次波到海水面的距离大约为有效波到海水面距离的两倍。而对有一定倾角的地层,多次波与有效波倾角也存在明显差异,多次波倾角基本为对应的有效波倾角的两倍。

(2) 根据速度谱的识别。有效波在地层中传播时其传播速度随地层深度的增加而增大,地震资料处理中产生的速度谱上反映了有效波的这种速度变化特征,而多次波在速度谱上多集中于低速区。根据有效波和多次波在速度上的差异,即可有效分辨出有效波和多次波。

(3) 结合其他地球物理手段。结合钻孔数据、测区地质资料及其他地球物理资料等,进行综合分析,得到测区地质结构及多次波情况。

5.3.2 预测反褶积法压制多次波

多次波压制效果的好坏将影响 SBP 探测数据后续处理的效果,以及 SBP 探测图像的识别和解释。目前,对多次波的压制方法主要分为两大类:一类是基于波动方程的预测相减法,另一类是基于信号处理的滤波法。预测反褶积算法属于基于信号处理的滤波方法,也是目前 SBP 探测系统测量应用领域多次波压制的最常用方法。

基于信号处理的滤波法是利用多次波和一次波在性质和特征上的差异实现对多次波的有效识别,从而进行多次波压制。目前在滤波法中被用于区别多次波和一次波的特性主要有两个:一是一次波和多次波动校正速度差别,如 F-K 滤波和拉东变换法;另一个是多次波具有周期性,如预测反褶积法。

预测反褶积压制多次波是依据多次波与一次波的周期性差异来识别出多次波进而进行压制，由于只有在零偏移距或近偏移距多次波才呈现周期性，因此，预测反褶积的效果随偏移距的增大而降低。包含多次波和一次波的地震记录可表示为：

$$
\begin{aligned}
x(t+l) &= \sum_{\tau=0}^{\infty} b(\tau)\xi(t+l-\tau) \\
&= \underbrace{\sum_{\tau=0}^{l-1} b(\tau)\xi(t+l-\tau)}_{\text{I}} + \underbrace{\sum_{\tau=1}^{\infty} b(\tau)\xi(t+l-\tau)}_{\text{II}}
\end{aligned}
\tag{5-21}
$$

式中，l 为预测步长；$x(t)$为 t 时刻包含多次波和一次波的地震记录；$b(t)$为有效波。式中，第Ⅱ项与预测值 $x(t+l)$相符合，第Ⅰ项与预测误差 $e(t+l)$相吻合。

5.3.2.1 反褶积基本原理

反褶积是常用的地震资料处理方法，其目的是由地震记录恢复地层反射系数。反褶积不仅能有效提高反射地震记录的分辨能力，且能有效消除鸣震和多次波等干扰。

一般可认为，地震数据 $x(t)$由地震子波 $b(t)$和反射系数 $\xi(t)$褶积而成，表达式为：

$$x(t)=b(t)*\xi(t) \tag{5-22}$$

为计算得到反射系数，假设一个反滤波因子 $a(t)$，使得：

$$a(t)*b(t)=\delta(t) \tag{5-23}$$

式中，$\delta(t)$为单位脉冲。将 $a(t)$与 $x(t)$做褶积，即可得到反射系数：

$$a(t)*x(t)=a(t)*b(t)*\xi(t)=\delta(t)*\xi(t)=\xi(t) \tag{5-24}$$

5.3.2.2 维纳滤波

维纳滤波是数字处理地震道数据的有效方法，也是目前许多反褶积方法的基本原理。滤波过程由离散褶积公式表示为：

$$y(\tau)=\sum_{t} x(t)a(\tau-t) \tag{5-25}$$

式中，$x(t)$为输入；$a(t)$为滤波器；y 为输出。如果 $a(t)$是预测距离为 α 的预测算子，则输出 y 将是 $x(t)$在 $t+\alpha$ 时刻的预测值，表达式为：

$$y(\tau)=\sum_{t} x(t)a(\tau-t)=\hat{x}(t+\alpha) \tag{5-26}$$

式中，$\hat{x}(t+\alpha)$为 $x(t+\alpha)$的预测值。真值与预测值之间的差值如下：

$$e(t+\alpha)=x(t+\alpha)-\hat{x}(t+\alpha)=x(t+\alpha)-\sum_{t} x(t)a(\tau-t) \tag{5-27}$$

方程(5-27)的 z 变换为：

$$z^{-\alpha}E(z)=z^{-\alpha}X(z)-X(z)A(z) \tag{5-28}$$

式(5-28)两边乘以 z^{α} 得到：

$$\begin{aligned}E(z)&=X(z)-z^{\alpha}X(z)A(z)\\&=X(z)[1-z^{\alpha}A(z)]\end{aligned} \tag{5-29}$$

式中，$[1-z^{\alpha}A(z)]$为预测误差算子的 z 变换。

假定预测算子由 n 个长度的序列表示为：

$$a(t)=a(0),a(1),\cdots,a(n-1)$$

则预测距离为 α 的相应的预测误差算子为：

$$f(t)=1,\underbrace{0,0,\cdots,0}_{(\alpha-1)\text{个}0},-a(0),-a(1),\cdots,-a(n-1)$$

5.3.2.3 预测反褶积原理

预测反褶积的基本思路是，根据地震记录一次反射波和干扰的信息预测出纯干扰的多次波成分，再从包括一次波和多次波的地震记录中减去预测出的多次波，得到消除多次波影响后的一次反射波信号。

设输入信号为 $x(t)$，地震记录的数学模型为：

$$x(t)=\xi(t)*b(t)=\sum_{x=0}^{\infty}b(s)\xi(t-s) \tag{5-30}$$

式中，$b(t)$为地震记录子波；$\xi(t)$为反射系数。

假设输入信号为 $x(t)$，期望输出为输入后 α 时刻的预测值 $x(t+\alpha)$，预测算子为 $c(t)$，实际输出为 $y(t)=c(t)*x(t)$，则输出误差为：

$$e(t)=y(t)-x(t+\alpha)=c(t)*x(t)-x(t+\alpha)$$

输出误差能量：

$$\varepsilon(t)=\sum e(t)^2=[c(t)*x(t)-x(t+\alpha)]^2$$

根据最小平方准则，求取 $c(t)$使输出误差能量 $\varepsilon(t)$最小，得预测反褶积公式：

$$\begin{bmatrix}r_{xx}(0)&r_{xx}(1)&\cdots&r_{xx}(m)\\r_{xx}(1)&r_{xx}(0)&\cdots&r_{xx}(m-1)\\\vdots&\vdots&&\vdots\\r_{xx}(m)&r_{xx}(m-1)&\cdots&r_{xx}(0)\end{bmatrix}\begin{bmatrix}c(0)\\c(1)\\\vdots\\c(m)\end{bmatrix}=\begin{bmatrix}r_{xx}(\alpha)\\r_{xx}(\alpha+1)\\M\\r_{xx}(\alpha+m)\end{bmatrix} \tag{5-31}$$

根据上述矩阵方程(5-31)求解即可得到预测算子 $c(t)$。预测算子 $c(t)$与

输入信号 $x(t)$ 做褶积，可得到未来 $t+\alpha$ 时刻的预测值如下，该预测值即为多次波干扰：

$$\hat{x}(t+\alpha)=\sum_{l=0}^{m}c(l)x(t-l) \tag{5-32}$$

把预测值从地震记录真值中减去，得到真值与预测值的预测误差如下：

$$S(t+\alpha)=x(t+\alpha)-\hat{x}(t+\alpha) \tag{5-33}$$

式(5-33)得到的预测误差，即为消除了多次波干扰的有效波记录。

在实际使用中，求出 $c(t)$ 后，有如下两种途径实现预测反褶积：

(1) 求预测道，并从原始记录道减去预测道，即为一次反射波。具体方法是：用 $c(t)$ 与数据道 $x(t)$ 褶积，得到预测道，整道延迟一个预测步长，再从数据道中减去，即得到预测反褶积的最终输出道。

(2) 组成反滤波因子，直接求取反褶积输出道，也即一次反射波。反滤波因子 $a(t)$ 的具体形式为：

$$a(t)=[1,0,0,\cdots,-c(\tau),-c(\tau+1),\cdots,-c(\tau+n-1)]$$

5.3.2.4　*预测反褶积主要参数*

(1) 预测滤波算子长度：预测滤波算子长度以取 100～150 ms 为宜。

(2) 自相关长度：当预测滤波算子长度为 n，预测步长为 n 时，自相关长度不得小于 $n+\alpha$。

(3) 白噪因子。系数矩阵正定是反褶积预测方程有唯一确定解的条件。在方程求解中，为保证系数矩阵正定，将系数矩阵对角线元素增加一个百分数 B，即：

$$\begin{bmatrix}(1+B)r_{xx}(0) & r_{xx}(1) & \cdots & r_{xx}(m)\\ r_{xx}(1) & (1+B)r_{xx}(0) & \cdots & r_{xx}(m-1)\\ \vdots & \vdots & & \vdots\\ r_{xx}(m) & r_{xx}(m-1) & \cdots & (1+B)r_{xx}(0)\end{bmatrix}\begin{bmatrix}c(0)\\ c(1)\\ \vdots\\ c(m)\end{bmatrix}=\begin{bmatrix}r_{xx}(\alpha)\\ r_{xx}(\alpha+1)\\ \vdots\\ r_{xx}(\alpha+m)\end{bmatrix} \tag{5-34}$$

上述处理相当于在地震记录 $x(t)$ 上加一个白噪声，称为预先白噪化。百分数 B 称为白噪系数或白噪因子，实际中，B 的大小根据具体情况由实验确定，一般取值在 0.001～0.1。

(4) 预测距离。预测距离对反褶积功能起决定性作用，预测距离越小，反褶积功能越强，反之越弱。当预测距离大于子波长度时，预测反褶积不起作用。为消除多次波，取预测步长为地震波在海水中垂直往返的旅行时间。

5.3.2.5　*反褶积压制*

在反褶积模型中，将声波记录 $x(t)$ 看成是子波记录 $w(t)$ 与海底地质分层

界面反射系数 $R(t)$ 的褶积，即：

$$x(t)=w(t)*R(t) \tag{5-35}$$

根据式(5-35)可知，反褶积的过程首先是通过输入子波 $w(t)$，经过滤波器的滤波因子作用，输出声波记录 $x(t)$。

理想的声波记录是声波在地质层界中传播时，只考虑声波受到地质层界反射的影响，不考虑地质层界对声波的吸收作用。设激发声波的脉冲为 $\delta(t)$，则理想的声波记录过程可以表示为：

$$\delta(t)\rightarrow R(t)\rightarrow \hat{R}(t) \tag{5-36}$$

假设海底地质下有 N 个地质层界，反射系数分别为 $R(1),R(2),\cdots,R(N)$，这时换能器接收到的理想的声波记录为：

$$\begin{aligned}\hat{R}(t)&=R(1)\delta(t-1)+R(2)\delta(t-2)+\cdots+R(N)\delta(t-N)\\&=\sum_{\tau=1}^{N}R(\tau)\delta(t-\tau)\end{aligned} \tag{5-37}$$

从式(5-37)中可以看出，理想的声波记录公式中每一项都是一个单位脉冲，其数值的大小代表的是海底地质分层界面反射系数的大小，脉冲极性代表的是海底地质分层界面反射系数的极性，脉冲个数代表的是海底地质分层界面的个数，脉冲之间的时间差代表的是声波在海底地质分层中旅行的时间(即海底地质分层的厚度)。理想的声波记录如图 5-11 所示。

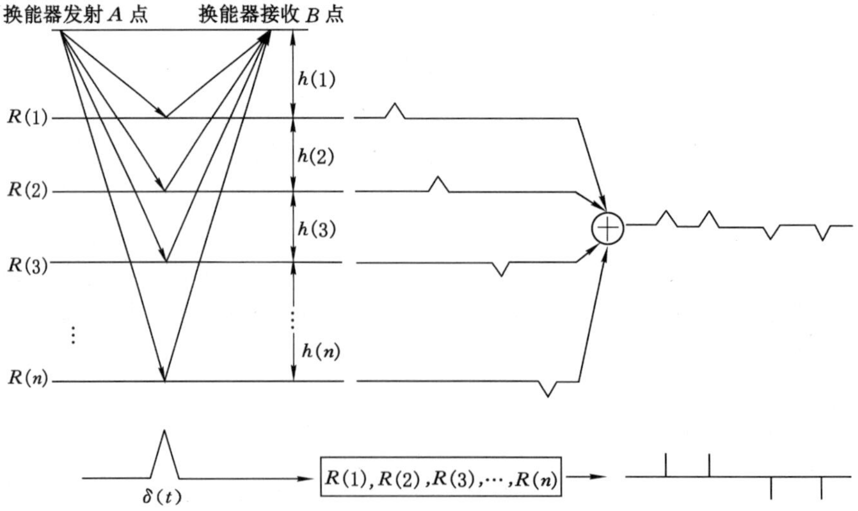

图 5-11　理想声波记录形成图

在实际情况下，声波在海底地质中传播时，由于海底地质对声波具有吸收作用，因此介质可以看作是一个低通滤波器，使尖脉冲变成一定延续时间的子波，子波到达换能器时将不能区分开，影响有效信息的记录，其记录过程如图 5-12 所示。实际声波记录方程为：

$$\hat{x}(t)=R(1)w(t-1)+R(2)w(t-2)+\cdots+R(n)w(t-n)$$
$$=\sum_{\tau=1}^{n}R(\tau)w(t-\tau) \tag{5-38}$$

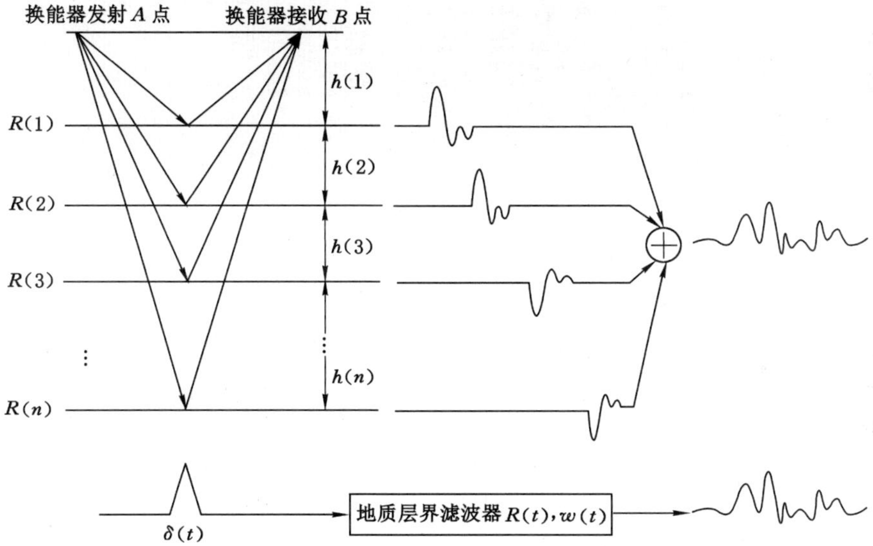

图 5-12　实际声波记录形成图

反褶积是相对于滤波而言的，两者在数学上都是同一种运算关系。在公式运算上反褶积是滤波的逆过程，因此反褶积运算可以通过滤波运算的方式来实现，两者在数值运算上讲，并没有什么差别。其最重要的步骤是设计出合适的反滤波因子 $a(t)$，确定子波 $w(t)$。反滤波的数学表达式为：

$$x(t)*a(t)=R(t)*w(t)*a(t)=R(t) \tag{5-39}$$

反褶积在计算机算法实现上，已经有数十种算法，其具有代表性的是脉冲反褶积与预测反褶积。脉冲反褶积是输出一个尖脉冲，于是就能得到高分辨率的处理结果，如图 5-13 所示。预测反褶积是消除混响及短周期的多次波，故对消除环境噪声和多次波具有明显效果。虽然反滤波能够提高声波数据垂向分辨能力，但是会降低信噪比。因此在进行反滤波之前需要最大限度地抑制干扰信号，在反滤波之后还需要进行宽带滤波来提高信噪比。

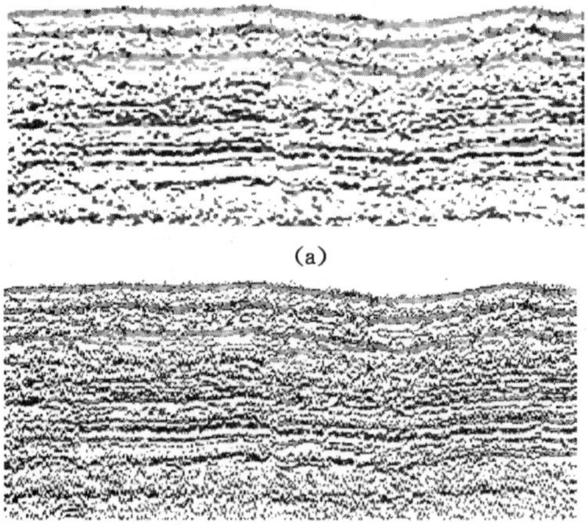

(a)

(b)

图 5-13　反褶积前后对比图

(a) 反褶积前图像；(b) 反褶积后图像

5.3.3　多阶迭代自适应法压制多次波

预测反褶积法对地震数据中一阶多次波的压制具有较好的效果，根据预测反褶积原理，其预测所得多次波主要为一阶多次波，当地震数据中存在大量高阶多次波时，压制效果将受到影响。为解决该问题，在原有的预测反褶积方法上进行改进，预测得到一阶多次波后，以一阶多次波和预测算子做褶积得到二阶多次波，以此类推，逐步得到三阶、四阶甚至更高阶的多次波。将不同阶多次波叠加，并从原地震数据中减去，即可得到消除多阶多次波后的地震数据。

改进算法的基本原理是利用观测到的数据迭代计算反演出多阶多次波，再通过自适应匹配滤波去除多次波影响。一阶多次波可以表示为：

$$m_1(t)=x(t)*c_1(t) \tag{5-40}$$

式中，$x(t)$为包含多次波影响的原始数据记录；$m_1(t)$为一阶多次波影响；$c_1(t)$为对应的预测算子。

一阶多次波到达反射界面后再经反射会成为二阶多次波，二阶多次波可表示为：

$$m_2(t)=m_1(t)*c_2(t)=x(t)*c_1(t)*c_2(t) \tag{5-41}$$

以此类推，i 阶多次波表示为：

$$m_i(t)=m_{i-1}(t)*c_i(t) \tag{5-42}$$

式中，$m_i(t)$为 i 阶多次波记录；$c_i(t)$为预测算子。

将预测出的不同阶多次波从原始数据记录中减去，即得到消除多次波影响后的地震数据。与预测反褶积方法相比，该迭代算法更能适应复杂介质情况下的多次波压制。

对 SBP 探测图像分别做预测反褶积及多次迭代进行多次波的压制，其实验结果如图 5-14 所示。

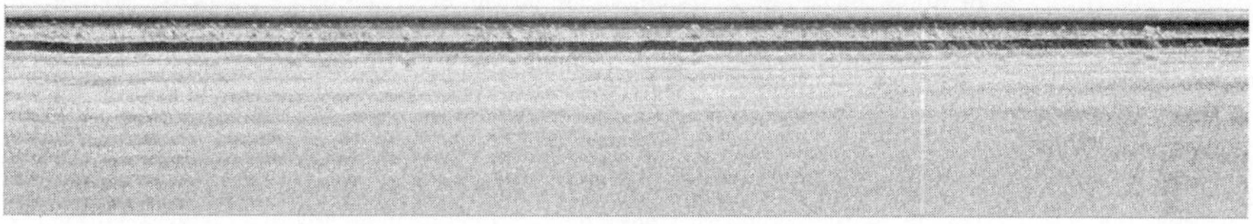

图 5-14　预测反褶积效果图

如图 5-15 所示，分别为迭代 1 次、3 次、6 次、11 次和 21 次后的灰度图。对于含多次波干扰的 SBP 探测系统测量数据，多次波中一阶多次波干扰能量最强，二阶、三阶次之。在考虑高阶多次波压制时，如预测的多次波阶数太高，超过高阶多次波实际影响，则从原测量数据中减去多次波干扰时，将损伤有效波，且预测阶数越高，有效波损伤越严重。因此，在实验中应合理设置多次波压制时的迭代次数，以及预测的多次波阶数。

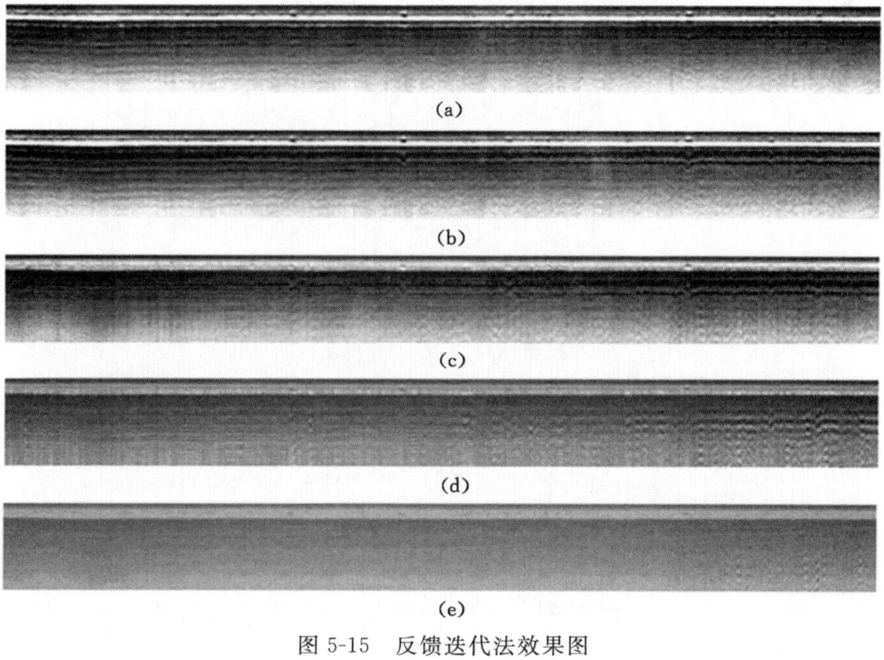

(a)

(b)

(c)

(d)

(e)

图 5-15　反馈迭代法效果图

(a) 迭代 1 次；(b) 迭代 3 次；(c) 迭代 6 次；(d) 迭代 11 次；(e) 迭代 21 次

5.3.4 非高斯性最大化法压制多次波

前述的预测反褶积算法是建立在二阶统计量的基础上，需要基于一个重要的假设，即假设多次波和一次波是正交的。当多次回波和一次回波满足正交的假设时，常规预测反褶积算法能完全消除简谐波信号中的多次波信号。然而，实际应用过程中所采集的数据常常不会满足多次波与一次波正交的假设，不仅上一假设在实际 SBP 数据中常常难以满足，地层剖面数据子波是最小相位信号的假设也是难以满足的。因此，利用预测反褶积算法进行多次波压制的前提假设都是理想假设，在处理实际数据过程中也难以取得较为理想的效果。

基于 SBP 探测信号中多次波和一次波呈高斯分布的特性，提出一种改进的基于一次波信号的非高斯性最大化的预测反褶积算法。该算法与常规预测反褶积算法的不同之处是不用假设多次波和一次波是正交的，只需假设二者是非高斯分布的。

假设 $y(n)$ 是声地层剖面观测信号，q 为预测步长（$q>1$），它以常规的预测反褶积算法得到：

$$\hat{y}(n)=\sum_{i=1}^{m}a(i)y(n-i-q+1) \tag{5-43}$$

式中，$a(i)(i=1,\cdots,m)$ 是滤波器系数；$\hat{y}(n)$ 为预测信号。

$\hat{y}(n)$ 与 $y(n)$ 的误差值 $\varepsilon(n)$ 可用下式表示：

$$\varepsilon(n)=y(n)-\hat{y}(n)=y(n)-\sum_{i=1}^{m}a(i)y(n-i-q+1) \tag{5-44}$$

从实质上讲，误差信号 $\varepsilon(n)$ 就是采用预测反褶积算法计算得到的一次回波信号。预测反褶积算法通过最小化目标函数获得滤波器系数 E：

$$E=\sum\nolimits_{n}\varepsilon^{2}(n) \tag{5-45}$$

其最小二乘值为：

$$\boldsymbol{a}=[\boldsymbol{Q}^{\mathrm{T}}-\boldsymbol{Q}]^{-1}\boldsymbol{Q}^{\mathrm{T}}\boldsymbol{b} \tag{5-46}$$

上式中：

$$\boldsymbol{Q}=\begin{bmatrix} r(0) & r(1) & \cdots & r(m-1) \\ r(1) & r(0) & \cdots & r(m-2) \\ \vdots & \vdots & & \vdots \\ r(m-1) & r(m-2) & \cdots & r(0) \end{bmatrix} \tag{5-47}$$

$$\begin{cases} \boldsymbol{a}=[a(1),\cdots,a(m)]^{\mathrm{T}} \\ \boldsymbol{b}=[r(q),\cdots,r(q+m-1)]^{\mathrm{T}} \end{cases} \tag{5-48}$$

且有：

$$r(i)=E[y(n)y(n+i)]=r(i-1) \tag{5-49}$$

基于地层剖面信号呈高斯分布的特性，可引出改进的基于估计一次回波信号的非高斯性最大化预测反褶积算法，采用一种负熵的近似公式作为非高斯性度量准则，可建立如下式所示的目标函数：

$$\max\{J[a(i)]\}=\{E[G(\varepsilon_0(n))]-E[G(v(n))]\}^2, i=1,2,\cdots,m \tag{5-50}$$

式中，$\varepsilon_0(n)$为$\varepsilon(n)$的归一化信号；$v(n)$为标准高斯信号；$G(\cdot)$为一个非线性函数，如下式所示：

$$G(x)=-\mathrm{e}^{-0.5x^2} \tag{5-51}$$

将式(5-51)代入式(5-50)，求取式(5-50)优化解，可得：

$$\begin{bmatrix} r(0) & r(1) & \cdots & r(m-1) \\ r(1) & r(0) & \cdots & r(m-2) \\ \vdots & \vdots & & \vdots \\ r(m-1) & r(m-2) & \cdots & r(0) \end{bmatrix} \begin{bmatrix} a(1) \\ a(2) \\ \vdots \\ a(m) \end{bmatrix} = \begin{bmatrix} b(1) \\ b(2) \\ \vdots \\ b(m) \end{bmatrix} \tag{5-52}$$

式中：

$$R(i,s)=\sum_{n=q+m}^{N}\{\mathrm{e}^{-0.5\varepsilon_0^2(n)}y(n-i-q+1)y(n-s-q+1)\} \tag{5-53}$$

$$b(i)=\sum_{n=q+m}^{N}\{\mathrm{e}^{-0.5\varepsilon_0^2(n)}y(n-i-q+1)y(n)\} \tag{5-54}$$

为了得到非高斯性最大化滤波器系数 $a(i)(i=1,\cdots,m)$需要进行迭代求解：

(1) 选用为零的均值随机数作为 $a(i)(i=1,\cdots,m)$的初始值，设当前迭代次数 $l=0$，给定最大迭代次数 L。

(2) 根据式(5-53)和式(5-54)计算得到 $R(k,s)$和 $b(k)(k=1,\cdots,m;s=1,\cdots,m)$。

(3) 利用最小二乘法求解式(5-52)进而得到新的滤波器系数 $a(i)(i=1,\cdots,m)$。

(4) 令 $l=l+1$，如果 $l\leqslant L$，则返回步骤(2)，否则停止迭代运算，同时输出系数 $a(i)(i=1,\cdots,m)$。

(5) 将 $a(i)(i=1,\cdots,m)$和观测信号 $y(n)$相卷积得到预测多次波，并从观测信号中减去，从而得到估计的一次波。

为证实非高斯性最大化预测反褶积算法压制多次波的效果，对一段在浅海采集的地层剖面数据分别进行预测反褶积和非高斯性最大化预测反褶积处理实验。如图 5-16 所示是原始地层剖面数据，如图 5-17 所示是经非高斯性最大化预测反褶积进行多次波压制后的结果，图中标注的 L1 是震源信号到达海底反射形成的一次波，L11、L12 和 L13 可理解为与 L1 对应的一阶、二阶、三阶多次反射回波。根据实验结果图像，尤其是双程旅行时间 55～60 s 之间的三阶多次波 L13 的压制效果，可看出此方法要比传统的预测反褶积压制多次波效果明显，即经非高斯性最大化预测反褶积压制多次波后的地层剖面图像质量更佳。

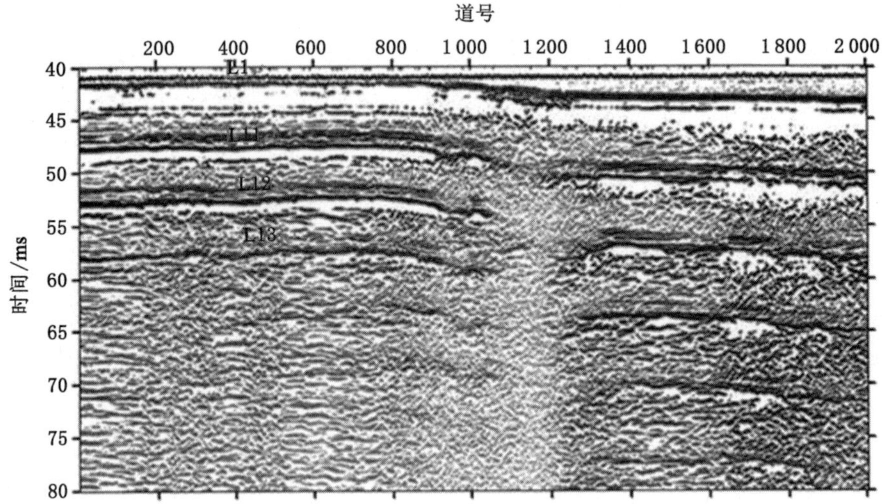

图 5-16　原始地层剖面

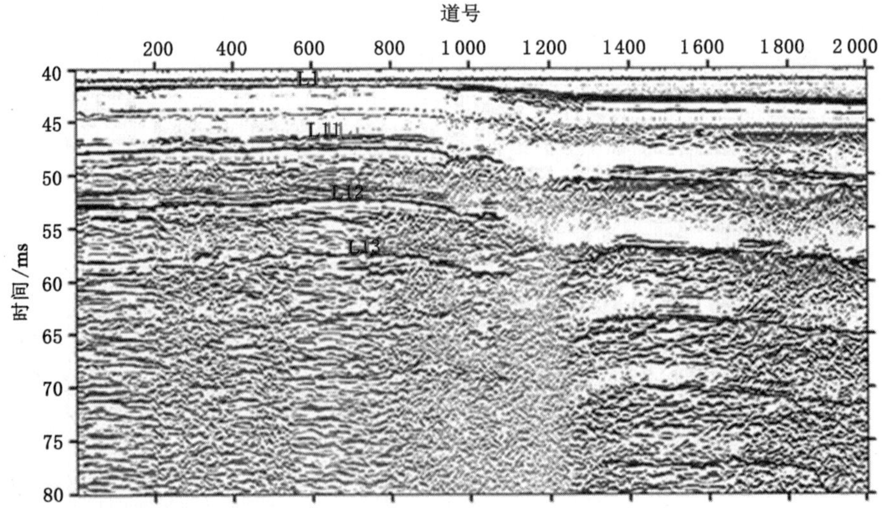

图 5-17　非高斯性最大化预测反褶积处理结果剖面

6 SBP 探测层界信息提取技术

6.1 概 述

SBP 探测数据经过解编、修复预处理和滤波、压制精处理，需要综合高效地提取地层层界数据信息。地层反射信息记录了不同时刻波动变化的特征曲线，SBP 探测数据由多接收点信息构成，反射信息中，反射时间反映了反射界面的大致深度，反射能量大小反映了反射界面的物理性质差异和波动过程中各种干扰因素的影响作用，不同接收点的信息构成了冗余的地层反射数据体。

基于图像处理技术的底质层界边缘数据提取方法，以图像处理中边缘检测算法结合膨胀运算对海底层图像做初步层界提取，再在初步层界点基础上分块查找种子层界点作为参考基准点，在基准点附近进一步搜索真实层界点，最后将不同块的层界线做矢量化连通。利用该方法对海底层实测数据做层界拾取，得到清晰的层界线位置。声强波形特征方法是依据声波在海底地质每层界面的回波强度的差异性，可以利用声波的回波强度信息反演海底地质层界，从而通过声波的回波强度信号值分布特征来实现海底层界数据提取。灰度共生矩阵是通过研究图像灰度值特性来描述图像纹理特征的，在图像空间位置上，灰度分布反复出现而形成纹理，因此，图像中相隔一定距离的两个像素点之间存在一定的灰度关系，即图像灰度的空间相关性，灰度共生矩阵能够准确地计算出图像纹理复杂度，也表示了灰度的空间依赖性。

6.2 图像边缘检测法

边缘检测的目的是标识数字图像中亮度发生明显变化(亮度突变)的点，可用于特征提取。在数字图像处理和计算机视觉等应用中，边缘检测起着重要作用。目前，边缘检测研究领域已相对成熟，已出现多种成熟的边缘检测算法，且相关研究还在继续。而海底层测量数据处理中的层界提取，其本质正是提取海底层界图像中的灰度突变点，因此可考虑将边缘检测算法应用到海底层界提取中。

6.2.1 边缘特征分析

边缘是图像最基本的特征,一般是指其周围像素灰度发生突变的像素的集合。边缘主要存在于目标与背景、目标与目标、区域与区域、基元与基元之间,它是图像中不同要素间的轮廓线,也是图像分割的依据。如图 6-1 所示,图像边缘通常分为阶跃状和屋顶状两种,其中阶跃状边缘点两边灰度值有明显变化,而屋顶状边缘点位于灰度极值点。边缘点的变化可通过对灰度求导来表现。

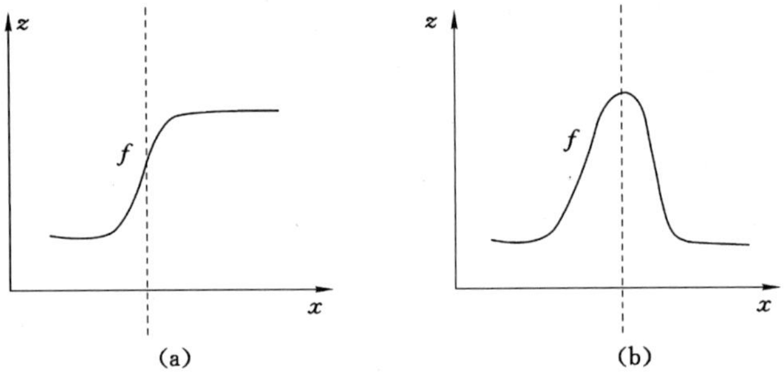

图 6-1 阶跃状和屋顶状边缘点

(a) 阶跃状;(b) 屋顶状

经典的边缘检测算法是利用像素点一阶或二阶导数变化规律来检测图像边缘,也就是图像灰度突变点。图像灰度变化情况通常可通过灰度分布的梯度来反映,灰度梯度如下式所示:

$$G(x,y)=\begin{bmatrix}G_x\\G_y\end{bmatrix}=\begin{bmatrix}\dfrac{\partial f}{\partial x}\\\dfrac{\partial f}{\partial y}\end{bmatrix}\tag{6-1}$$

灰度梯度有方向和幅值两个属性,其中,灰度梯度的方向可表示为:

$$\alpha(x,y)=\arctan\left(\frac{G_y}{G_x}\right)\tag{6-2}$$

式中,角 α 为相对 x 轴的角度。灰度梯度的幅值为:

$$|G(x,y)|=\sqrt{G_x^2+G_y^2}\tag{6-3}$$

对于数字图像,可用差分来近似表示导数,即灰度梯度可表示为:

$$\begin{aligned}G_x&=f[i+1,j]-f[i,j]\\G_y&=f[i,j+1]-f[i,j]\end{aligned}\tag{6-4}$$

式(6-4)可用简单卷积模板表示为:

$$G_x=[-1\quad 1]\quad G_y=\begin{bmatrix}1\\-1\end{bmatrix}\tag{6-5}$$

在实际图像边缘检测中，通常将多个简单模板组合起来构成梯度算子，在检测过程中，对每个像素点做卷积运算，得到每个位置中心像素点的灰度梯度值。

6.2.2　膨胀腐蚀分析

数学形态学是建立在严格的数学理论基础上的一种新兴的图像分析学科，其主要用途是获取物体拓扑和结构信息，以达到对图像进行分析和识别的目的。膨胀和腐蚀运算是数学形态学中最基本的运算。

设 E 为空间内某集合，B 为结构元素，则膨胀腐蚀运算定义如下：

膨胀：

$$X = E \oplus B = \{x \mid B(x) \cap E \neq \varnothing\}$$

腐蚀：

$$Y = E \ominus B = \{y \mid B(y) \subset E\} \tag{6-6}$$

用 $B(x)$ 对集合 E 做膨胀运算，把结构元素 B 沿着集合 E 做平移，平移过程中所有使 B 与 E 的交集非空的点构成的集合即为膨胀结果。灰度图像膨胀的实际效果，是图像边界扩大一圈。图像膨胀的效果示意如图 6-2 所示。

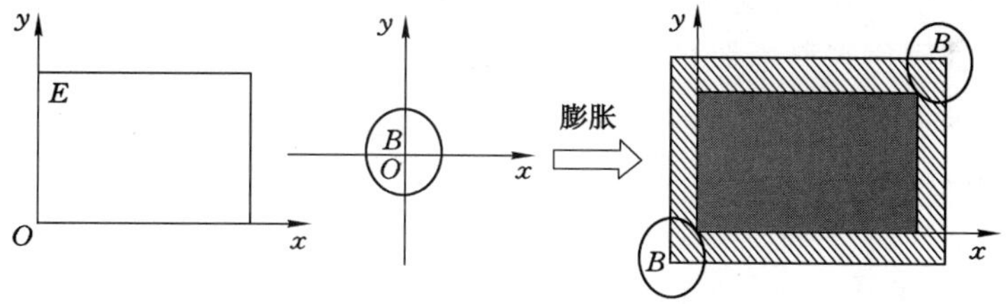

图 6-2　膨胀效果示意图

用 $B(y)$ 对集合 E 做腐蚀运算，其结果等同于把结构元素 B 平移后使 B 包含于集合 E 的所有点构成的集合。图像腐蚀的效果，是灰度图像边缘缩小一圈。图像腐蚀的效果示意如图 6-3 所示。

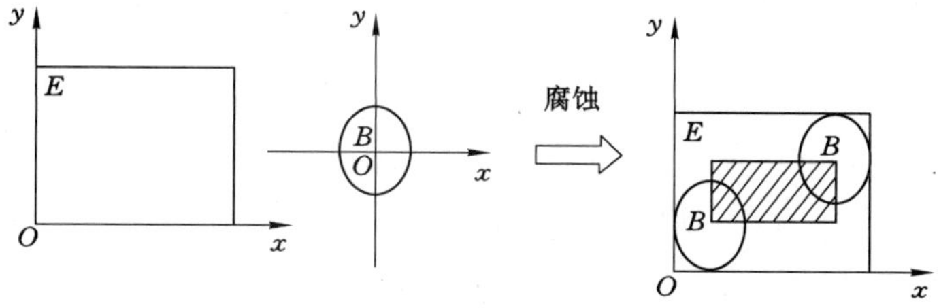

图 6-3　腐蚀效果示意图

6.2.3 图像边缘检测

边缘检测在计算机视觉、图像分析等应用中起着重要的作用，是图像分析与识别的重要环节，边缘检测是图像分析和模式识别的主要特征提取手段。

6.2.3.1 Roberts 算子

针对被检测像素点的梯度幅值，Roberts 算子在被检测点(x, y)处，利用两个 2×2 卷积模板，来对当前灰度值进行计算，即：

$$\begin{aligned}\Delta_x f &= f(i,j) - f(i+1,j+1) \\ \Delta_y f &= f(i,j+1) - f(i+1,j)\end{aligned} \tag{6-7}$$

梯度幅度可表示为：

$$R(i,j) = \sqrt{\Delta_x^2 f + \Delta_y^2 f} \tag{6-8}$$

算子的卷积模板为：

$$\begin{aligned}\Delta_x f: &\begin{bmatrix} 1 & 0 \\ 0 & -1 \end{bmatrix} \\ \Delta_y f: &\begin{bmatrix} 0 & 1 \\ -1 & 0 \end{bmatrix}\end{aligned} \tag{6-9}$$

将卷积模板代入式(6-8)中进行运算，可以得出被检测像素点的梯度幅值，根据预设好的阈值来判断该像素点位置是否为边缘点。

6.2.3.2 Laplace 算子

Laplace 算子属于检测算法中的二阶微分算子。Laplace 算子为：

$$\nabla^2 f(i,j) = \Delta_x^2 f(i,j) + \Delta_y^2 f(i,j) \tag{6-10}$$

6.2.3.3 Sobel 算子

Sobel 算子针对图形的被检测点，在像素点灰度计算过程中，考虑到了像素点 3×3 邻域上的 8 个方向的像素点，并将所有点的灰度值进行加权差，并根据加权差的结果来确定被检测点的灰度值。其算子定义如下：

$$\begin{aligned}\Delta_x f = &(f(i-1,j-1) + 2f(i-1,j) + f(i-1,j+1)) - \\ &(f(i+1,j-1) + 2f(i+1,j) + f(i+1,j+1))\end{aligned} \tag{6-11}$$

$$\begin{aligned}\Delta_y f = &(f(i-1,j-1) + 2f(i-1,j) + f(i-1,j+1)) - \\ &(f(i+1,j-1) + 2f(i+1,j) + f(i+1,j+1))\end{aligned} \tag{6-12}$$

其被检测的像素点的加权灰度值为：

$$S(i,j) = |\Delta_x f| + |\Delta_y f| \tag{6-13}$$

判断被检测点是否为边缘点，可根据预设的阈值对$S(i,j)$进行判断，如果加权灰度值大于阈值，则被检测点为边缘点；反之，则不是边缘点。

海底地质声波数据图像具有一定的特征，通过上一章节介绍的底跟踪与深度等条件限制，可以通过图像边缘检测方法识别海底层界。图像边缘检测方法提取海底层界时，会将海底层界分为很多小块，此时需要借助形态学特征算法进行连接。数据处理结果如图 6-4～图 6-6 所示，图 6-4 表示的是 SBP 探测的原始数据图像，图 6-5 表示的是 SBP 探测数据经过滤波与图像边缘检测算法处理后的数据图像，图 6-6 表示的是图像边缘检测方法提取海底层界的图像。

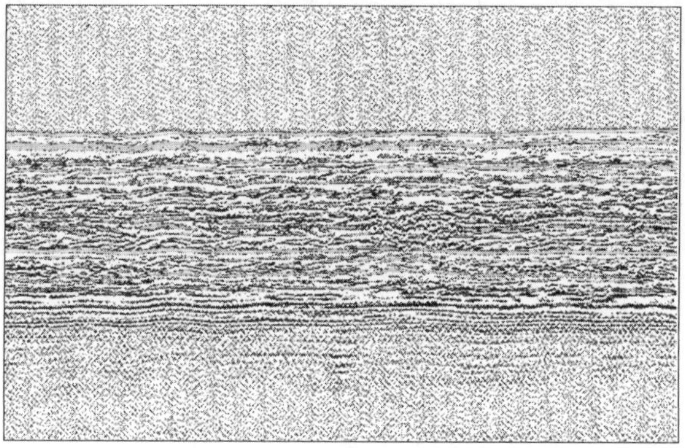

图 6-4　SBP 探测原始数据

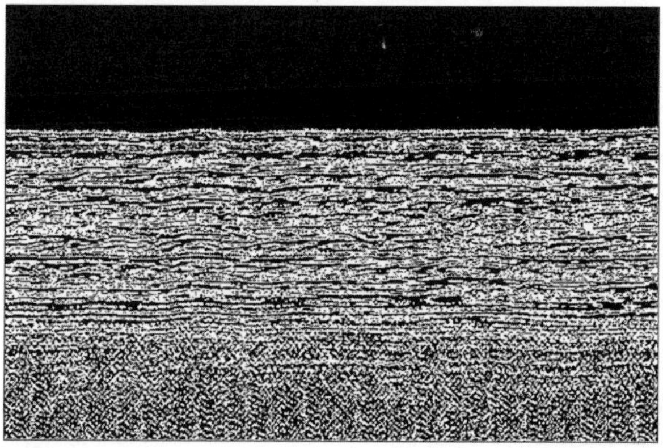

图 6-5　SBP 探测数据经过滤波和图像边缘检测算法（Roberts 算子）处理后的数据图像

6.2.4　层界提取流程

以边缘检测作为层界提取的初始步骤，在初步提取的层界点基础上再做舍弃、连通等优化处理。主要步骤如下：

（1）对原海底层界图像应用边缘检测算法初步提取层界点。

（2）设图像大小为 row×col，将图像以每$(2N+1)$Ping 数据划分窗口，对第

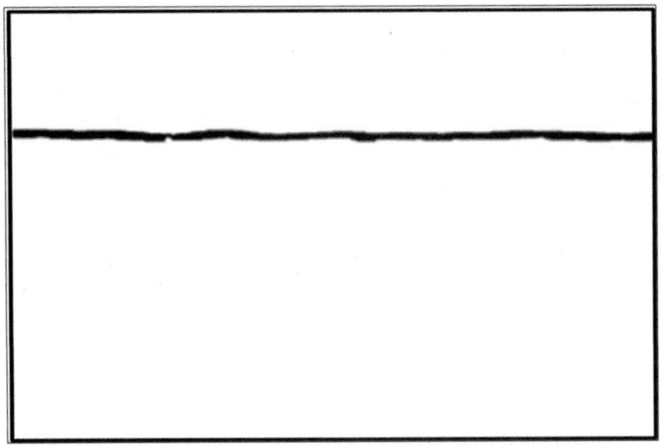

图 6-6　边缘检测提取结果

k 个窗口$[k=1,2,\cdots,\mathrm{col}/(2N+1)+1]$按行计算权值，每一行权值定义为该行所提取的层界点个数。

(3) 按权值大小选取当前窗口内的基准层界点，基准层界点的确定原则如下：

① 相邻基准层界点间距应大于一定的值，设这个间隔阈值为 Interval。

② 基准层界点个数不应该太多，结合实际认为层界数应在 Count 个以内。

实现过程如下：

① 每一窗口内所有行的权值构成一个权值序列，将该序列最大权值所在位置(行)保留为第一个基准层界点位置，并将该权值从序列中剔除。

② 查找新序列中的最大权值，若该最大值所在位置与原则①中确定的基准层界点间隔大于 Interval，则将该权值对应的位置(行)保留为第 2 个基准层界点位置，若间隔小于 Interval 则予以舍弃。

③ 将上一步考察的权值从序列中剔除，继续查找新序列的最大权，按照步骤②确定保留或者舍弃。循环此过程，直至保留的基准层界点数超过 Count 个或者该窗口所有权值考察完毕为止。

按照上述方法，得到每个窗口 Count 个基准层界点。

(4) 对每一 Ping 以基准层界点位置为依据，向上下一定范围内搜索灰度最大值，灰度最大值所在位置为该 Ping 真实层界位置。重复该过程，直至所有 Ping 的真实层界查找完成。

(5) 对相邻窗口确定的层界线做矢量化连通。

程序流程如图 6-7、图 6-8 所示。

上述流程图以图示描述了层界查找的整个过程，其中图 6-7 为整体过程，图

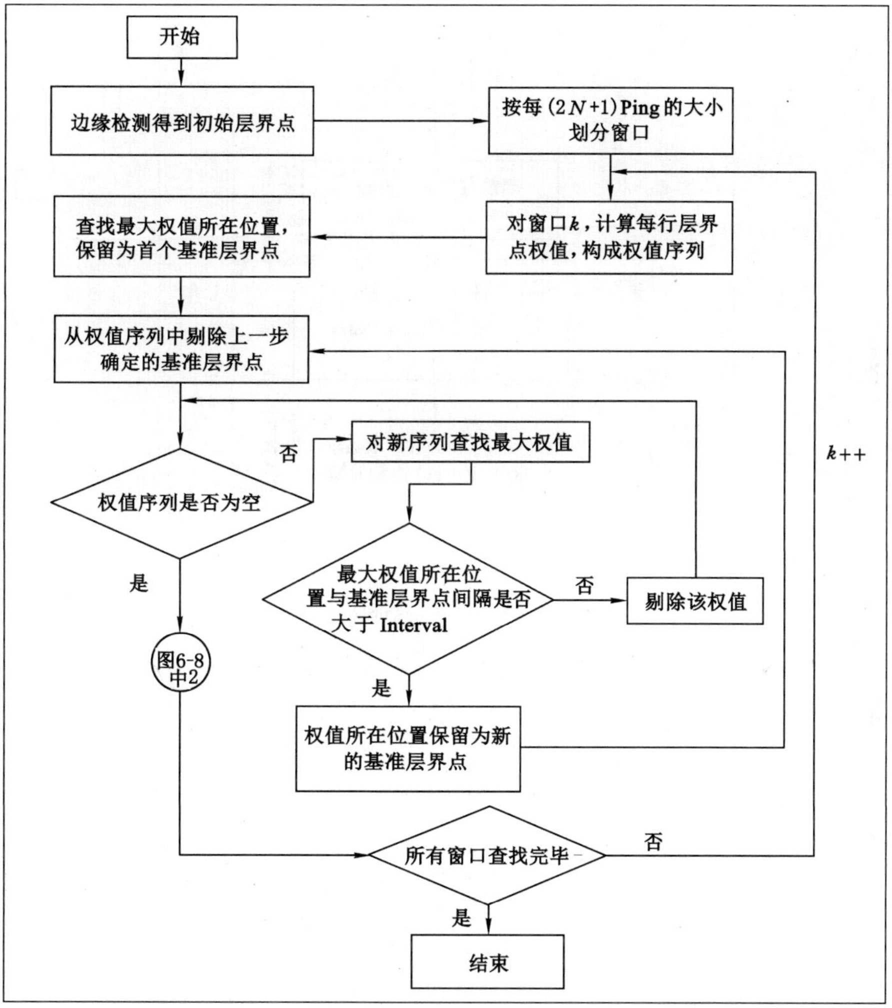

图 6-7 层界查找流程图 1

6-8 为整体流程中包含的一个模块，是以基准层界点为参考查找真实层界的具体过程，对应文字表述中的第(4)步。

对海底层界实测数据经数据预处理后，以上述原理和方法做层界线的试提取，得到层界提取前后的对比如图 6-9 所示。

从图 6-9 看出，原图中主要层界线基本已提取出，且提取的层界线表现清晰、连贯。

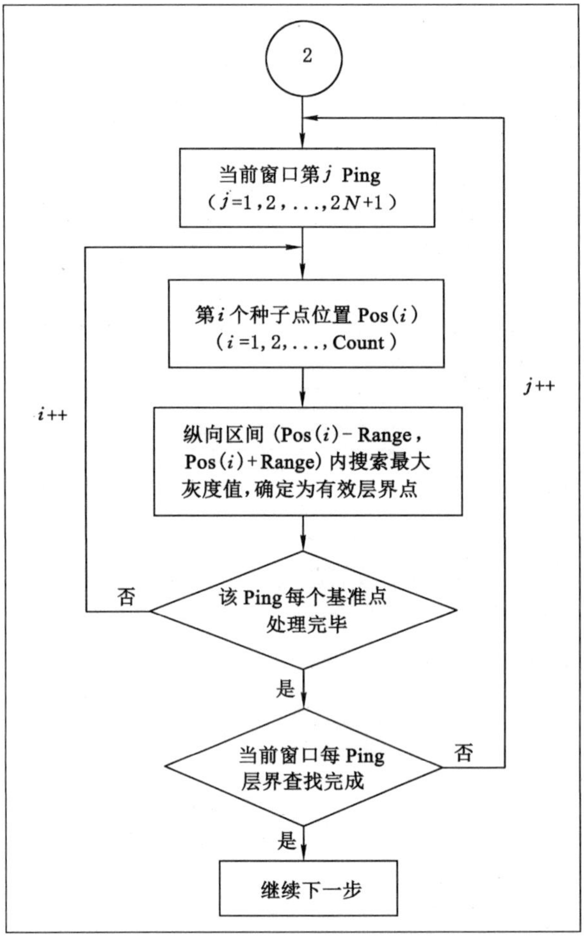

图 6-8　层界查找流程图 2

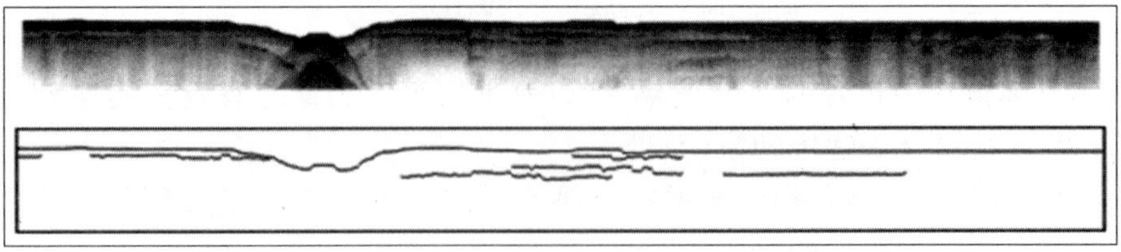

图 6-9　海底层界线提取结果

6.3 声强波形特征法

声波的回波强度在解释海底地质层界时具有非常重要的作用，海底地质每层界面的回波强度都是不一样的，因此可以利用声波的回波强度信息反演海底地质层界。声强波形特征方法就是通过声波的回波强度信号值分布特征来实现海底层界数据提取的。

从 SBP 探测的声波数据中提取出整条测线的声强数据信息，该声强文件数据表示的是不同海底地质分层界面反射波的振幅大小，文件格式是 Matlab 标准的 mat 格式数据，所有 Ping 数据的绝对值大小代表的是声强的大小，正负号代表的是分层界面反射声波的极性，如表 6-1 所示。声波的振幅与反射能量成正比，可以把一个剖面上不同深度位置的海底地质分层界面反射回波的声强表现为数值图像，根据图像中声强的变化趋势分析海底层界。通过对原始数据每条 Ping 进行成图，如图 6-10、图 6-11 所示，从图像上可知声强数据主要有 3 个正向主波峰。根据 SBP 探测技术的原理、往期相关资料、钻孔柱状样数据比对分析以及实验测量数据结果分析等可以得出 SBP 实验测量区域海底层界位置与声波回波强度的对应关系，可以判断出第一波峰是海底层界信号。由此可以设计出程序算法来自动地提取海底层界数据，即通过回波强度的大小判断是否是海底层界，算法模型如图 6-12 所示。

表 6-1　　声波强度数据　　单位:dB

Ping 号 / Ping 节点号	1	2	3	4	5	6	…
1	0	0	0	0	0	0	…
…	…	…	…	…	…	…	…
1 251	111	179	79	−21	24	−34	…
1 252	141	93	38	−2	46	39	…
1 253	74	−41	−54	46	−19	119	…
1 254	−58	−115	−130	81	−160	143	…
1 255	−74	−116	−133	81	−175	140	…
…	…	…	…	…	…	…	…

海底层界数据的提取原理是通过声强数据的波形特征方法进行自动提取，其实现步骤如下：

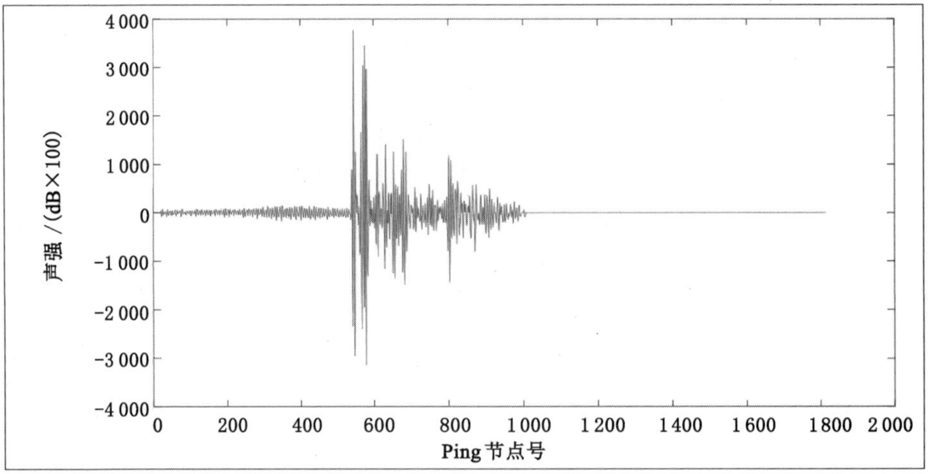

图 6-10　一条 Ping 声强离散点图

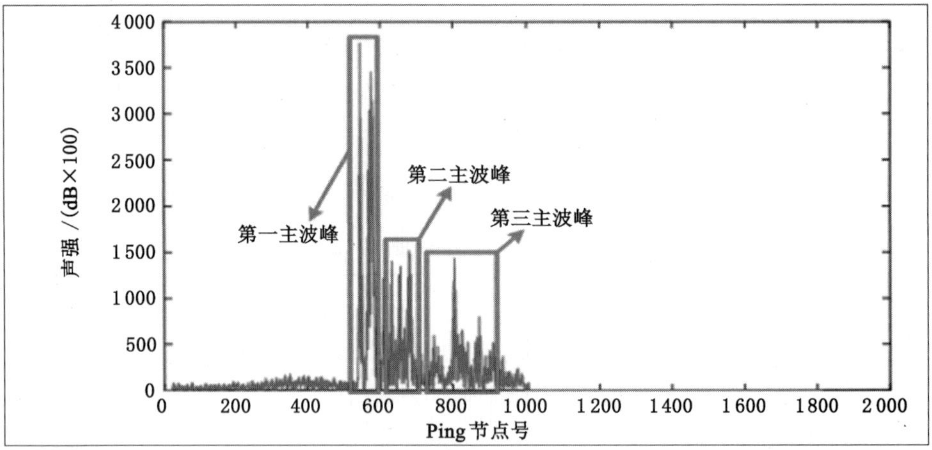

图 6-11　绝对值操作的声强离散点图

(1) 第一步：对所有声强数据取绝对值运算。所有 Ping 数据的绝对值大小代表的是声强的大小，正负号代表的是分层界面反射声波的极性，故需要将所有 Ping 的数据取绝对值运算。

(2) 第二步：检索第一条 Ping 声强数据的最大值，并且按照 Ping 的深度序列关系，用 A_{max} 表示声强数据最大值的位置。

(3) 第三步：对海底地质回波声强数据的第一条 Ping 进行三次参数样条曲线拟合，如图 6-13 所示，然后通过海底层界声波回波强度与海底层界位置对应的数

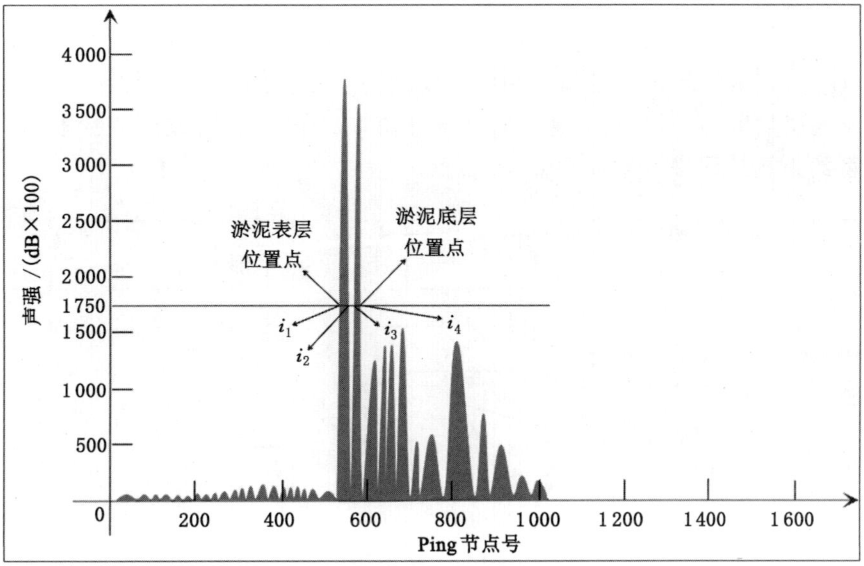

图 6-12　海底层界位置解算模型

值关系，使用迭代计算方法求解出拟合方程的未知数，并且将解算结果按照 Ping 的深度序列关系进行排序，分别用 $i_1,i_2,\cdots,i_n(n=1,2,3,\cdots,n)$进行表示。

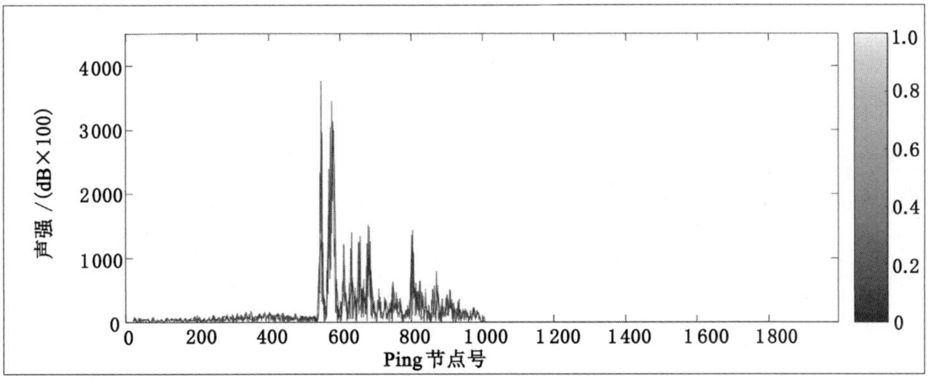

图 6-13　一条 Ping 离散声强数据拟合图

(4) 第四步：理论上 i_1 与 i_n 代表的就是海底层界的上下两个界面，但是对于一些地质层界信息不明显或者 Ping 信息丢失严重的情况，需要通过其他条件进行约束提取海底层界数据。约束算法中最关键的工作是要保证相邻 Ping 提取的海底层界数据具有连续性。若用 $G_{L(m)}$ 表示 L 内第 m 个海底层界数据，则判断该点是否为突变点的约束函数是：

$$G_{L(m)} - \mu > k\sigma \quad (3 \leqslant k < 5) \tag{6-14}$$

式中，$G_{L(m)}$ 表示的是统计窗口 L 中海底层数据的最大值；μ 表示的是统计窗口 L 内海底层数据的平均值；σ 表示的是统计窗口 L 内海底层数据的标准差。函数关系约束算法程序框架如图 6-14 所示。

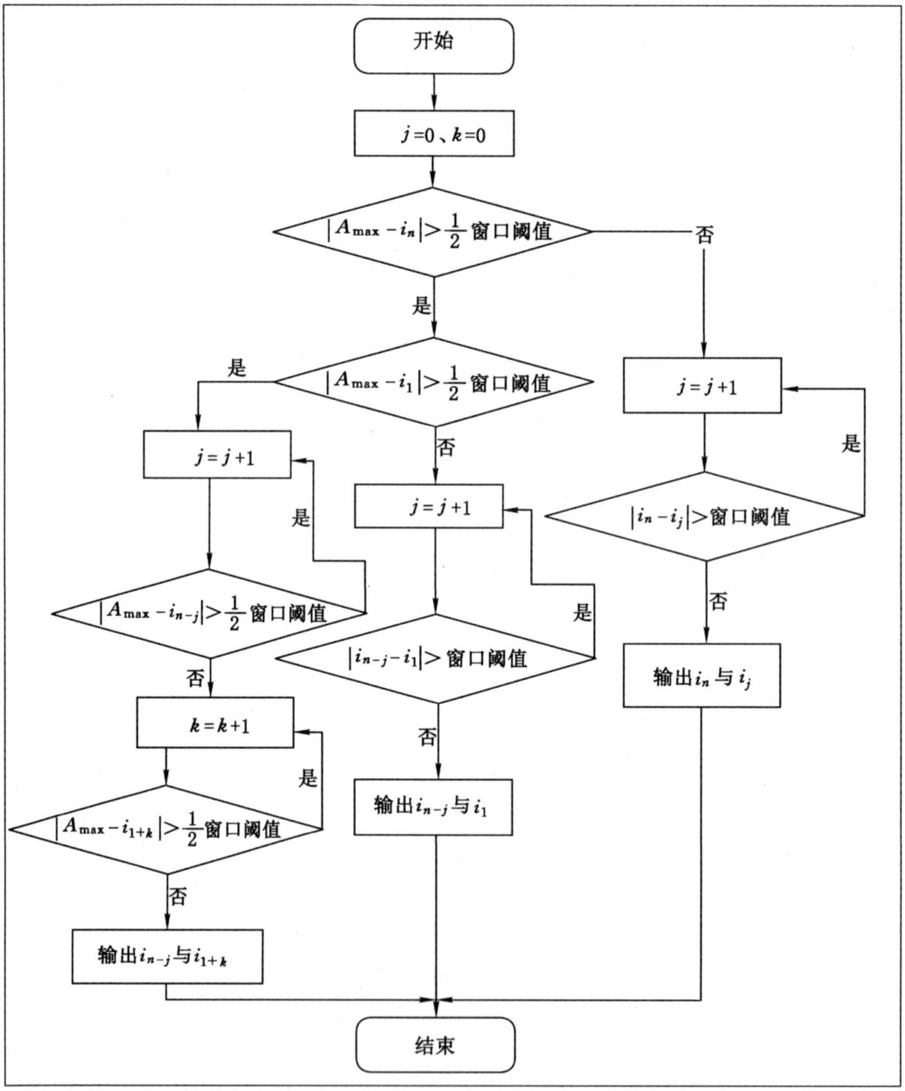

图 6-14　海底层界数据约束条件提取算法

(5) 第五步：针对 SBP 探测数据的每条 Ping，反复调用第一步到第四步算法函数，运用计算机进行反复循环迭代，并且每 20 条 Ping 就检核一次海底层数据的连续性，直到匹配到所有窗口的特征值，即同相轴原理(算法调用结束后，需要及时关闭，以防止占用过多的计算机内存)。

(6) 第六步：当以上步骤运行结束后，会生成海底层界的上下两个界面位置信息，并自动新建文本文件进行保存数据。Ping 数据的位置信息可以通过时间与深度关系进行转化，也可以通过比例算法进行转化

6.4　灰度共生矩阵法

灰度共生矩阵是通过研究图像灰度值特性来描述图像纹理特征的。在图像空间位置上，灰度分布反复出现而形成纹理。因此图像中相隔一定距离的两个像素点之间存在一定的灰度关系，即图像灰度的空间相关性。灰度共生矩阵的计算过程如下：

(1) 在图像($M \times N$)像素中任意取一点(x,y)以及取偏离它的另一点($x+\Delta x,y+\Delta y$)，且记录下这两点的灰度值为(g_1,g_2)。

(2) 令点(x,y)与另一点($x+\Delta x,y+\Delta y$)固定距离在整个图像上移动，按照上一步操作，则得到多个灰度值(g_1,g_2)。

(3) 对于整个图像进行统计(g_1,g_2)出现的次数，并且排成一个方阵。

(4) 对(g_1,g_2)出现的次数进行归一化处理，得出其出现的概率 $p(g_1,g_2)$，最后可得到图像的灰度共生矩阵。

根据上述求解得到的灰度共生矩阵，可以求出图像纹理的对比度、相关性、能量和熵等属性，作为图像识别的特征。

对比度(Contrast)：反映图像的清晰度和纹理的沟纹深浅情况。其计算公式为：

$$\text{Contrast} = \sum |i-j|^2 p(i,j) \tag{6-15}$$

相关性(Correlation)：该属性是反映空间灰度共生矩阵元素在行或者列方向上的相似程度，即灰度线性关系。其计算公式为：

$$\text{Correlation} = \sum[(i-\mu i)(j-\mu j)p(i,j)/(\sigma_i\sigma_j)] \tag{6-16}$$

能量(Energy)：即灰度共生矩阵每个元素值的平方和，该属性反映图像灰度分布的均匀程度和纹理的粗细度。其计算公式为：

$$\text{Energy} = \sum p(i,j)^2 \tag{6-17}$$

熵(Entropy):熵代表了图像的信息量,是图像内容随机性的度量,能反映图像纹理的复杂程度。其计算公式为:

$$\text{Entropy} = -\sum p(i,j)\lg(i,j) \tag{6-18}$$

以上的特征属性,可以看作是对图像纹理特征的一种描述,其实还有一些其他属性特征,例如方差、均值和、方差和、逆差矩、差的方差、和熵、差熵、聚类阴影、显著聚类、最大概率等。

海底地质声波数据图像具有一定的特征,因此基于灰度共生矩阵方法提取海底层界可以通过以下原理和步骤进行实现:

(1) 对于海底表层声波反射回到换能器接收装置之前,换能器接收到的声波信号主要是噪声,声波能量比较弱且起伏比较小。当海底表层声波反射回到换能器之后,换能器接收到的信号就是噪声与海底表层回波信号的叠加声波信号,此时声波能量大且起伏较大。因此可以根据回波信号强度的最大振幅,采用中值滤波、预测滤波、Kalman 滤波等处理方法剔除环境噪声的影响。

(2) 针对滤波后的数据进行灰度共生矩阵算法运算,分析出图像灰度值特性来描述海底层界的纹理特征。

(3) 进行海底跟踪运算。目前主要有最大振幅法、能量比值法、梯度法,普遍最实用的方法是梯度法。

(4) 针对运算后的图像,将每一列像素基于海底提取海底层界厚度数据。为了使海底层界提取数据精度高,提取算法是有一个阈值进行限制的,且相邻列像素之间应该具有保持海底层连续性质的阈值。

上述步骤的原理如图 6-15 所示,数据处理结果如图 6-16～图 6-18 所示。

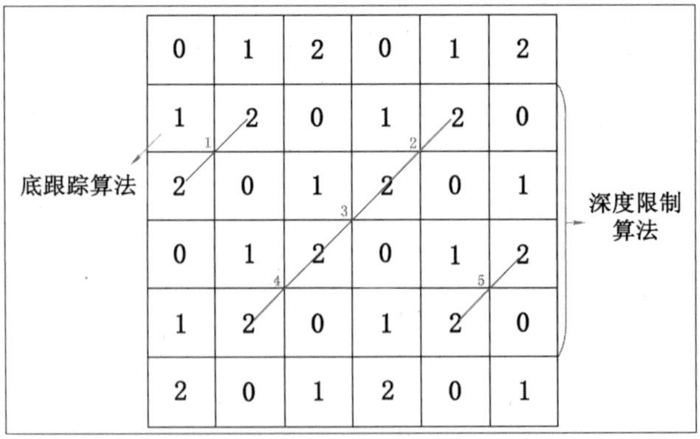

图 6-15　灰度共生矩阵方法原理

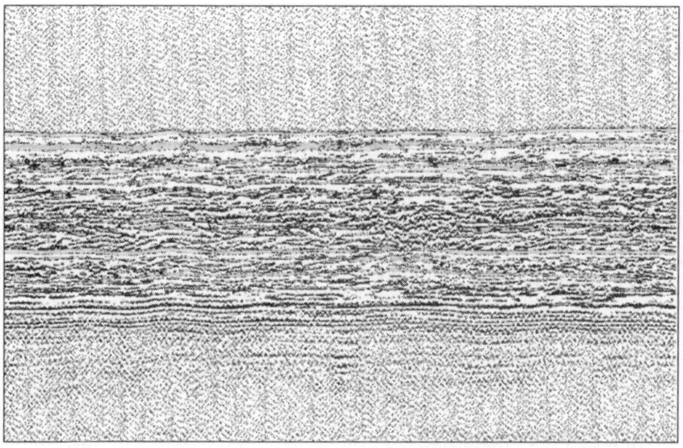

图 6-16　SBP 探测原始数据

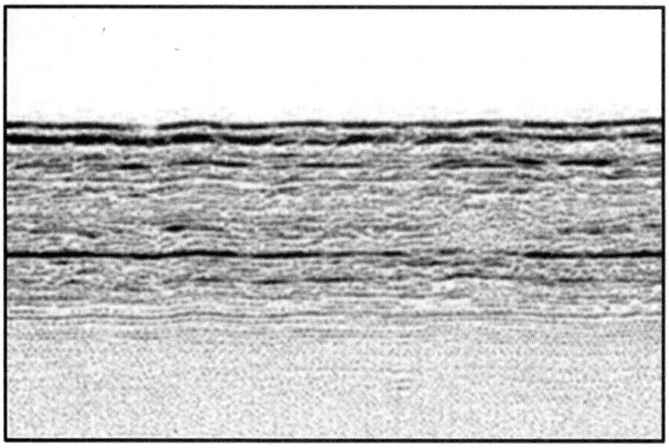

图 6-17　灰度共生矩阵方法处理后数据

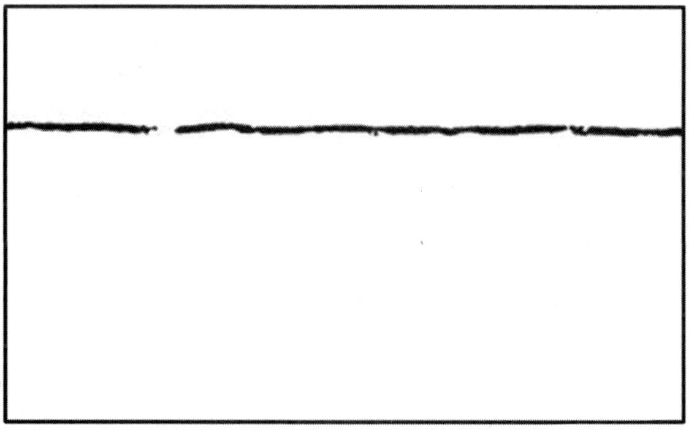

图 6-18　灰度共生矩阵方法提取海底层界数据图像

6.5 层界提取算法分析

基于 SBP 探测数据中的海底层数据提取方法，根据计算及实践过程，表明图像边缘检测法、声强波形特征法、灰度共生矩阵法等三种方法各有优缺点，对比分析具体情况如表 6-2 所示。

表 6-2　　海底层提取方法对比情况表

方法名称	优点	缺点
图像边缘检测方法	能处理丢 Ping 数据	精度差、效率低
声强波形特征方法	精度高、效率高、适用范围广	无法处理丢 Ping 数据
灰度共生矩阵方法	精度高、适用范围广、能处理丢 Ping 数据	效率低

声强波形特征法提取海底层界具有精度高、效率高、适用范围广等优点。灰度共生矩阵法能够准确地计算出图像纹理复杂度，也表示了灰度的空间依赖性，它的缺点是没有完全抓住局部灰度的图形特点。图像边缘检测法提取海底层界是一个复杂的过程，至今没有一种适用于任何图像质量、任何图像环境的边缘提取方法。对于海底地形起伏较大时，灰度共生矩阵与图像边缘检测提取方法具有局限性，但声强波形特征方法可以很好地解决这个问题。

7　SBP 探测海底底质分类技术

7.1　概　　述

在漫长的地质年代里，由陆地河流和大气输入海洋的物质以及人类活动中落入海底的东西，包括软泥沙、灰尘、动植物的遗骸、宇宙尘埃等，年积月累、日久天长，形成大量的海底沉积物，一般有陆源物质沉积物、火山沉积物、生物沉积物或暴露的基岩等，在石油天然气开采、管线铺设、航道开挖、码头、桥梁等海洋工程项目施工区域内，经常存在诸如沉船、礁石、管线、残留物体等影响设计施工的障碍物，需要在设计施工前进行探测，摸清障碍物的类型和分布，采取有效的措施进行规避或清除。

SBP 探测技术是探测海底疏松沉积层的有效工具，可由点及面地获得海底沉积层垂向上及平面分布上的大量信息，从而克服仅由少量钻孔推测海底沉积层的局限性。在 SBP 探测图像样本提取后，需要利用沉积物分类器对图像样本的特征值进行训练以归类，得到每种沉积物的归类区间，然后对整幅声呐图像进行沉积物分类，在沉积物分类过程中，对分类的精度和识别度在一定程度上分类器起到关键的作用，在海底沉积物监督分类过程中，支持向量机、BP 神经网络、小波 BP 神经网络等三类沉积物分类器在拟合效果和训练时间方面有较强的优势。

7.2　海底底质分类技术

7.2.1　支持向量机

支持向量机（Support Vector Machine，SVM）是由 Boser 和 Vapnik 于 1995 年提出的一种新分类技术方法。SVM 是一种基于统计学习理论的模式识别方法，主要应用于模式识别领域。它的理论基础是 VC 维理论和结构风险最小化原则，由于当时这些研究理论不够成熟，在分类问题上过于保守，同时由于其复杂的数学理论知识，因此研究 SVM 方法的人员在很长的一段时间里面都很少，这一研究方法一直也没有被科研人员重视。直到 20 世纪 90 年代，由于神经网络等新的机器学习方法中出现网络结构较难确定、学习不够或过多、易陷入极小值等问题无法解决，而 SVM 理论却得到完善和迅速发展，在解决非线性及高维模式、小样本识别方面具有优势，并能够与其他机器学习法结合进行函数拟合，在众多领域里应用得到较好的验证。

支持向量机的原理是将向量映射到一个更高维的空间里，并在此空间里建立一个最大间隔超平面。需要在分隔超平面两侧分别建立两个平行超平面，并能保证分隔超平面与两侧的平行超平面具有最大距离。分类器总误差与两侧平行超平面的距离呈正比，随距离变小而变小。如图 7-1 所示。

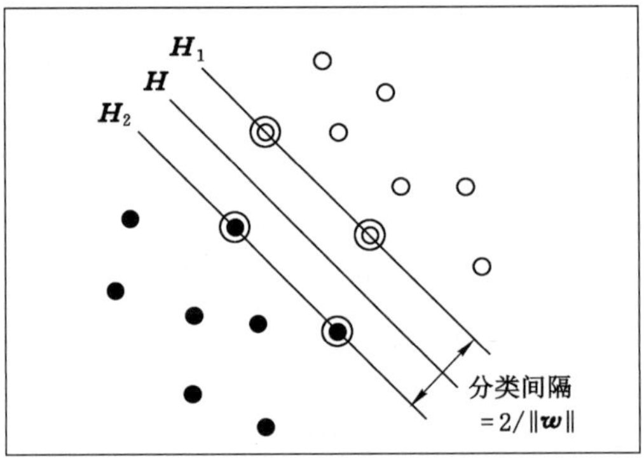

图 7-1　支持向量机分类原理

SVM 分类存在线性可分和非线性可分两种情况。

7.2.1.1　线性可分的情况

SVM 分类思想基于线性可分的最优超平面发展而来。令样本集(x_i, y_i)，$i=1,2,\cdots,n$，其中 $x\in \mathbf{R}^d$，d 为样本向量的维数；n 为样本数量；y_i 为分类结果类别(值等于$+1$ 和-1 时，分别代表两类)。假设有一个超平面可线性划分训练集，则该分类面方程可表示为：

$$(\boldsymbol{w}\cdot\boldsymbol{x})+b=0 \tag{7-1}$$

其中，分类超平面的位置由向量 $\boldsymbol{w}$ 和标量 b 决定，如果能够将所有样本分类正确，则分类面应满足如下条件：

$$y_i[(\boldsymbol{w}\cdot\boldsymbol{x})+b]-1\geqslant 0 \tag{7-2}$$

能够满足式(7-2)的条件且当 $\|\boldsymbol{w}\|^2$ 最小的分类面为最优分类面。与最优分类面距离最小的异类向量为支持向量机。一个超平面可由一组支持向量唯一确定。

根据上述讨论，最优分类面问题可用下式的约束条件表示：

$$\min \Phi(\boldsymbol{w}) = \frac{1}{2} \| \boldsymbol{w} \|^2 \tag{7-3}$$

并且应满足以下条件：

$$y_i(\boldsymbol{w} \cdot \boldsymbol{x} + b) \geqslant 1, i = 1,2,\cdots,n \tag{7-4}$$

再通过构造 Lagrange 函数：

$$L(\boldsymbol{w},b,\partial) = \frac{1}{2}(\boldsymbol{w},\boldsymbol{w}) - \sum_{i=1}^{n} \partial_i \{ y_i[(\boldsymbol{w} \cdot \boldsymbol{x}) + b]^{-1} \} \tag{7-5}$$

式中，∂_i 为 Lagrange 系数，通过求 Lagrange 函数的极小值可获得 $\boldsymbol{w}$ 和 b。则将上述问题转为求下面的对偶问题：

$$\max \boldsymbol{W}(\alpha) = \sum_{i=1}^{n} \alpha_i \alpha_j y_i y_j (\boldsymbol{X}_i \cdot \boldsymbol{X}_j) \tag{7-6}$$

$$\boldsymbol{W}^* = \sum_{i=1}^{n} \alpha_i y_i \boldsymbol{X}_i \tag{7-7}$$

$$b^* = y_i - \boldsymbol{W} \cdot \boldsymbol{X}_i \tag{7-8}$$

并且需要满足以下约束条件：

$$\sum_{i=1}^{n} \alpha_i y_i = 0, \alpha_i \geqslant 0, i = 1,2,\cdots,n \tag{7-9}$$

式中，$\boldsymbol{W}^*$ 和 b^* 分别为最优超平面的法向量和偏移量，KKT 条件在求解和分析优化问题中作用较大，则其解须满足：

$$\alpha_i \{ y_i(\boldsymbol{W} \cdot \boldsymbol{X} + b) - 1 \} = 0, i = 1,2,\cdots,n \tag{7-10}$$

上式中，α_i 为零的样本则不能进行分类，只有 α_i 大于零的样本方能进行分类，这些能够用于分类的样本称为支持向量，则最终分类函数可表示为：

$$f(\boldsymbol{X}) = \sum y_i \alpha_i (\boldsymbol{X} \cdot \boldsymbol{X}) + b^* \tag{7-11}$$

式中，$\boldsymbol{X}$ 的归属可根据 $f(\boldsymbol{X})$ 的符号来确定。

7.2.1.2　线性不可分的情况

在实际分类过程中，分类问题通常被认为是一个非线性问题，理想的分类面也遵循非线性变化。SVM 处理该问题的方法为：先将输入向量 $\boldsymbol{x}$ 从原始模式空间通过特定转换函数（核函数）进行非线性变换，进而把向量 $\boldsymbol{x}$ 映射到高维特征空间 $\boldsymbol{H}$ 中，通过此转换则把非线性问题变成转换后高维空间中的线性问题，然后在该高维特征空间中寻求最优分类超平面，实际上，该最优分类超平面对应于原始模式空间中的非线性分类面。已经通过理论证明，只要某种核函数满足 Mercer 条件，则它相对应于该空间的内积，若要解决线性不可分的分类问题，则需在最优分类面上采用适当的内积函数即可，此时的目标函数为：

$$\max \boldsymbol{W}(\alpha) = \sum_{i=1}^{n} \alpha_i - \frac{1}{2} \sum_{i,j=1}^{n} \alpha_i \alpha_j y_i y_j K(\boldsymbol{X}_i, \boldsymbol{X}_j) \tag{7-12}$$

其相应的分类函数为：

$$f(\boldsymbol{X})=\sum_{i=1}^{n} y_i \alpha_i K(\boldsymbol{X}_i,\boldsymbol{X}_j)+b^* \tag{7-13}$$

这里 $K(\boldsymbol{X}_i,\boldsymbol{X}_j)$为核函数。常用的核函数有如下四种：

(1) 线性核函数：

$$K(\boldsymbol{X}_i,\boldsymbol{X}_j)=\boldsymbol{X}_i^{\mathrm{T}}\boldsymbol{X}_j$$

(2) 多项式核函数：

$$K(\boldsymbol{X}_i,\boldsymbol{X}_j)=[\boldsymbol{X}_i^{\mathrm{T}}\boldsymbol{X}_j+1]^q$$

(3) 径向基函数：

$$K(\boldsymbol{X}_i,\boldsymbol{X}_j)=\mathrm{e}^{-\frac{\|\boldsymbol{X}_i-\boldsymbol{X}_j\|^2}{\sigma^2}}$$

(4) S 型内核：

$$K(\boldsymbol{X}_i,\boldsymbol{X}_j)=\tanh(v\boldsymbol{X}_i^{\mathrm{T}}\boldsymbol{X}_j+r)$$

上式中，q、σ、v、r 都是核函数的参数，实际分类的过程中，采用不同的核函数分类所得到的结果也会不同。这些参数的设置一般通过两种方法来取得：一是通过大量的实验并根据经验来设定这些参数以获得较好的分类效果；二是通过对样本数据进行交叉来获取，即随机把样本分为两类，一类作为训练样本集，用来调整核函数的参数，另外的一类就是用来验证的样本集，这一样本集可以用来评价推广误差。

7.2.2 标准 BP 神经网络

1986 年，由 Rumelhart 和 McCelland 提出一种按误差逆传播算法训练的多层前馈网络，为标准 BP 神经网络（Standard Back-Propagation Neural Network），是所有神经网络的重要模型之一，广泛应用于监督分类领域。神经网络一般分为三层，即输入层、隐含层、输出层，相邻的两层之间存在紧密的联系，但是同一层之间各个神经单元无关联。

三层神经网络结构如图 7-2 所示。输入层有 I 个输入值（对应于本书待分类样本的 I 个特征值），输出层有 K 个输出值（对应于分类类别数目），隐含层有 J 个神经单元数，隐含层的输入值均为上一层的输出值。对于每一个样本，BP 神经网络使用激活函数对其进行向前传播计算，当实际输出与期望值不符时，则进行误差反向传播计算，误差通过输出层按误差梯度下降的方式调整各层的连接权值，并向隐含层和输入层逐层反向传播，进行周而复始的信息正向传播和误差反向传播，并调整各层的连接权值，直到最后网络的实际输出值与期望值的误差减小到预先设置精度或迭代次数为止，完成整个网络的训练。若最后达到设置的最大迭代次数仍未达到设置的误差精度，则整个 BP 神经网络训练过程失败。

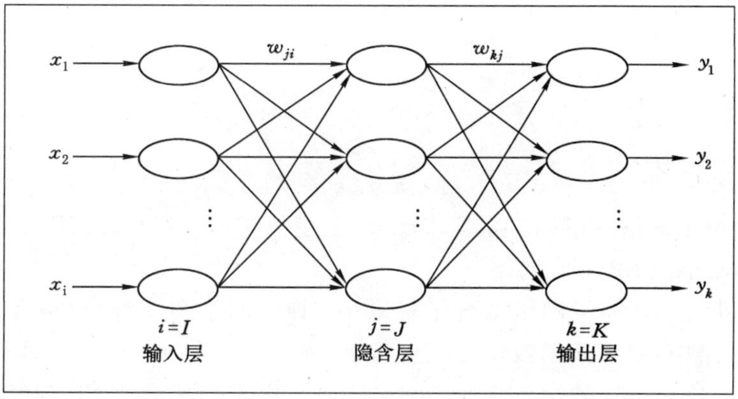

图 7-2 三层神经网络结构图

标准 BP 神经网络采用了具有一定域值特性的连续可微的 Sigmoid 函数 $f(x)$作为神经元的激发函数(其他类似的非线性函数也可选用)：

$$f(x)=\frac{1}{1+e^{-x}} \tag{7-14}$$

设有 P 个训练样本，即 P 个输入输出对($\boldsymbol{X}_k,\boldsymbol{Y}_k$)($k=1,2,\cdots,P$)。$\boldsymbol{X}_k$ 的维数为 I，$\boldsymbol{Y}_k$ 的维数为 K，网络的实际输出向量为 $\boldsymbol{O}_k$，w_{ji} 为前一层第 i 个神经元输入到后一层第 j 个神经元的权值，θ_j 为第 j 个神经元的阈值。下面是具体的算法步骤：

(1) 给权值 $w_{ji}(0)$和阈值 $\theta_j(0)$赋小于 1 的随机初始值。

(2) 提供训练样本：输入矢量 $\boldsymbol{X}_k$ 和期望输出矢量 $\boldsymbol{Y}_k$。

(3) 计算网络的实际输出及隐含层单元的状态：

$$\boldsymbol{O}_{kj}=f_j(\sum_i w_{ji}\boldsymbol{O}_{ki}+\theta_j) \tag{7-15}$$

(4) 计算训练误差：

$$\delta_{kj}=O_{kj}(1-O_{kj})(y_{kj}-O_{kj}) \tag{7-16}$$

$$\delta_{kj}=O_{kj}(1-O_{kj})\sum_m \delta_{km}w_{mj} \tag{7-17}$$

(5) 修正权值和阈值；

$$\begin{aligned} w_{ji}(t+1) &= w_{ji}(t)+\eta\delta_{kj}O_{ki} \\ \theta_j(t+1) &= \theta_j(t)+\eta\delta_{kj} \end{aligned} \tag{7-18}$$

其中，t 为训练次数；η 为学习速率，它对学习过程影响很大。η 是按梯度搜索的步长，越大则权值的变化越剧烈，一般在 0.001～0.8 之间。实际应用中，通常在不导致振荡的前提下取尽量大的 η 值。

（6）当 k 每历经 1 至 P 后，判断指标是否满足精度要求：

$$
\begin{aligned}
E_k &= \frac{1}{2}\sum_j (y_{kj} - O_{kj})^2 \\
E &= \sum E_k \\
E &\leqslant \varepsilon
\end{aligned}
\tag{7-19}
$$

其中，ε 为给定的精度指标。重复步骤(3)至步骤(6)，直到满足精度要求。

7.2.3 标准小波 BP 神经网络

标准小波 BP 神经网络结合了标准 BP 神经网络和小波分析，在标准小波 BP 神经网络中，用小波函数作为激励函数，替代了原来的 Sigmoid 函数，通过仿射变换建立网络参数和小波变换之间的联系。由于标准小波 BP 神经网络具备小波时频局域性和自学习能力，因此有较强的容错能力和逼近能力。通过理论分析和实验证明，小波网络具有收敛速度快和逼近能力较强等特点。针对权值而言，正交小波网络的误差函数为凸函数，能够避免网络容易陷入局部最小；与其他神经网络相比，具有可靠的理论依据确定小波元及整个结构，由于小波网络隐含层节点数量与小波基数量相等，因此隐含层节点数量可依据输入信号的小波分析来确定；再者，小波神经元具有较低的相关性，使得小波 BP 神经网络能够迅速收敛。尽管标准小波 BP 神经网络具有很多优点，但也不可否认存在诸多不足：① 与标准 BP 神经网络相比，网络结构更加复杂，使得网络运算成本增加；② 连接权值、阈值初始值得不到优化使得收敛速度慢；③ 每层的学习率和动量因子不能自适应调节；④ 高维小波网络映射学习时容易产生“维数灾难”问题。

7.2.4 分类比较与分析

7.2.4.1 支持向量机沉积物分类

运用支持向量机做沉积物分类的效果如图 7-3 所示。砾石、砾沙、淤泥各取样本 25 个，样本分类的混淆矩阵如表 7-1 所示，由表可知，样本分类的平均准确率为 81.3%。

表 7-1　　支持向量机样本分类混淆矩阵

沉积物类型	砾石	砾沙	淤泥	未知	样本分类准确率/%
砾石	22	1	2	0	88
砾沙	2	20	1	2	80
淤泥	1	2	19	3	76
平均准确率/%					81.3

7.2.4.2 标准 BP 神经网络沉积物分类

运用标准 BP 神经网络做沉积物分类的效果如图 7-4 所示。分类的混淆矩阵如表 7-2 所示，由表可知，样本分类准确率为 93.3%。

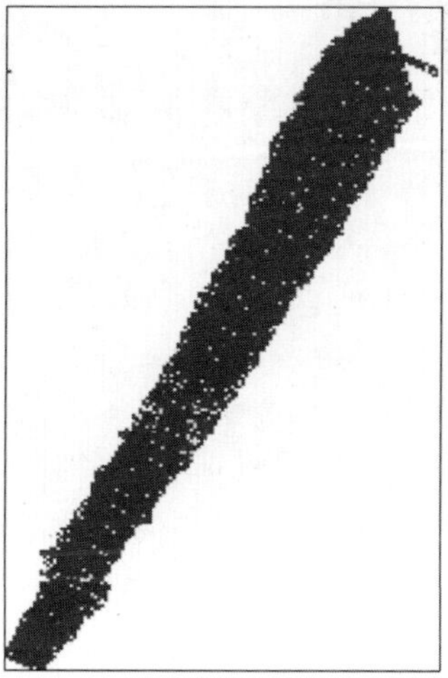

图 7-3 支持向量机沉积物分类效果

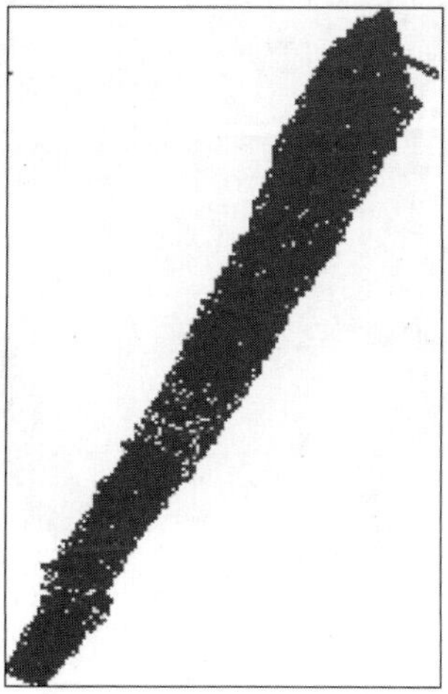

图 7-4 标准 BP 神经网络沉积物分类效果

表 7-2　标准 BP 神经网络样本分类混淆矩阵

沉积物类型	砾石	砾沙	淤泥	未知	样本分类准确率/%
砾石	24	1	0	0	96
砾沙	1	23	1	0	92
淤泥	0	1	23	1	92
平均准确率/%					93.3

7.2.4.3 标准小波 BP 神经网络沉积物分类

运用标准小波 BP 神经网络做沉积物分类的效果如图 7-5 所示。分类的混淆矩阵如表 7-3 所示，由表可知，样本分类准确率为 94.6%。

表 7-3　标准小波 BP 神经网络样本分类混淆矩阵

沉积物类型	砾石	砾沙	淤泥	未知	样本分类准确率/%
砾石	24	1	0	0	96
砾沙	1	24	0	0	96
淤泥	0	1	23	1	92
平均准确率/%					94.6

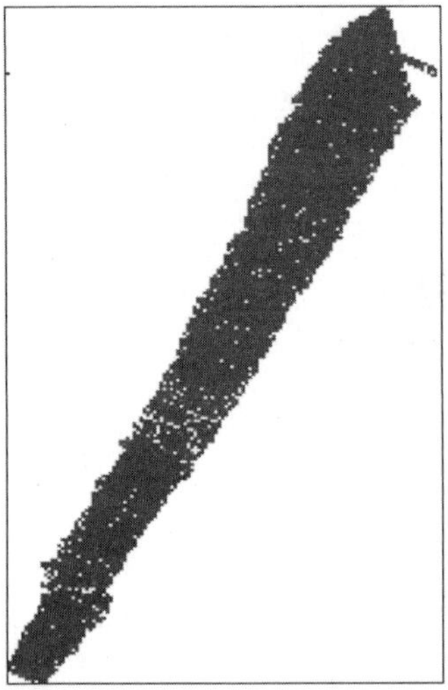

图 7-5　标准小波 BP 神经网络沉积物分类效果

经过实验证明，支持向量机的沉积物识别精度为 81.3%，而用标准 BP 神经网络和标准小波 BP 神经网络的沉积物识别精度分别为 93.3%、94.6%，后面两个分类器占绝对优势，而标准小波 BP 神经网络隐含层采用了小波函数，比标准 BP 神经网络具有更好的时频局域特性和自学习能力，在训练过程中，仿射变换加强，因此本书确定采用标准小波 BP 神经网络，并在其基础上做更进一步的改进。

7.3　小波神经网络改进技术

7.3.1　基本原理

标准小波 BP 神经网络以标准的 BP 神经网络为基础，有输入层、隐含层和输出层。与标准的 BP 神经网络不同的是，隐含层采用小波或尺度函数代替了 Sigmoid 函数，一般情况下，隐含层采用的激励函数是 Morlet 高斯函数，三层 BP 小波神经网络结构如图 7-6 所示。

小波变换是利用一系列具有不同频率的振动函数作为窗口函数来分析信号的，小波变换的基本原理是通过一系列特殊的小波基函数构造来拟合信号。小波函数具有良好的局部时频分析，并且也能够通过伸缩和平移操作对非平稳信号进行多分辨率分析。如果母小波函数被定义为 $\Psi(x) \in L^2(\mathbf{R})$，$L^2(\mathbf{R})$表示是实数集的平方，**R** 表示实数集，则子小波函数被定义为下面的公式：

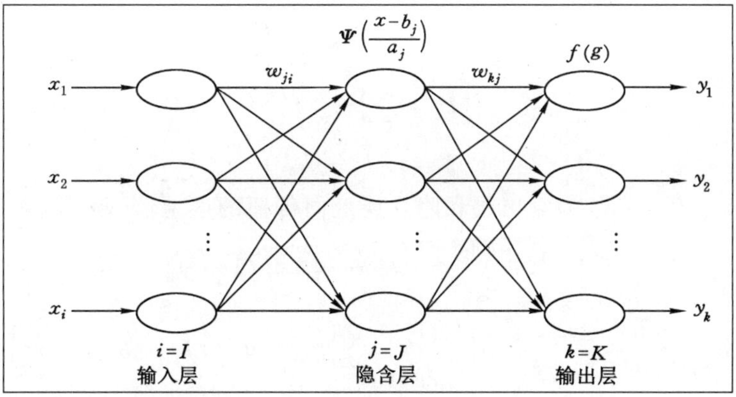

图 7-6　改进的小波 BP 神经网络

$$\Psi_{a,b}(x)=\frac{1}{\sqrt{a}}\Psi\left(\frac{x-b}{a}\right)\quad(a,b\in\mathbf{R},a>0)\tag{7-20}$$

在隐含层和输出层采用的激励函数分别为 Morlet 高斯函数和 Sigmoid 函数，如式(7-21)、式(7-22)所示：

$$\Psi\left(\frac{x-b}{a}\right)=\cos\left(1.75\left(\frac{x-b}{a}\right)\right)\mathrm{e}^{-0.5\left(\frac{x-b}{a}\right)^2}\tag{7-21}$$

$$f(g)=\frac{1}{1+\mathrm{e}^{-x}}\tag{7-22}$$

BP 小波神经网络的模型可表示为：

$$y_k^p=f\left[\sum_{j=1}^{J}w_{kj}\Psi\left(\left(\left(\sum_{i=1}^{I}w_{ji}x_i^p+b_{1j}\right)-b_j\right)/a_j\right)+b_{2k}\right]\tag{7-23}$$

式中，x_i^p 为输入层第 p 个样本第 i 个节点的输入值；w_{kj} 和 w_{ji} 为输出层与隐含层、隐含层与输入层的连接权值；b_{1j} 为隐含层第 j 个节点的阈值；b_{2k} 为输出层第 k 个节点的阈值；a_j 与 b_j 分别为隐含层第 j 个节点的伸缩因子和平移因子。

网络训练的目标函数采用能量函数，如下式所示：

$$E=\frac{1}{2}\sum_{p=1}^{P}\sum_{k=1}^{K}(d_k^p-y_k^p)^2\tag{7-24}$$

式中，d_k^p 是输出层第 p 个模式的第 k 个期望输出值；y_k^p 是输出层第 p 个模式的第 k 个实际网络输出值。

为了方便后面的公式推导，分别定义 I_j^p、O_j^p 为隐含层第 j 个节点的输入和输出，I_k^p、y_k^p 为输出层第 k 个节点的输入和输出，则：

$$I_j^p=\sum_{i=1}^{I}w_{ji}x_i^p+b_{1j}\tag{7-25}$$

$$O_j^p=\Psi\left(\frac{I_j^p-b_j}{a_j}\right) \tag{7-26}$$

$$I_k^p=\sum_{k=1}^{K}w_{kj}O_j^p \tag{7-27}$$

$$y_k^p=f(I_k^p+b_{2k}) \tag{7-28}$$

同时，定义 δ_k、δ_j 为输出层和隐含层反向传播的误差值，则：

$$\delta_k=-\frac{\partial E}{\partial I_k^p}=(d_k^p-y_k^p)y_k^p(1-y_k^p) \tag{7-29}$$

$$\delta_j=-\frac{\partial E}{\partial I_j^p}=\sum_{k=1}^{K}\delta_k w_{kj}\frac{\partial O_j^p}{\partial I_j^p}=\sum_{k=1}^{K}\delta_k w_{kj}\Psi'((I_j^p-b_j)/a_j)\frac{1}{a_j} \tag{7-30}$$

隐含层第 j 个节点与输入层第 i 个节点的权值 Δw_{ji} 和输出层第 k 个节点与隐含层第 j 个节点的权值 Δw_{kj} 分别用式(7-31)和式(7-32)表示：

$$\Delta w_{ji}=-\eta\frac{\partial E}{\partial w_{ji}}=\eta\delta_k w_{kj}\frac{\partial O_j^p}{\partial I_j^p}x_i^p=\eta\delta_j x_j^p \tag{7-31}$$

$$\Delta w_{kj}=-\eta\frac{\partial E}{\partial w_{kj}}=\eta\delta_k O_j^p \tag{7-32}$$

隐含层第 j 个节点的伸缩因子 Δa_j 和平移因子 Δb_j 分别用式(7-33)和式(7-34)表示：

$$\Delta a_j=-\eta\frac{\partial E}{\partial a_j}=\eta\delta_k w_{kj}\frac{\partial O_j^p}{\partial a_j}=-\eta\delta_j\left(\frac{I_j^p-b_j}{a_j}\right) \tag{7-33}$$

$$\Delta b_j=-\eta\frac{\partial E}{\partial b_j}=\eta\delta_k w_{kj}\frac{\partial O_j^p}{\partial b_j}=-\eta\delta_j \tag{7-34}$$

隐含层第 j 个节点的阈值 Δb_{1j}、输出层第 k 个节点的阈值 Δb_{2k} 分别用式(7-35)和式(7-36)给出：

$$\Delta b_{1j}=-\eta\frac{\partial E}{\partial b_{1j}}=\eta\delta_j \tag{7-35}$$

$$\Delta b_{2k}=-\eta\frac{\partial E}{\partial b_{2k}}=\eta\delta_k \tag{7-36}$$

在网络各个参数的调整中加入动量因子 λ 以防止误差曲面陡峭处出现抖动现象，从而能够避免网络陷入局部极小，加快网络收敛速度。基于网络误差向梯度下降方向收敛的原则，网络各个参数调整的公式如下：

$$w_{ji}(t+1)=w_{ji}(t)-\eta\frac{\partial E}{\partial w_{ji}}+\lambda\Delta w_{ji}(t) \tag{7-37}$$

$$w_{kj}(t+1)=w_{kj}(t)-\eta\frac{\partial E}{\partial w_{kj}}+\lambda\Delta w_{kj}(t) \tag{7-38}$$

$$a_j(t+1)=a_j(t)-\eta\frac{\partial E}{\partial a_j}+\lambda\Delta a_j(t) \tag{7-39}$$

$$b_j(t+1)=b_j(t)-\eta\frac{\partial E}{\partial b_j}+\lambda\Delta b_j(t) \tag{7-40}$$

$$b_{1j}(t+1)=b_{1j}(t)-\eta\frac{\partial E}{\partial b_{1j}}+\lambda\Delta b_{1j}(t) \tag{7-41}$$

$$b_{2k}(t+1)=b_{2k}(t)-\eta\frac{\partial E}{\partial b_{2k}}+\lambda\Delta b_{2k}(t) \tag{7-42}$$

7.3.2 改进算法

在标准小波 BP 神经网络中，固定的学习率、连接权值和阈值初始值的随机化会导致收敛速度较慢、在误差曲面陡峭处容易抖动等问题，需要对其改进。

学习率的设置对于整个网络的学习过程尤其重要，若学习率过大，则容易使网络出现振荡而导致不稳定；若学习率过小，则容易使网络收敛较慢，训练时间较长。因此在网络训练过程中，需要自适应调节学习率的大小进而能够较好地修正网络误差性能曲面。依据局部误差曲面，学习率可作相应的调整，当网络误差以减小方式逐渐趋向于收敛精度，则说明修正方向正确，此时需要加大步长，学习率也相应地需要增大；反之，需要减小步长，学习率相应地减小。一般情况下，学习率是以固定速率增长或减小，即只要 $E(k)$ 比 $E(k-1)$ 大（或小），就减小（或增加）速率，而没有比较它们相差的程度。学习率的固定增长或减小会使得网络稳定性受到影响，进而使网络收敛变慢。因此，需要构造一个和 $\frac{E(k-1)}{E(k)}$ 变化相对应的学习率函数，并随 $\frac{E(k-1)}{E(k)}$ 的变化而连续，通过下式更新学习率：

$$\eta(k)=\begin{cases}\eta(k-1),m=0\\ m\mathrm{e}^{-m+1}\eta(k-1),0<m\leqslant 1\\ \left[1+\frac{m-1}{m}\mathrm{e}^{(-m-1)\alpha}\right]\eta(k-1),\rho<z<2\\ \rho\eta(k-1),1<z<\rho\end{cases} \tag{7-43}$$

其中，$1\leqslant\rho\leqslant 2$；$0<\alpha<1$；$m=\frac{E(k-1)}{E(k)}$，$z=1+\frac{m-1}{m}\mathrm{e}^{(-m-1)\alpha}$。而动量因子 λ 的更新公式为：

$$\lambda=\begin{cases}0,E(k)>1.04E(k-1)\\ 0.95,E(k)<E(k-1)\\ \lambda,\text{其他}\end{cases} \tag{7-44}$$

网络学习是否收敛以及收敛速度与小波 BP 神经网络参数最优初始化密切

相关，通常情况下，采用随机数来获取优良的初始权值是没有保障的。获得最优初始权值需要将权值初始值和神经元传递函数、学习样本之间的关系考虑进去。设三层小波 BP 神经网络的隐含层节点数为 J 个，输入层节点数为 I 个，先对 w_{ji} 进行初始化，有以下几个步骤：

(1) 先在[−1,1]区间生成一个均匀分布的随机数，以此作为 w_{ji} 的初始值，并用 w_{ji0} 表示。

(2) 再将 w_{ji0} 按行进行归一化：

$$w_{ji1} = \frac{w_{ji0}}{\sqrt{\sum_{i=1}^{I} w_{ji0}^2}}, j = 1,2,\cdots,J \tag{7-45}$$

(3) 然后再乘以一个因子 C，该因子与传递函数、输入层神经单元数 I、隐含层神经单元数 J 相关，C 可取 2：

$$w_{ji2} = C \cdot J^{1/I} \cdot w_{ji1}, j = 1,2,\cdots,J \tag{7-46}$$

(4) 最后考虑与学习样本的关系，设输入层中第 i 个神经元的输入样本最大值和最小值分别为 $x_{i\max}$、$x_{i\min}$，则有：

$$w_{ji} = \frac{2w_{ji2}}{x_{i\max} - x_{i\min}}, j = 1,2,\cdots,J \tag{7-47}$$

在初始化隐含层与输入层之间的权值后，再初始化隐含层与输入层之间的阈值 b_{1j}，有以下几个步骤：

(1) 先在[−1,1]区间生成一个均匀分布的随机数，以此作为 b_{1j} 的初始值，用 b_{1j0} 表示。

(2) 再乘以一个因子 C，而该因子与传递函数、输入层神经单元数 I、隐含层神经单元数 J 相关，C 的取值与式(7-46)相同：

$$b_{1j1} = C \cdot J^{1/I} \cdot b_{1j0}, j = 1,2,\cdots,J \tag{7-48}$$

(3) 最后将综合考虑学习样本和 w_{ji}，则有：

$$b_{1j} = b_{1j1} - \frac{1}{2}\sum_{i=1}^{I} w_{ji}(x_{i\max} - x_{i\min}), j = 1,2,\cdots,J \tag{7-49}$$

针对小波函数的伸缩因子 a_j 与平移因子 b_j 的初始值优化，设母小波的时域中心和半径分别为 θ、β，由小波理论可知，在时域内，小波伸缩系的集中区域为$[b + a\theta - a\beta, b + a\theta + a\beta]$。为了使小波伸缩系覆盖全部输入向量，则初始化伸缩、平移参数时必须遵循下式设置：

$$\begin{cases} b_j + a_j\theta - a_j\beta = \sum_{i=1}^{I} w_{ji}x_{i\min} \\ b_j + a_j\theta + a_j\beta = \sum_{i=1}^{I} w_{ji}x_{i\max} \end{cases} \quad j = 1,2,\cdots,J \tag{7-50}$$

由式(7-50)可得：

$$\begin{cases} a_j = \dfrac{\sum\limits_{i=1}^{I} w_{ji} x_{i\max} - \sum\limits_{i=1}^{I} w_{ji} x_{i\min}}{2\beta} \\ b_j = \dfrac{\sum\limits_{i=1}^{I} [w_{ji} x_{i\max}(\beta - \theta) + w_{ji} x_{i\min}(\beta + \theta)]}{2\beta} \end{cases} \quad j = 1, 2, \cdots, J \tag{7-51}$$

针对隐含层与输出层的连接权值和阈值初始化，由于输出层一般采用线性神经元，则该两层的连接权值和阈值初值可考虑[−1,1]区间上生成的均匀分布随机数。

在标准小波 BP 神经网络中隐含层神经单元数的确定具有较大的随意性，隐含层神经单元数的选择与网络收敛速度和提高误差精度密切相关。若隐含层神经单元数过少，网络学习的容量有限，不能够将训练样本中蕴含的所有规律存储下来；若隐含层神经单元数过多，则会增加网络学习的时间成本，还很有可能存储了样本中非规律性内容，反而使得泛化能力降低。因此，在此很有必要讨论隐含层神经单元数的设置问题。隐含层神经单元数取值可参考下式：

$$J = \sqrt{n + m} + \alpha \tag{7-52}$$

式中，J 表示隐含层神经单元数；n 表示输入层神经单元数；m 表示输出层神经单元数；α 表示 1～10 之间的常数。

7.3.3 性能分析与比较

小波 BP 神经网络学习和训练的性能可采用一些具有统计特征的参量如相关系数(R)、均方根误差(RMSE)、平均绝对百分比误差(MAPE)来衡量。

$$R = \frac{\sum\limits_{k=1}^{K} (d_k - \bar{d}_k)(y_k - \bar{y}_k)}{\sqrt{\sum\limits_{k=1}^{K} (d_k - \bar{d}_k)^2 \cdot \sum\limits_{k=1}^{K} (y_k - \bar{y}_k)^2}} \tag{7-53}$$

$$\text{RMSE} = \sqrt{\frac{1}{k} \sum_{k=1}^{K} (y_k - d_k)^2} \tag{7-54}$$

$$\text{MAPE} = \frac{1}{k} \sum_{k=1}^{K} \left| \frac{y_k - d_k}{d_k} \right| \tag{7-55}$$

在改进的小波 BP 神经网络中，初始值的设置对网络的收敛速度也有一定的影响，输入层与隐含层的连接权值、阈值、隐含层小波基函数的伸缩因子和平移因子有一定的设置规则，但是学习率(lr)和动量因子(mc)的初始设置没有一定的原则。学习率取值过大，会使学习过程出现振荡现象；学习率取值过小，则使收敛速度变慢。动量因子取值较大，可使连接权值更新向量获得较大的冲量，有助于权值逃离误差平面的平坦区域，从而加速算法收敛；动量因子取值较小，在误差曲面的陡峭部分可避免算法出现不稳定性。在图 7-7 中，(a)～(c)为固定动量因子为 0.9 时，不断增大学习率网络收敛速度有增大趋势，但是并不说明学习率越大收敛速度就越快，学习率达到一定程度后，网络误差函数迭代的次数反而增大，如(c)图中的学习率初始值设置过大，迭代的次数反而比(b)图多。(d)～(f)为固定学习率为 0.7 时，不断增大动量因子网络收敛速度在总体趋势上是增大的，但是学习过程中也逐渐出现振荡现象。因此，学习率和动量因子初

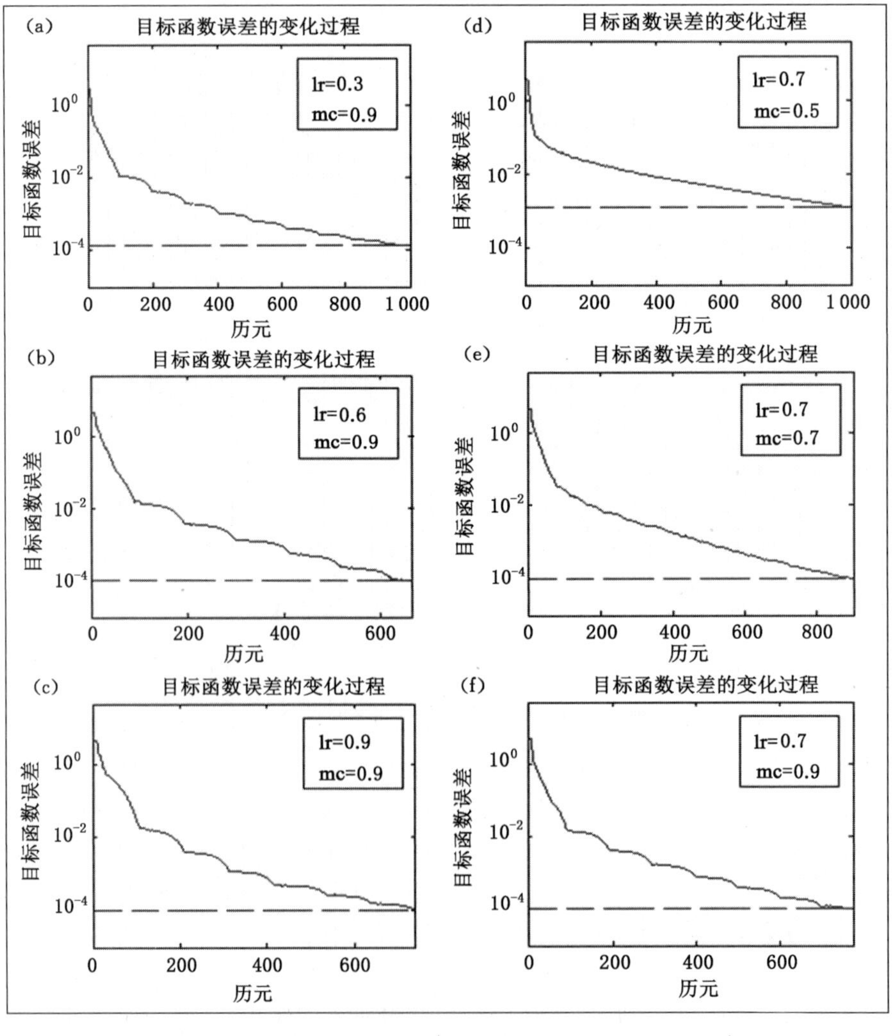

图 7-7　初始学习率和动量因子对网络性能的影响分析

始值的设置尤其重要，在达到相同的收敛精度时，既要考虑收敛速度快，又要尽量避免学习过程出现过大的振荡现象。从实验得知，学习率的初始值建议设置在 0.4～0.7 范围内，动量因子建议设置在 0.5～0.8 范围内。实验的小波 BP 神经网络采用 3 层结构，即输入层、隐含层和输出层，输入层有 10 个输入单元、隐含层有 30 个处理单元、输出层有 1 个输出单元，网络收敛误差取 10^{-5}。

通过改进后的小波 BP 神经网络比标准小波 BP 神经网络在收敛速度、拟合点相对误差百分比等方面都占优势。如图 7-8 所示，以 $y=\sin(8\pi x)+\sin(16\pi x)+0.2$ 作为拟合函数，自变量区间为[0.01，0.3]，步长为 0.01。子图

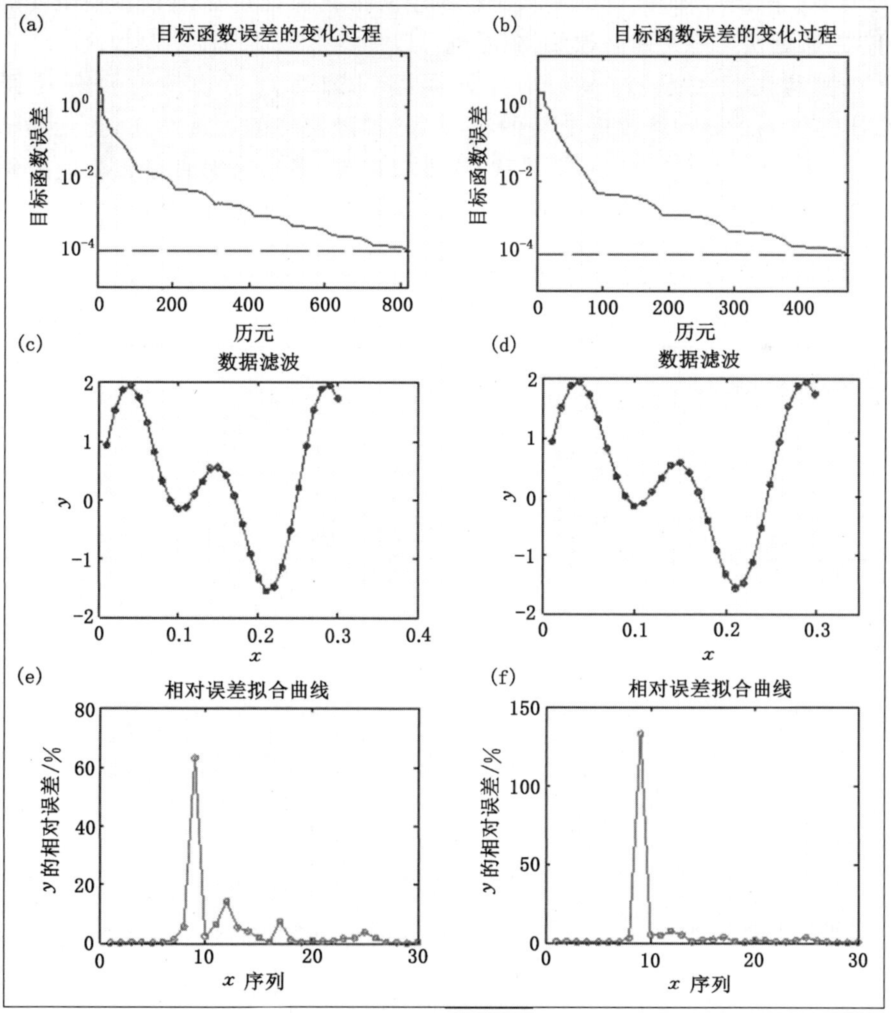

图 7-8　改进的小波 BP 神经网络拟合分析结果

(a)、(b)分别为标准小波 BP 神经网络和改进后小波 BP 神经网络的目标函数误差变化过程。由图可知，前者的迭代次数为 823 次，后者为 479，收敛速度提高了 40%左右，后者明显占优势。从子图(c)、(d)来看，两种方法的拟合结果相差不大，在子图(e)、(f)中也能证实，拟合结果点位相对误差百分比除了个别误差较大以外，其余的都控制在 10%以内，但是从总体来讲，改进后的小波 BP 神经网络，80%的点位相对误差百分比能够控制在 4%以内，拟合精度高于改进前的网络。从改进前后的小波 BP 神经网络训练结果来看，若要达到相同的拟合精度，标准小波 BP 神经网络迭代次数明显要多，而且花费的时间和计算机资源也相对要多。由此可知，改进的小波 BP 神经网络在保证目标函数误差精度的前提下，能够更快速地使网络收敛，同时也可以使点位拟合精度明显提高。

分别利用相关系数(R)、均方根误差(RMSE)、平均绝对百分比误差(MAPE)评判指标计算改进前后的小波 BP 神经网络的训练结果，得到的结果如表 7-4 所示。由表可知，相关系数、均方根误差、平均绝对百分比误差分别提高了 3.8%、16.1%、9.9%，由此可知，改进后的小波 BP 神经网络相比标准小波 BP 神经网络还是有明显优势的。

表 7-4　标准小波 BP 神经网络与改进的小波 BP 神经网络性能评估

性能评价指标	标准小波—BP 神经网络	改进小波—BP 神经网络	相对误差/%
R	0.949	0.985	3.8
RMSE	0.011 8	0.009 9	16.1
MAPE	0.027 1	0.024 4	9.9

8 SBP 探测数据处理分析系统

8.1 概　述

社会发展对于海洋资源的需求自然也就促进了海洋探测设备的快速发展，同时随着电子技术和工艺技术的飞跃，探测设备也变得多样化、智能化、高效化。在众多的海洋环境探测中，海底底质探测是一个重要分支。SBP 探测技术是当前主流的海底底层剖面声学探测技术，SBP 探测系统成为海底剖面探测最常用的探测技术系统，由于其经济、方便、高效等优点被广泛应用于各个领域，如近海地质环境调查、海底管道线路的布设与维护、大洋科考、航道疏浚、海洋矿产资源探测、海洋浅地层结构测绘等。由于海洋环境复杂，探测干扰因素多，探测数据规律性差，需要经过大量适宜预处理和精处理，才能得到海底层界探测的准确信息数据和图像，计算分析处理工作量大、速度慢、效能低，因此，研究开发出基于 SBP 探测的浅地层数据处理分析应用系统，自动化处理实现 SBP 探测数据解译解编、滤波去噪、压制优化、层界提取、可视展现等功能，对于 SBP 探测数据处理、浅海地层图像分析、海底勘查工程管理和可持续利用均具有重要意义。

8.2 海底层界提取后处理软件

SBP 探测数据处理过程是包括数据解编、信号分析和图像处理的系统工程，在 SBP 探测数据处理原理的基础上设计开发了海底层界提取后处理软件系统，以实现对测线的预处理、层界拾取等操作。软件主要包含 SBP 数据解译、三维显示和层界自动、半自动提取部分，首先针对 SBP 探测数据原始文件(*.SEG)进行文件解码，经过希尔伯特变换、声强数据转灰度数据、图像平滑滤波、海底线检测、海底层界粗提取等处理过程，获得 SBP 探测数据彩色图像，并且可以加载多条测线进行三维立体显示、切面显示以及浅地层层界自动、半自动交互提取、简单分类，并且能够将获得的层界数据、分类信息以 CAD 的形式表现出来。软件实现了 SBP 探测数据处理分析海底层界提取的全过程。

软件采用 C++语言编写，在 Windows 10 操作系统、Visual Studio 2010 开发环境下设计开发。

系统的主要功能模块有：

(1) 工程管理：创建、加载、关闭、删除工程，退出程序。

(2) 测线管理：规划选择、加载测线。

(3) 数据处理：层界提取和简单分类。

(4) 显示模块：海底地层剖面图显示、三维显示、切面显示、测线显示。

初次运行此软件，软件呈现主界面如图 8-1 所示。

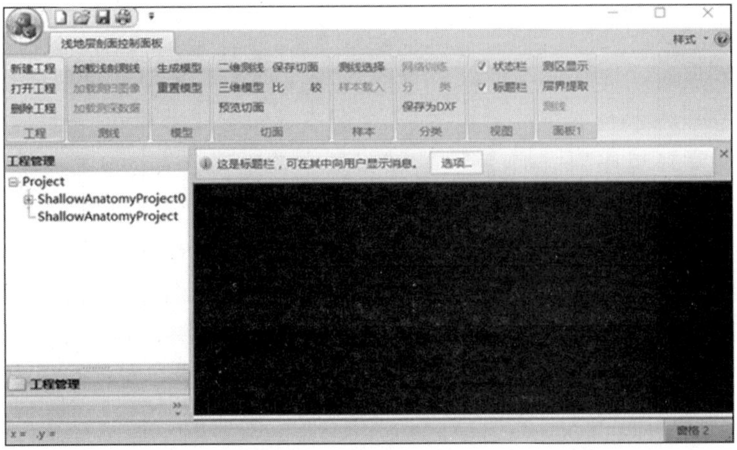

图 8-1　软件初始界面

8.2.1　工程管理

工程管理模块主要是对工程项目进行操作，对处理后的数据进行存储管理，统一存放转码文件、二维图像数据和三维模型数据等数据文件，方便用户对工程的操作和对数据的访问。主要文件夹结构如图 8-2 所示。

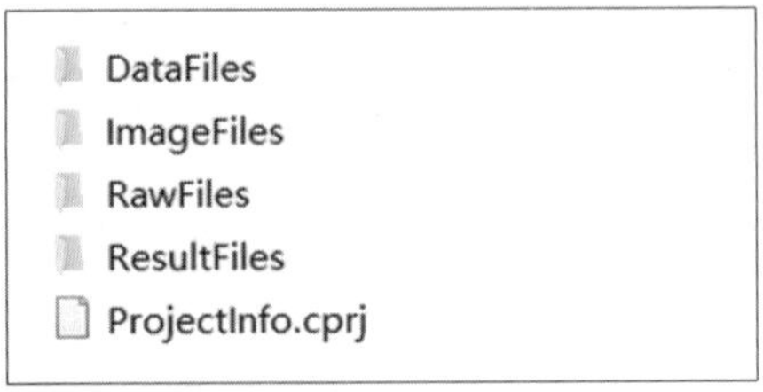

图 8-2　文件夹结构

工程文件夹的主要结构如表 8-1 所示。

表 8-1　　工程文件夹结构及用途

DataFiles	ImageFiles	RawFiles	ResultFiles
存放解码文件，坐标数据，灰度图像、缩小图像，三维模型文件	存放三维数据	存放原始数据及彩色图像	存放测区坐标数据以及处理后的 DXF 文件

(1) 新建工程。点击“新建工程”，弹出新建工程界面，选择希望工程文件存储的位置，建立新的工程，如图 8-3 所示，如果工程名与该文件夹下已有工程名重复，程序会提醒，并建议修改工程名称。

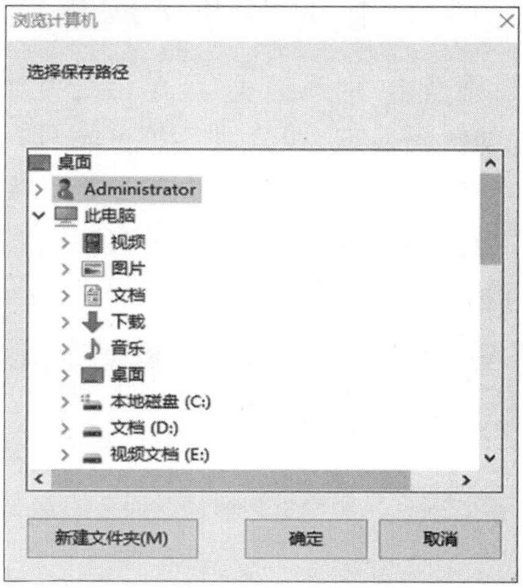

图 8-3　新建工程界面

(2) 加载工程。点击“打开工程”菜单，弹出“打开工程”对话框，如图 8-4 所示。选择需要加载的工程文件夹，加载对应的工程，其中 ProjectInfo.cprj 为工程文件，选中它即打开了工程。在加载过一次工程之后，程序会记住路径，下一次打开工程是会直接到达该路径。

(3) 删除工程。点击“删除工程”菜单，删除工程文件夹中的数据文件、删除各级子文件夹、删除工程文件夹。如果有文件被其他程序占用，会提示删除失败，此时需要从程序外找到该工程文件夹进行删除。

8.2.2　测线管理

新建或加载了一个工程后，可以进行规划选择及测线操作。

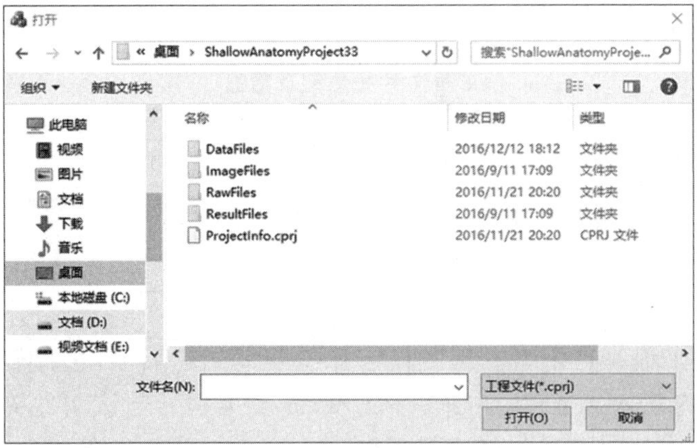

图 8-4　“打开工程”对话框

如果需要加载测线，则点击“加载测线”菜单，弹出“加载测线数据”对话框。加载测线时会进行测线的解码处理，即读取 SEGY 文件，数据初步解码后，得到的数据是波形数据，对其进行希尔伯特变换并进行上下界阈值调整，完成灰度图像的转换，对灰度图像进行海底线提取，并进行均值滤波，在得到相应的数据后将每一 Ping 数据并排显示成图像，在显示栏进行彩色显示，如图 8-5 所示。

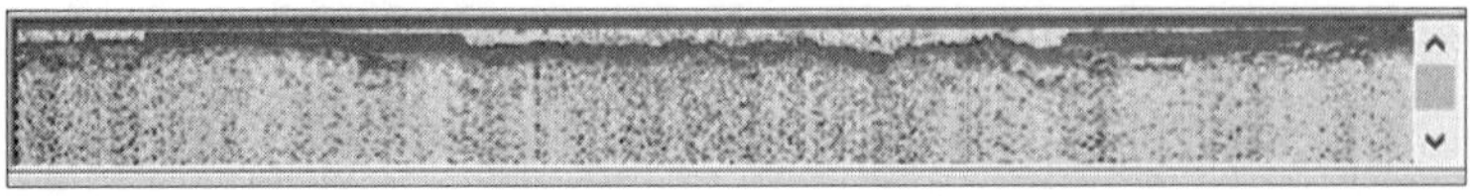

图 8-5　显示当前加载测线彩色图像

文件列表框用来显示已加载的测线，如图 8-6 所示。

8.2.3　数据处理

数据处理模块包括全测线显示、层界自动提取、层界手动修正及处理结果的 CAD 输出等功能，是整个后处理软件系统的核心功能区。

(1) 全测线显示。加载数据完成后，点击测区显示，对该项目工程下的测线进行显示，显示的是按照实际位置测量时的测线图，如图 8-7 所示。对于全测线可以进行缩放处理，缩放以左上角点作为缩放基准点，缩放功能有助于在大测区、测线密集时进行测线的选择。

(2) 层界自动提取。SBP 探测数据后处理过程中十分重要的一步就是层界提取，它是 SBP 探测数据解译的基础，提取的层界能够反映水下地形、浅层地层、基岩构造等沉积特征。

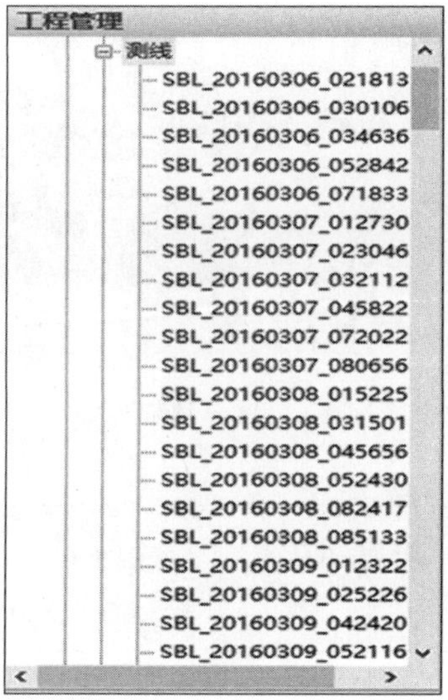

图 8-6　已加载测线列表

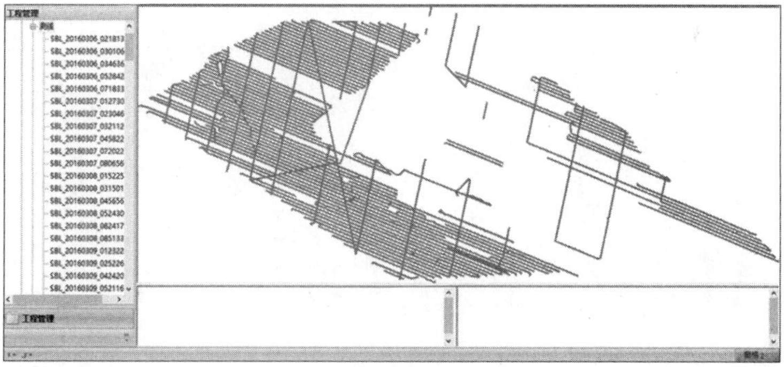

图 8-7　全测区测线分布

点击需要处理的测线，会弹出已选测线的名称，或者在工程管理中选中测线，然后再点击主菜单的“层界提取”，即可进入数据的剖面显示部分，得到的剖面如图 8-8 所示。

层界提取前，先设置相关控制参数，然后点击“自动层界提取”，完成自动提取，如图 8-9 所示。通过适当地调整参数能够得到较好的层界提取结果。

如图 8-10 所示，提取出来的层界线为显性浅白色，底图是灰度剖面图。

(3) 层界手动修正。可以对自动提取的层界进行修正处理，包含的功能有：

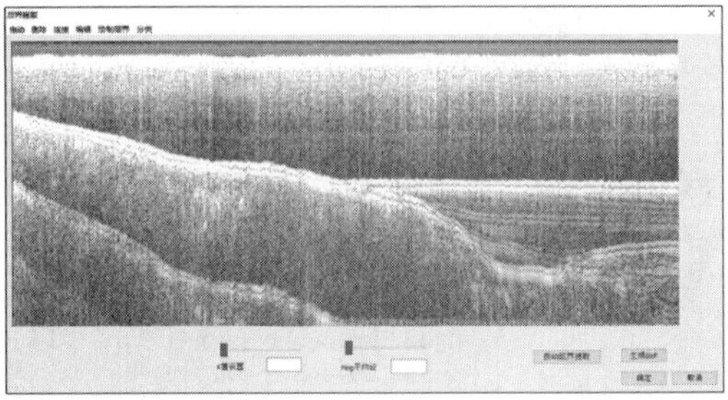

图 8-8　层界提取界面

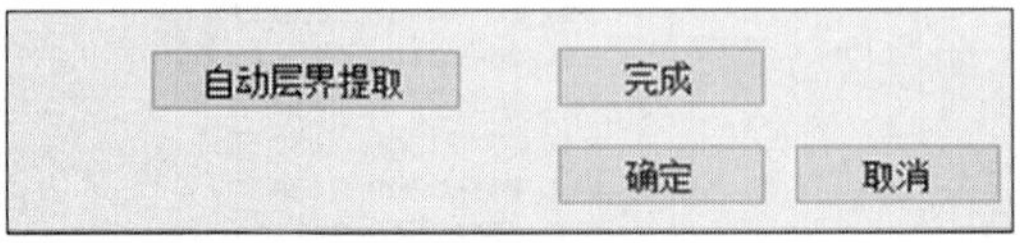

图 8-9　自动层界提取界面

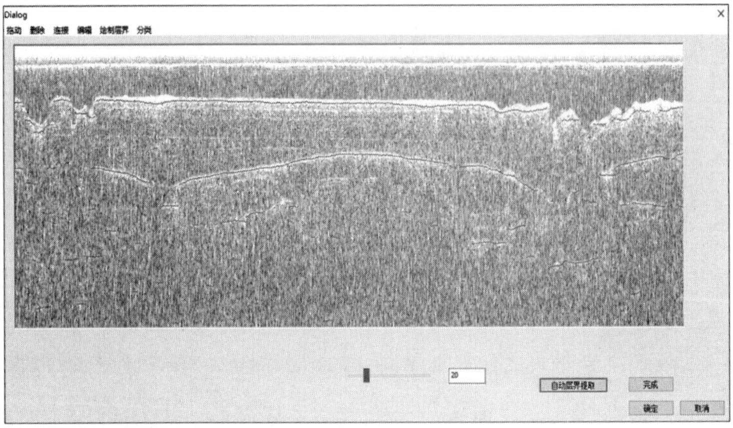

图 8-10　层界提取结果

对图像的拖动，对图像的删除，对因提取原因断裂的层界进行连接，对其他需要的地方的层界进行绘制。

点击“拖动”，可以拖动图片，然后点击“绘制层界”，可以进行层界绘制。在完成一段层界绘制后，需要点击鼠标右键，选择“完成层界段绘制”，然后可以进行下一层界段的绘制。如果需要拖动图片，仍然需要点击“拖动”再进行图片拖动。也可以右键退回，放弃当前绘制的一段层界线。

点击“删除”，单击鼠标左键不动，拖动鼠标，可以框选需要删除的层界段，然后松开鼠标左键，层界段即被删除。

点击“连接”，单击鼠标左键不动，拖动鼠标，可以框选需要连接的两段层界端，然后松开鼠标左键，两层界端即被连接。

(4) 简单分类的 CAD 输出。在完成层界提取以及修正后，在剖面上右键选择层界追踪，完成层界拓扑关系的构建，即矢量化层界。在进行层界追踪时会进行邻近层界的连通处理，并在连通之后对层界进行滤波，即将长度小于横向分辨率的层界段进行滤除。

注意：只有先完成层界追踪才能进行分类，进行 CAD 的输出，CAD 的输出包括层界及分类信息的输出，其中分类信息的输出已包含层界信息，而层界信息不包含分类信息。

在层界提取对话框的菜单中，有分类一栏，其中可以选择几个简单的分类类别，包括泥、砂、混砂三个类别。首先在上方菜单中选择“分类”，点击“类别”，选择类别，如泥、砂、混砂，这步操作即代表着要将某两层之间的底质进行标注，然后使用鼠标点击该类底质的上下界层界，程序将在两层间做好底质的标志。每一类底质以不同颜色的竖条进行显示，以表明是不同的底质。对分类后的数据可以进行 CAD 生成，点击“CAD 生成”，生成的 CAD 图存储在工程目录的 DataFiles下，结果如图 8-11 所示，其中砂、泥、混砂以不同颜色竖条显示，左上角有航行的起点坐标，坐标轴纵轴有对应的深度信息，坐标轴横轴有航向距，单位都是 m，图框内的右下角有简单的图例，整个图的右下角有比例尺信息，整幅图的上面有测线名称。

图 8-11　简单分类的 CAD 输出

(5) 层界数据 CAD 输出。如果不进行分类，也可以直接输出 CAD 的层界数据，如图 8-12 所示，左上角有航行的起点坐标，坐标轴纵轴有对应的深度信息，坐标轴横轴有航向距，整个图的右下角有比例尺信息，整幅图的上面有测线名称。

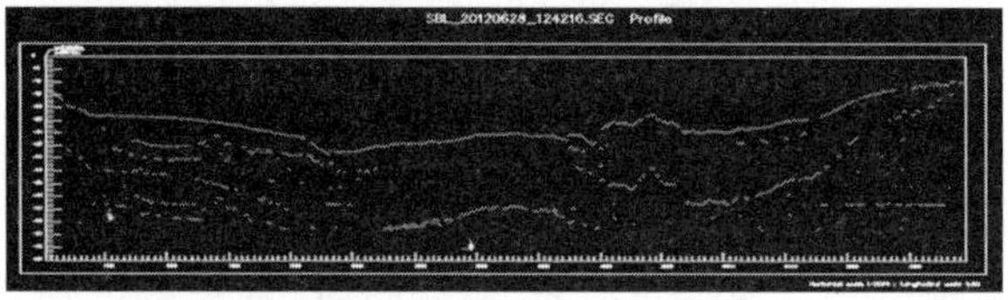

图 8-12　层界数据 CAD 输出

8.2.4　输出显示

显示模块主要包括 SBP 探测数据的三维显示及操作、测区切面生成及显示等功能。

(1) 程序运行主界面。如图 8-13 所示，中间视图是程序显示的主界面，主界面显示三维立体图像，下方的左侧视图显示测线剖面，下方的右侧视图显示切面。程序界面的左空白栏是为显示工程及测线数据的。程序工具栏上方列举了各项功能，分别是工程类的，即：新建工程、打开工程、删除工程。工程类右侧是加载 SBP 探测数据的，再然后是三维模块，包括生成模型以及重置模型。该栏右侧是“二维测线”“三维模型”“预览切面”“保存切面”和“比较”功能。“二维测线”是进行切面处理的模块；“三维模型”是对建立的三维模型进行显示的部分；“预览切面”是对二维测线中处理好的切面进行显示，显示的窗口在主界面右下角；“保存切面”是对切面的保存；“比较”是显示出原测线剖面与切面比较。“保存为 DXF”是将测线图以 DXF 形式保存。然后再是“标题栏”和“状态栏”的勾选。最后一个部分是测区显示和层界提取部分，测区显示将会显示全测区测线，层界提取会弹出层界提取的窗口并进行相应的处理。

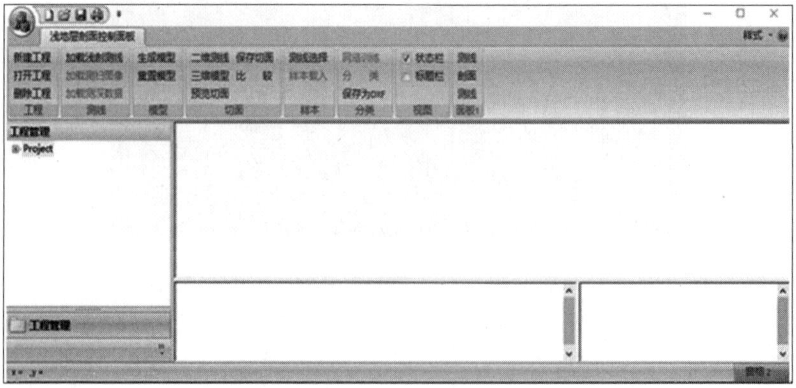

图 8-13　软件主界面

（2）三维显示窗口。软件依据 OpenGL 开源库进行开发，实现二维剖面 3D 显示，如图 8-14 所示，对剖面呈伪彩色显示图并能够对测线进行三维显示以方便用户查看。

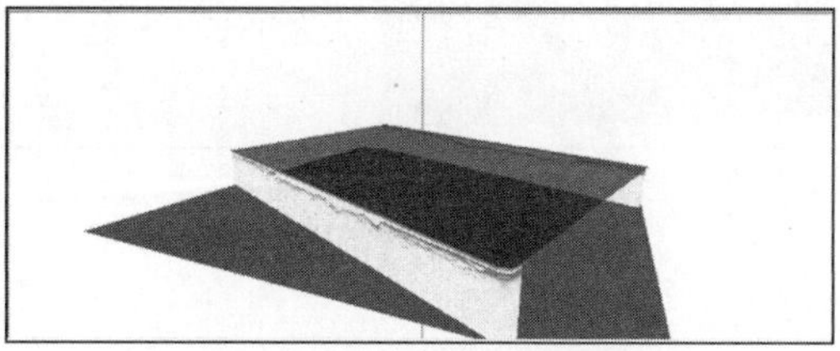

图 8-14　海底地层剖面三维显示

用户首先对工程项目数据进行三维建模和显示，如图 8-15 所示，即点击界面菜单上的“生成模型”，可以进行三维模型的生成，继续点击“三维模型”实现三维模型的生成。

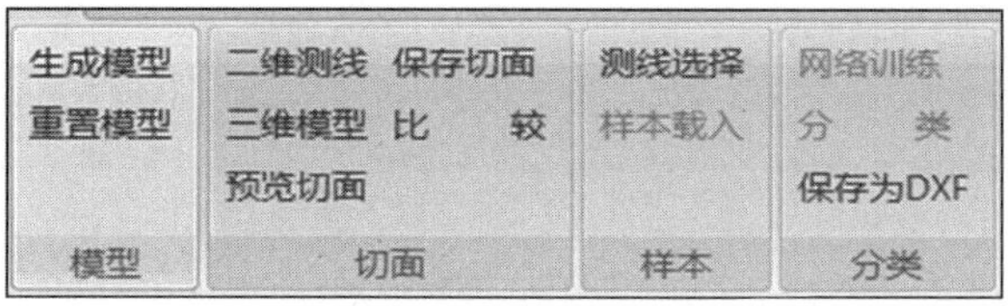

图 8-15　三维显示模块功能

滚动滚轮按钮，用户可以利用鼠标框选感兴趣区域进行放大显示。拖动鼠标或点击键盘的上下左右键，用户可以对三维模型进行旋转和移动处理以更换视角，方便更好地查看剖面信息。在旋转变换后，可以点击“重置模型”，还原到初始状态。

（3）切面生成。生成切面需要先进行“生成模型”，然后点击“二维测线”，假设已经加载了两条测线，欲对此两条测线进行切面生成，按以上操作得到如下的窗口，其中图 8-15 是菜单栏，如图 8-16 所示，是二维测线显示部分，其中的对话框是进行切面点的选择的对话框。

以在对话框上输入点的位置坐标，也可以直接点击屏幕进行选点，点数应该大于或等于二，然后所选的点之间连成一条折线，最终处理得到的结果即是该条线（或称虚拟测线）的剖面图。选好点结果如图 8-17 所示。

完成选点工作后就可以将 SBP 探测的剖面投影到所选的折线上，相当于以

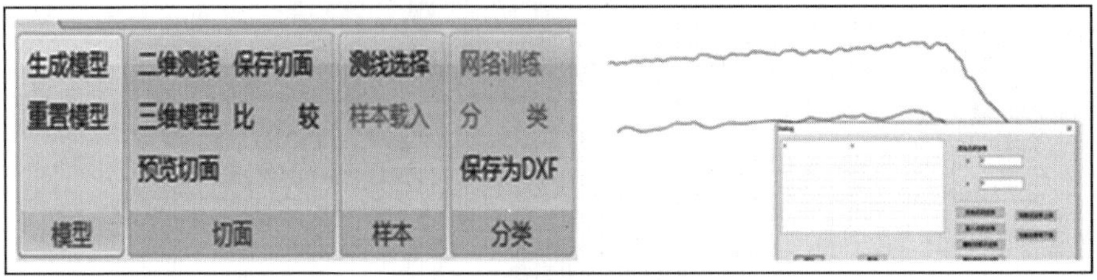

图 8-16　切面生成界面

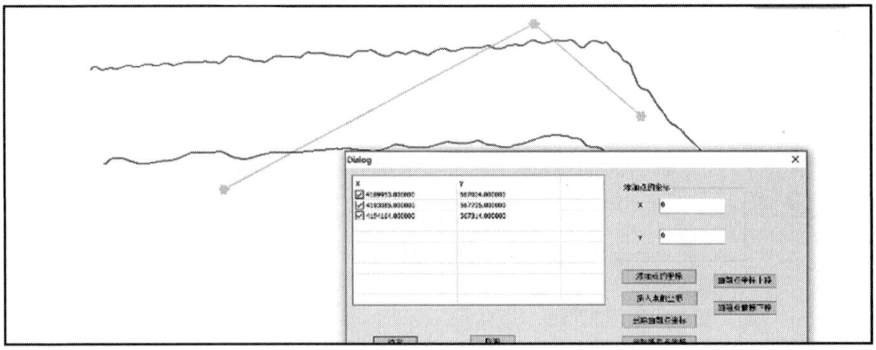

图 8-17　切面选点

所选点构成的线所在的立体面作为一个剖面，选择完之后点击确定，然后可以得到切面图像，点击预览切面，得到如图 8-18 所示切面图。

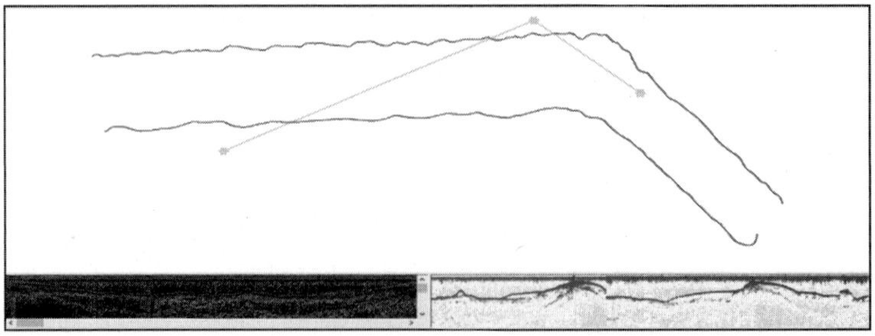

图 8-18　切面图显示

(4) 测线剖面显示窗口。测线显示是在主界面的左下方，可以对测线数据进行彩色显示。其中，该数据是经过滤波处理的，如图 8-19 所示。

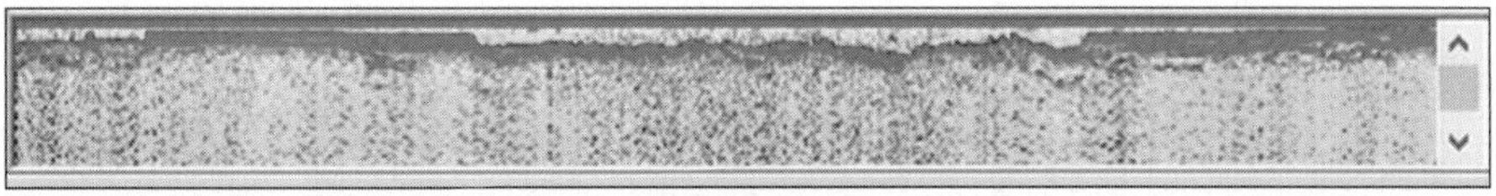

图 8-19 测线剖面显示窗口

8.3 航道淤泥分析后处理软件

软件基于德国 Innomar 公司制造的 SES-2000 Light Plus 参量阵型 SBP 探测系统，其附有的外业 SBP 探测数据后处理 ISE 软件，具有外业测量数据回放、数据处理和人工手动提取淤泥层数据等功能，但没有淤泥层界自动识别、淤泥淤积量计算、淤泥层三维动态显示等功能。针对 ISE 商业软件功能模块不足的情况，研究开发了基于 SBP 探测技术的航道淤泥后处理软件系统。开发出了具备海底地质浅层剖面探测数据后处理、自动识别淤泥层界数据、淤泥层三维动态显示、淤泥淤积量分析等功能模块的软件。该软件算法是通过声强波形特征方法提取淤泥层数据，具有精度高、效率高、范围广等特点。航道淤泥后处理软件系统开发是从软件工程思想出发的，结合结构化和面向对象方法，并深入分析工程应用的需求，进行系统总体结构设计、功能模块设计，达到为航道合理规划与治理的目的，使软件能够更好地服务于社会。

8.3.1 需求分析

建立在淤泥质海岸上的港口，其航道、港池每年都需要通过大量的、经常性的疏浚工程来加以维护。高额的维护费用，一方面是由于疏浚工程量的巨大带来的，另一方面是由于施工安排缺乏预见性造成的。由于航道淤泥淤积的影响因素极其繁多且相互交错，要全面而详尽地描述各个因素及其相互关系对航道淤泥淤积的影响是极为困难的，致使港口管理部门通常是根据泊位发生淤积现象，才对航道进行清淤施工安排。对于疏浚工程量的计算方法，至今也尚无一个可以有效遵循的模式，从而使航道清淤工程施工范围较大、施工地段零散、施工量不确定。因此，研究开发出航道淤泥后处理软件系统，对航道淤泥淤积管理、对水库管理理论发展和可持续利用均具有重要意义，可对近海航道的合理规划和发展决策提供科学依据，对其他淤泥质港池的规划治理也有一定的参考价值。

8.3.2 总体设计

（1）功能设计。根据需求分析可知，航道淤泥后处理软件应该具有海底地质浅层剖面探测数据滤波、自动识别淤泥层界数据、淤泥层三维动态显示、淤泥淤积量分析等模块功能。

(2) 图形用户界面 GUI 设计。具体内容为设计出软件界面的颜色、字形、标题和标签的尺寸、页眉和页脚的外观、控件的主题等信息。

(3) 数据库设计。数据库由 3 部分组成,分别是 SBP 探测数据、钻孔柱状样数据、连云港航道航线数据。

(4) 编码标准设计。其包括程序代码书写和数据库名称的标准化。

最终设计的软件系统框架如图 8-20 所示。该软件系统是以 C# 为开发平台,调用了 Matlab 函数算法,以 Microsoft Access 数据库为支撑,运用基于 OpenGL 的三维成像技术进行三维动态成像。

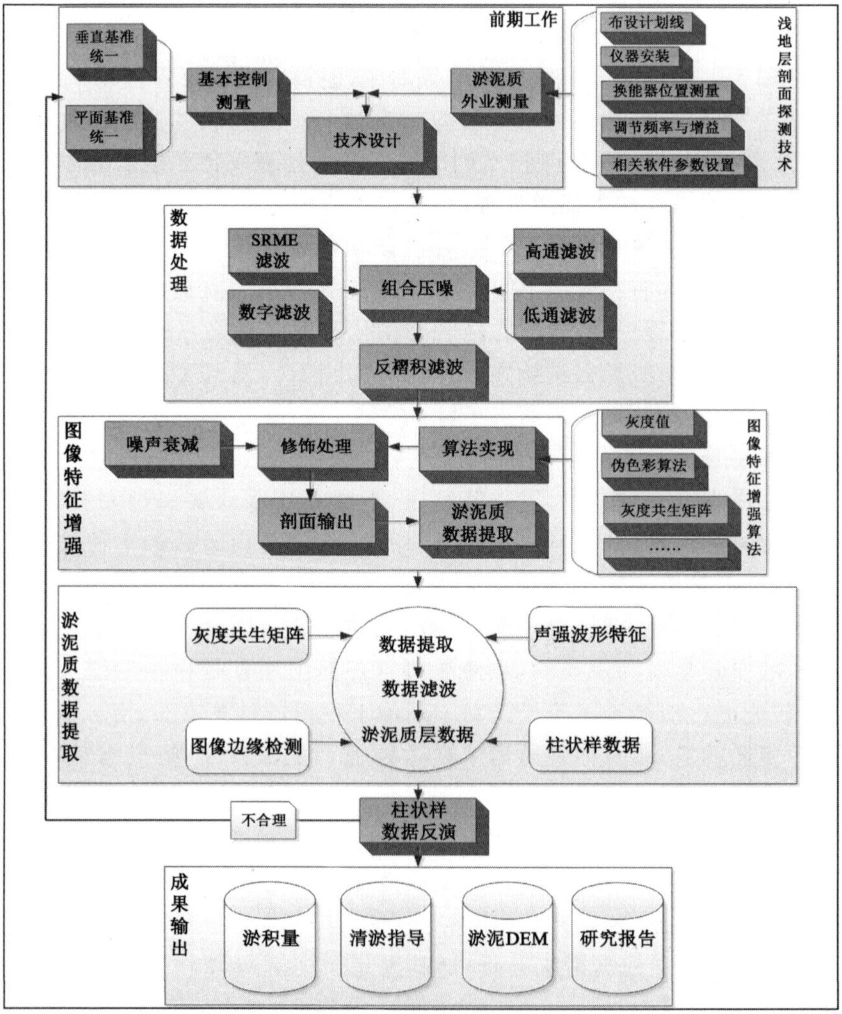

图 8-20 航道淤泥分析后处理软件设计框架

8.3.3　开发设计

8.3.3.1　声强离散点曲线拟合算法实现

SBP 探测海底地质的回波声强数据是距离序列离散点，故需要对海底地质回波声强数据的每条 Ping 进行曲线拟合，然后通过淤泥层界声波回波强度与拟合曲线对应的数值关系，使用迭代计算方法计算出淤泥层的位置。

根据三次参数样条曲线进行拟合理论，计算机绘制三次参数样条曲线的算法思路过程是先构造第一点与第二点之间的三次多项式参数方程。设已知两点 p_1、p_2，如图 8-21 所示，则经过这两点的三次参数矢量方程为：

$$p(t)=B_0+B_1t+B_2t^2+B_3t^3 \qquad (0\leqslant t\leqslant t_1) \tag{8-1}$$

式中，t 为 p_1、p 点之间距离；t_1 为 p_1、p_2 点之间距离；p 为$[p_1,p_2]$之间的任意一点。

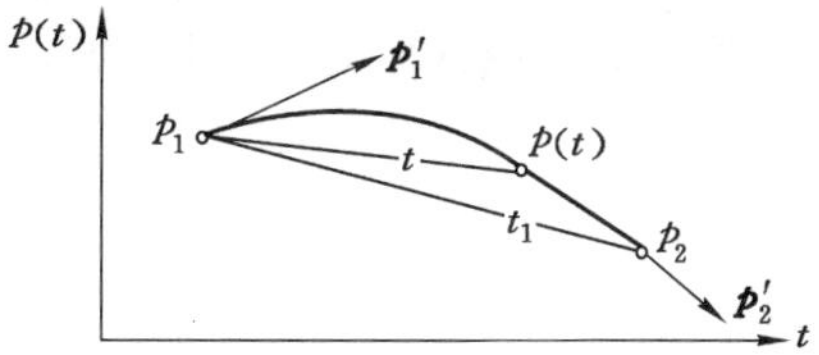

图 8-21　三次参数矢量方程图

从图 8-21 中可以看出，当 $t=0$ 时，通过 p_1 点，曲线函数在该处的切线矢量为 $\boldsymbol{p}'_1$；当 $t=t_1$ 时，通过 p_2 点，曲线函数在该处的切线矢量为 $\boldsymbol{p}'_2$。对式(8-1)进行求导数，得到公式：

$$p'(t)=B_1+2B_2t+3B_3t^2 \tag{8-2}$$

当 $t=0$ 时，有：

$$\begin{aligned} p(0)&=B_0=p_1\\ p'(0)&=B_1=p'_1 \end{aligned} \tag{8-3}$$

当 $t=t_1$ 时，有：

$$\begin{aligned} p(t_1)&=B_0+B_1t_1+B_2t_1^2+B_3t_1^3=p_2\\ p'(t_1)&=B_1+2B_2t_1+3B_3t_1^2=p'_2 \end{aligned} \tag{8-4}$$

解出 B_0、B_1、B_2、B_3，将系数代入方程(8-1)中，可得到：

$$\begin{aligned} p(t)=&\left[1-3\left(\frac{t}{t_1}\right)^2+2\left(\frac{t}{t_1}\right)^3\right]p_1+\left[3\left(\frac{t}{t_1}\right)^2-2\left(\frac{t}{t_1}\right)^3\right]p_2+\\ &\left[\left(\frac{t}{t_1}\right)-2\left(\frac{t}{t_1}\right)^2+\left(\frac{t}{t_1}\right)^3\right]p'_1+\left[-\left(\frac{t}{t_1}\right)^2+\left(\frac{t}{t_1}\right)^3\right]p'_2 \end{aligned} \tag{8-5}$$

然后进行分段拟合，依次拟合相邻两点之间的曲线段。若有 n 个平面，离

散点 $p_i(i=1,2,\cdots,n)$，根据第一步骤过程分别进行分段拟合，则共有$(n-1)$个曲线段。对于其中由 p_i、p_{i+1}两点构成的第 i 条曲线段的三次多项式参数方程可表示为：

$$p_i(t)=\left[1-3\left(\frac{t}{t_i}\right)^2+2\left(\frac{t}{t_i}\right)^3\right]p_i+\left[3\left(\frac{t}{t_i}\right)^2-2\left(\frac{t}{t_i}\right)^3\right]p_{i+1}+\left[\left(\frac{t}{t_i}\right)-2\left(\frac{t}{t_i}\right)^2+\left(\frac{t}{t_i}\right)^3\right]p'_i+\left[-\left(\frac{t}{t_i}\right)^2+\left(\frac{t}{t_i}\right)^3\right]p'_{i+1} \tag{8-6}$$

式中，$0\leqslant t\leqslant t_i$，$t_i$ 是线段 p_ip_{i+1}的长度，$i=1,2,\cdots,n-1$。

最后是对各个曲线段连接点进行 C^2 级别光滑处理。当第$(i-1)$条曲线和第 i 条曲线连接的时候，应该满足两条曲线在连接点处具有 C^2 级别的连续，即满足 $p''^-_i=p''^+_i$ 公式。当把两条曲线代入进去，则第$(i-1)$条曲线与第 i 条曲线满足关系：

$$t_ip'_{i-1}+2(t_{i-1}+t_i)p'_i+t_{i-1}p'_{i+1}=\frac{3t_i}{t_{i-1}}(p_i-p_{i-1})+\frac{3t_{i-1}}{t_i}(p_{i+1}-p_i) \tag{8-7}$$

矢量方程(8-7)可以通过追赶法进行求解。将上述过程写成计算机算法，封装成函数进行调用。其代码设计框架如图 8-22 所示。

8.3.3.2 淤泥层数据提取功能实现

淤泥层数据提取功能是采用声强波形特征方法进行实现的。声强波形特征方法是在淤泥层声波反射图像基础上提出的一种层位追踪算法。根据 SBP 探测技术的原理、往期相关资料、钻孔柱状样数据比对分析以及实验测量数据结果分析等，可以得出 SBP 探测实验区域海底淤泥层位置与声波回波强度的对应关系，可以判断出第一波峰是海底淤泥层界信号。由此可以设计出程序算法来自动地提取淤泥层界数据，即通过回波强度的大小判断是否是淤泥层。首先将海底地质浅层剖面探测的 raw 格式数据转换成为 Matlab 标准的 mat 格式数据，分别对每条 Ping 的数据进行曲线函数拟合，所有 Ping 数据的绝对值大小代表的是声强的大小，正负号代表的是分层界面反射声波的极性。然后通过淤泥层界声波回波强度与拟合曲线对应的数值关系，使用迭代计算方法求解出拟合方程的未知数，并且将解算结果按照 Ping 的深度序列关系进行排序，分别用 i_1，$i_2,\cdots,i_n(n=1,2,3,\cdots,n)$进行表示。理论上 i_1 与 i_n 代表的就是淤泥层界的上、下两个界面，但是对于一些地质层界信息不明显或者 Ping 信息丢失严重的

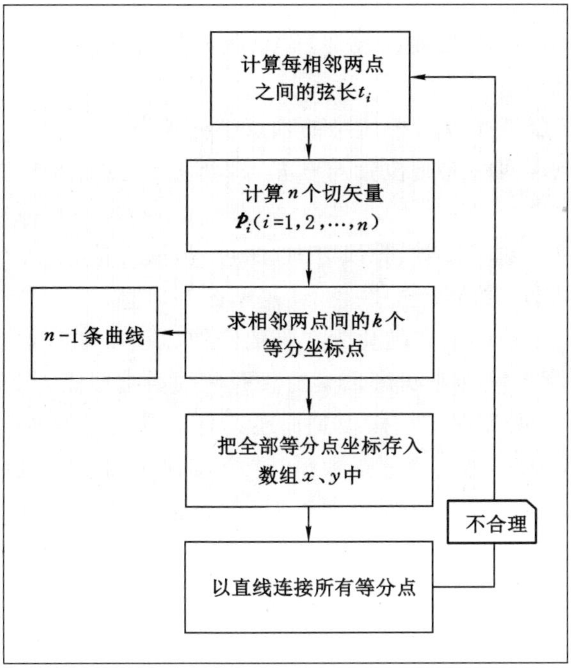

图 8-22 三次参数样条曲线程序设计

情况，需要通过其他条件进行约束提取淤泥层界数据。

8.3.3.3 *淤泥层三维图像构建功能实现*

当把实验区域的淤泥层数据全部提取出来之后，便可以进行淤泥层三维建模。淤泥层三维模型都是针对每个淤泥层界离散点在空间坐标的相对关系进行建立的。单元三角形是构建淤泥层三维模型的基本单元，为真实地表达出淤泥层三维模型，每个单元的三角形都需要对顶点和边进行法线向量计算，根据法向量可以确定一个最小单位的三角形。同理，对于复杂三维模型的建立，可以化解成为多个单元三角形。三维模型上的单元三角形都是相互关联的，体现在以下两个方面：

(1) 相邻的单元三角形具有共边与共顶点关系。

(2) 对于同一个单元三角形，法线向量相等且共面。

淤泥层三维模型的三角网算法是通过以下两个步骤进行实现的。第一步，在所有淤泥层位置点数据中搜索符合构造单元三角形条件的点，并建立单元三角形。第二步，判断搜索到的单元三角形是否存在共边关系，若满足共边关系，就将单元三角形添加到淤泥层三维模型的表面，如果没有共边关系，则对其他的单元三角形进行搜索。

采用 C# 与 OpenGL 绘制淤泥层三维模型，从代码编辑到计算机屏幕三维显示的渲染过程如下：

(1) 输入淤泥层三维模型要渲染的顶点坐标信息。

(2) 设置视觉观察的起始位置与视角，即将淤泥层三维模型放置到三维空间中。

(3) 设置光源的空间位置、光线方向、颜色、类型等信息。

(4) 设置淤泥层三维模型的颜色、纹理贴图等信息。

(5) 把上述三维空间信息转化为二维的图像显示出来。

因为 SBP 探测系统外业测量采集的数据是线条型数据，每条测线之间的距离较大，因此为了使淤泥层三维建模更加地具有平滑效果和准确性，需要在已知的测量数据中估算未观测点的位置数据，这个过程叫内插。通过克里格插值算法对淤泥层空间位置点数据进行加密处理，克里格插值是通过已知淤泥层位置点的权重来计算出未知点的空间位置信息。该方法是根据已知淤泥层位置点的空间相关属性信息，可以自动识别已知点的空间分布情况，从而减弱已知点分布不均而带来的误差影响。其计算公式如下：

$$z(x,y)=\sum\lambda_i z(x_i,y_i) \tag{8-8}$$

式中，λ_i 表示的是第 i 个已知点对内插点的权重。

然后将淤泥层位置点数据按照 Delaunay 原则进行构建淤泥层三角网信息。计算机在绘制单元三角形时，虽然有些位置点被多个三角形共享，但仍需要针对每个三角形各自传递一次。最后对单元三角形进行点的平滑填充，并附着颜色信息，使淤泥层三维模型更加真实。

8.3.3.4 *淤泥层淤积量计算功能实现*

根据前述步骤，可将淤泥层空间坐标点投影到平面坐标系中生成三角网，因此，可以根据海伦公式，如式(8-9)所示，首先计算出淤泥底层的三角网总面积，再根据淤泥层厚度的平均值计算出淤泥的淤积量。计算过程如下：

$$S=\sqrt{\frac{a+b+c}{2}\cdot\left(\frac{a+b+c}{2}-a\right)\cdot\left(\frac{a+b+c}{2}-b\right)\cdot\left(\frac{a+b+c}{2}-c\right)} \tag{8-9}$$

$$V=[S_1+S_2+\cdots+S_n]\cdot\left[\frac{h_1+h_2+\cdots+h_n}{n}\right] \tag{8-10}$$

$$V=S_{总}\cdot h_{平均} \tag{8-11}$$

如图 8-23 所示，为依据三角形法则计算淤泥淤积量模型图。

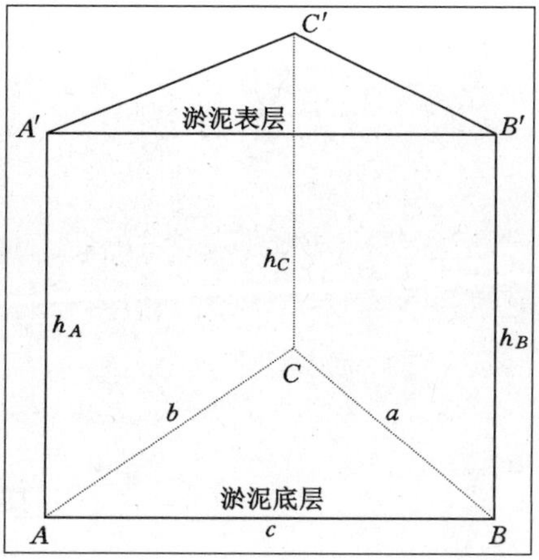

图 8-23　三角形法则计算淤泥淤积量模型

8.3.4　测试设计

为保证软件系统运行畅通，必须为系统开发的各个环节制定正确的质量目标，并且经过软件测试阶段，才能真正保证软件系统的质量。软件进行测试时，应该满足以下要求：

(1) 系统在性能、易用性、安全性方面要满足要求。

(2) 系统运行要稳定可靠。

(3) 系统要提供质量可靠的数据解算结果。

(4) 需要提供及时有效的技术支持和系统更新维护。

8.3.5　功能实现

航道淤泥后处理软件具有海底地质浅层剖面探测数据滤波、自动识别淤泥层界数据、淤泥层三维动态显示、淤泥淤积量分析等模块功能。该软件系统界面布局合理、界面显示美观、功能丰富、软件系统运行性能好。软件主界面如图 8-24所示。

(1) 淤泥层数据自动提取功能。利用 Matlab 编写相关代码来实现淤泥层数据提取功能，该软件模块具有 SBP 探测数据导入功能、声强数据滤波功能、声强数据曲线拟合功能、淤泥层数据自动提取功能、自动保存淤泥层数据功能。程序软件界面如图 8-25 所示。

(2) 淤泥层三维图像构建功能。通过对上述淤泥层三维图像构建算法原理进行整理，利用 C# 编写相关代码来实现淤泥层三维图像构建功能。该软件模块具有三维图像显示功能、多种成图模式功能、导入多层数据功能、三维模型微

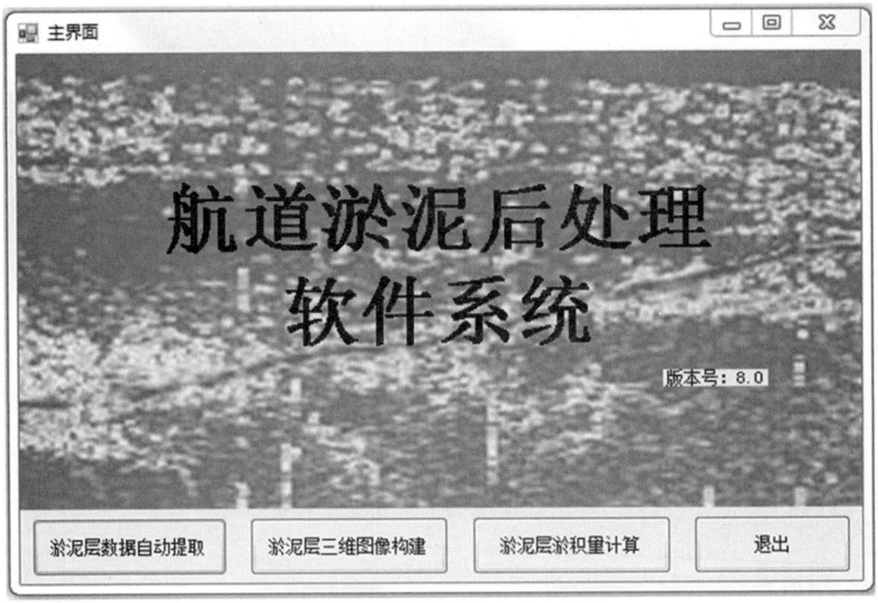

图 8-24　航道淤泥后处理软件主界面

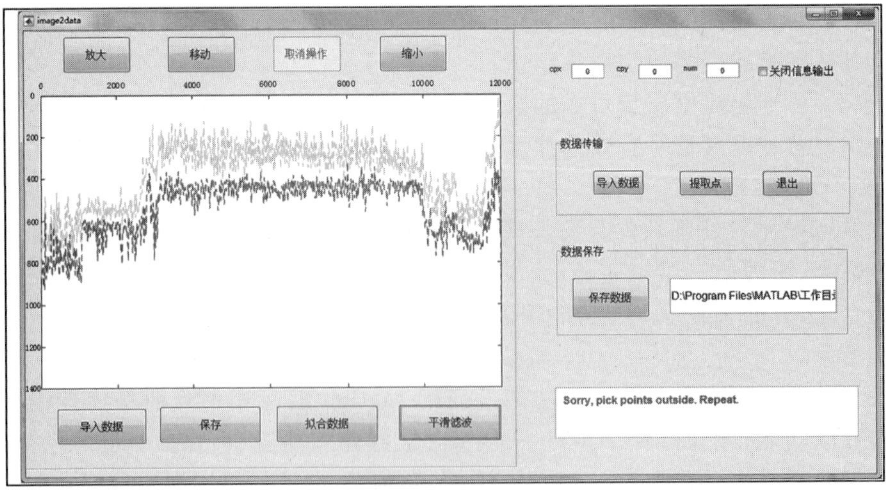

图 8-25　淤泥层数据自动提取模块

调功能、防崩溃处理机制、拆分淤泥上表层与下底层功能、数据降噪功能。程序软件界面如图 8-26～图 8-28 所示。

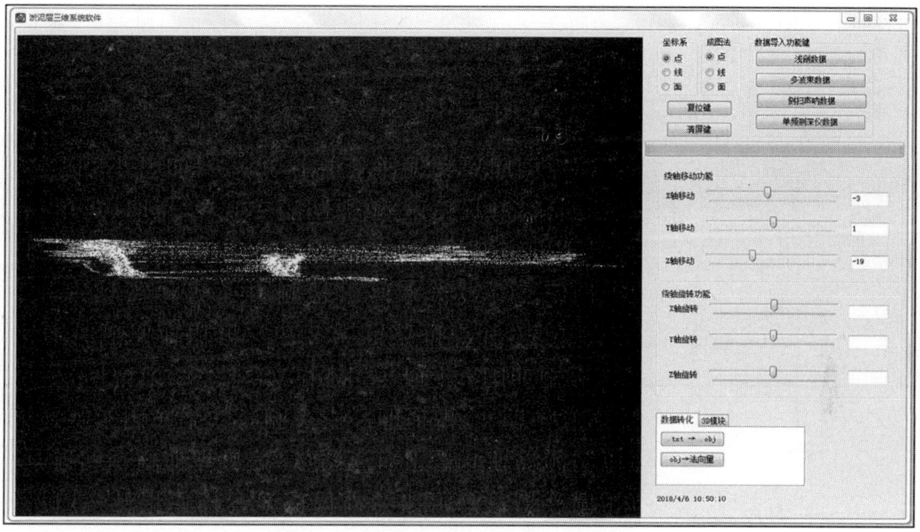

图 8-26　淤泥层三维动态显示模块

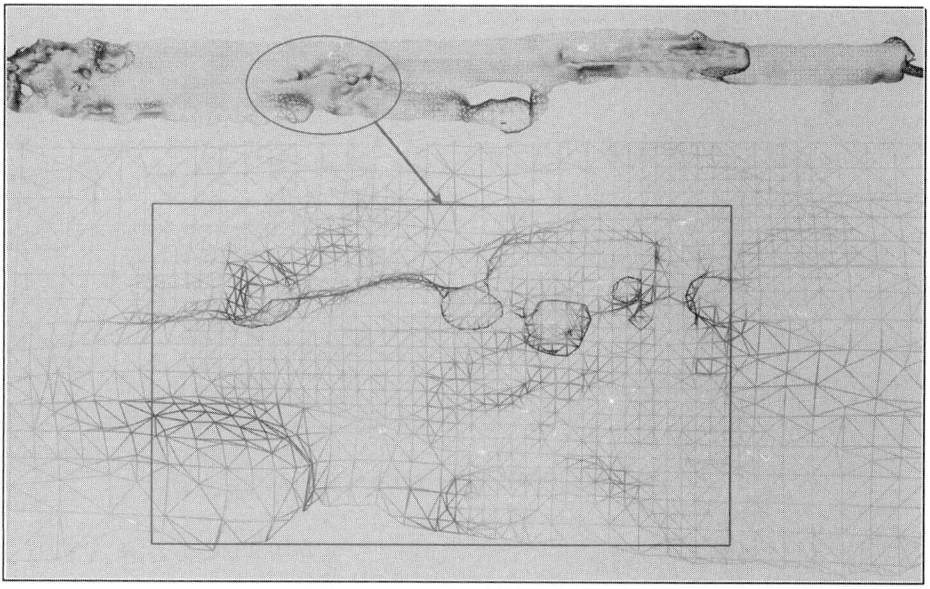

图 8-27　淤泥表层三角格网图

（3）淤泥层淤积量计算功能。通过对海伦公式进行整理，利用 C＃编写相关代码来实现淤泥层淤积量计算功能，该软件模块具有导入淤泥层数据功能、计

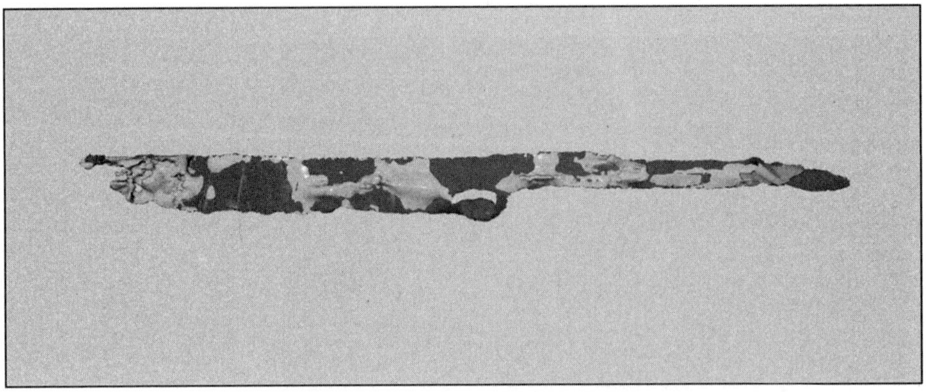

图 8-28　淤泥层三维渲染模型

算淤泥层平均厚度功能、计算淤泥层淤积量功能。程序软件界面如图 8-29 所示。

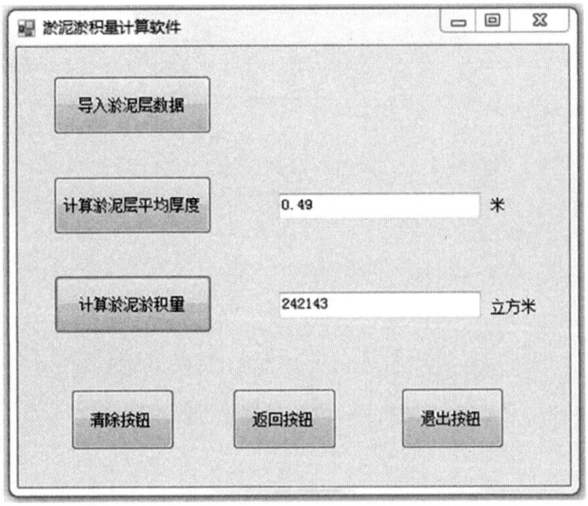

图 8-29　淤泥层淤积量计算程序模块

(4) 软件功能特征。该航道淤泥后处理软件系统是以 C# 为开发平台，调用了 Matlab 函数算法，运用了 OpenGL 的三维成像技术，并且采用了 Microsoft Access 数据库。该软件系统包括一个可执行的主程序、若干个动态链接库、多个系统库等。

该软件系统具有以下特征：

① 软件系统界面布局合理。运用动态可停靠技术，使得主窗口与子窗口既可以结合，也可以分离，形成每个子窗口的功能和内容与主窗口功能和内容既相互独立，也可以相互关联，提高了程序操作的效率。

② 软件系统运行性能好。该软件系统采用了优化的内存管理技术，因此在程序运行时所占的内存空间较小。

③ 软件系统功能丰富。该软件系统是把人工多年的解释经验和计算机快速计算的优点结合起来，形成一套可靠的算法计算公式，具有多个功能模块，为软件操作人员提供了便捷。

④ 软件系统界面显示美观。该软件系统采用 OpenGL 作为底层图形库，显示结果为彩色图像，使得 SBP 探测数据图像显示得更加美观。采用不同的颜色渲染不同的内容，使得软件操作者更加容易辨别，从而达到理想的显示效果。

⑤ 软件系统算法代码执行质量高。该软件系统采用 C# 编写，通过调用 Matlab 函数，连接动态链接库，使得该软件系统具有异常数据处理的功能，故该软件运行流畅。

⑥ 软件系统可扩展性强。该软件系统由于采用了 C# 面向对象的编程方法，因此具有封装性质、继承性质、多态性质等，使得该软件具有良好的可扩展性。

9 SBP 探测技术在海底勘查中的应用与分析

9.1 海底地质调查中的应用与分析

9.1.1 概 述

我国大陆海岸线 18 000 多千米，海域宽广辽阔，海域面积约 300 万平方千米。随着国家经济的持续高速发展，大量海洋工程建设如扩大陆域面积、开发海洋资源、增加海岸线的基础设施等，均要求进行浅海域地质调查工作。SBP 探测技术因其可获取海底断面地质构造的模拟图像，且具有效率高、作业方便等优点，已逐渐成为海洋工程、资源开发及基础调查等领域必不可缺的技术手段，在浅海域地质调查中具有广泛的应用，包括：探测覆盖层的厚度、基岩埋深、断裂构造的分布，查明海底障碍物的分布情况，了解海域灾害地质情况，从而为水下管道铺设和开挖及码头、电站、桥梁、人工岛等工程的建设提供详尽的地质资料。现以广西北部湾防城港某一海域地质调查项目为例，实践 SBP 探测技术在海底地质调查中的应用。

调查区域位于广西北部湾防城港某一海域，为验证在该区域内规划好的四块锚地区域的地质条件，是否是软硬适度的沙底，是否适合船舶停泊抛锚，海底地形是否平坦等，对规划区域开展工程地质调查，根据 SBP 探测数据获得的模拟海底地层剖面记录，结合钻探资料进行海底地质分析，查明锚地工作区基岩埋深分布、淤泥层厚分布、风化槽分布与岩土体类型物理力学性质指标，分析潜在的海洋地质灾害及工程地质问题特征并提出对策建议，评价锚地规划的适宜性。

由于调查区域较大，选取其中的 4# 锚地的若干条测线作为应用实验数据分析的源数据。4# 锚地的区域范围如图 9-1 所示，图中 A1～A33 为纵向、横向物探测线交点，也是地质钻孔的位置，其钻进深度为 8 m。根据地质调查要求与《水运工程测量规范》(JTS 131—2012)、《水运工程测量质量检验标准》(JTS 258—2008)以及《水运工程岩土勘察规范》(JTS 133—2013)等行业标准，对 4# 锚地进行测线的布设：物探剖面线纵向(长边)测线间距 500 m，横向(短边)测线间距2 000 m，每条测线向锚地范围两边各延伸不小于 300 m，如图 9-2 所示。

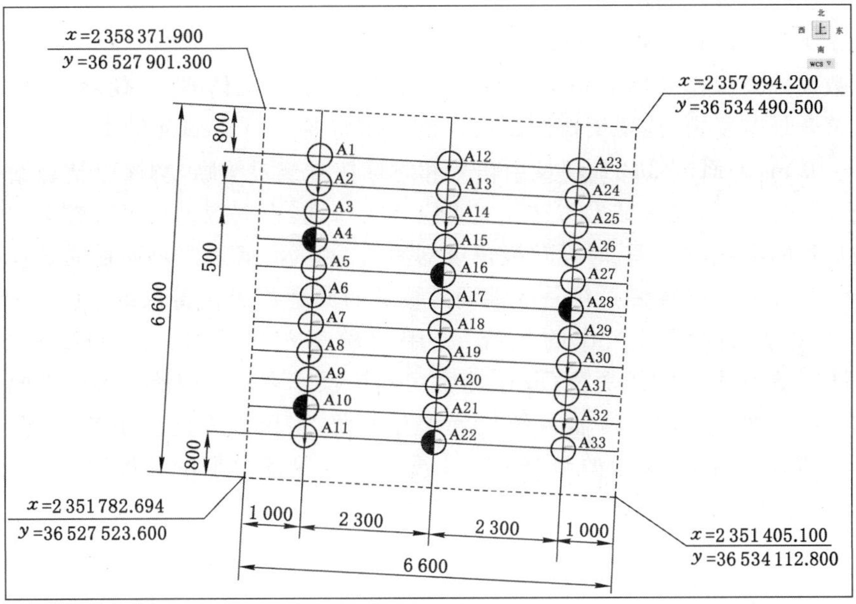

图 9-1　4# 锚地区域与钻孔位置布设图

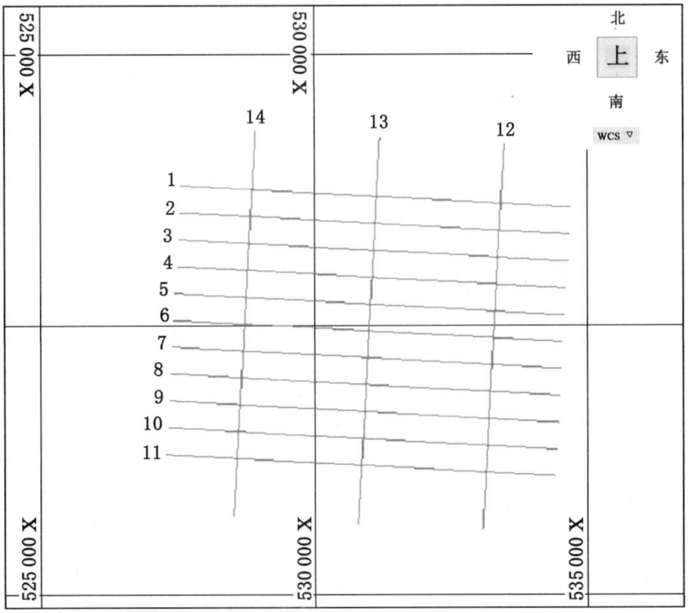

图 9-2　4# 锚地测线布设图

9.1.2 数据采集

9.1.2.1 数据采集设备及总体要求

数据采集工作采用 Chirp Ⅲ SBP 探测系统进行，总体要求：仪器性能稳定，指标符合规范要求，浅地层探测记录深度要求穿透达到海底面沿垂线以下不小于 8～10 m，剖面记录的地层反射信号和时标信号连贯清晰，物探应结合钻孔资料进行综合解释，物探结果与钻孔成果应相互印证，根据探测记录能够提供实际探测过程的测线航迹图、时标转换记录剖面图、测区海底地层剖面地质解释图。

Chirp Ⅲ SBP 探测系统是线性调频技术的典型代表设备系统。Chirp Ⅲ是一个可进行双频同时工作的系统，可用的频率范围为：2～7 kHz 和 10～20 kHz。选择不同的频率及 Chirp 带宽可以让操作人员按照所需要的不同探测目的进行系统设置，Chirp Ⅲ系统设置十分方便，采用以太网输出数据，保证高速安全的数据输出，采用的新型 Chirp 技术可以保证数据的连续存储和显示。Chirp Ⅲ SBP 探测系统设备主要技术参数如表 9-1 所示。

表 9-1　　Chirp Ⅲ 主要技术参数

参数	参数值
数据存储格式	标准 SEG-Y 格式
发射 Ping 率	最大 15 次/s
脉冲宽度	5～50 ms（可自选）
输出功率	每个通道最大为 4 kW
换能器	2～7 kHz、10～20 kHz 线性调频脉冲
声源级	209 dB//μPa re 1 m

9.1.2.2 设备安装及连接

实验设备安装位置为船体航向右侧，采用侧舷固定安装。根据现场测量船的具体情况，结合设备支架的长度，在进行固定安装后换能器的吃水深度为 72 cm。SBP 探测系统换能器支架是根据多次的安装探测经验，有针对性设计的高强度不锈钢安装支架，换能器电缆线末端 4 个分叉穿过法兰盘与 4 个换能器一一进行连接。连接时要在换能器接口处涂少量的硅脂，起到润滑和防水的作用，连接后要对接口进行拧紧。如图 9-3 所示。

换能器与法兰杆安装连接固定后进行侧舷安装，由于换能器阵列由四小块组成，换能器与法兰杆总质量约为 80 kg，质量较重，安全起见采用人工滑轮吊装进行安装，吊装过程要缓慢下放，防止下放过快换能器与船体发生碰撞造成换能器不必要的损伤。

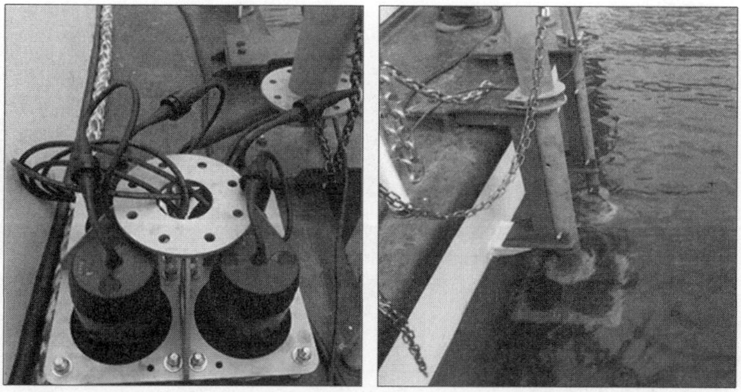

图 9-3　Chirp Ⅲ换能器及侧舷安装

换能器侧舷安装完成后进行甲板单元与换能器之间的电缆连接，SBP 探测系统换能器与甲板单元之间的电缆线为不锈钢电缆头，将电缆末端顶部的保护盖拧开后，把换能器电缆插头通过旋拧的方式接入甲板单元对应的 Transducer 插口，按照插口的缺口位置对准电缆与甲板单元的插口后将电缆旋紧接入甲板单元，确保二者连接紧密，以保证采集数据能够稳定传输进入甲板单元。

SBP 探测系统换能器与甲板单元的连接目的：完成甲板单元对换能器供电，使 SBP 探测系统换能器可以正常工作；换能器接收到的回波信号可以传输进入甲板单元，能够使甲板单元对采集获取的数据进行相应的处理达到回波显示的效果。完成换能器与甲板单元的连接工作后，还要进行甲板单元与数据采集计算机之间的连接，甲板单元与计算机之间通过以太网连接，IP 设置根据 SBP 探测系统的型号设置为固定 IP。如图 9-4 所示。

9.1.2.3　新建工程项目及数据采集

Chirp Ⅲ SBP 探测系统换能器与甲板单元、甲板单元与电脑之间连接完成后，接入 DGPS 导航数据至数据采集软件 SonarWiz.MAP，如需进行涌浪补偿，也可接入姿态仪数据等辅助仪器数据。在电脑端使用数据采集软件 SonarWiz.MAP 新建工程项目，设置文件名，选择文件存储路径，并根据实际需要选取相应的坐标系统，选择对应的中央子午线。如图 9-5 所示。

新建工作项目完成之后，在采集软件内进行采集参数设置，设置前首先应进行采集软件与 SBP 探测系统设备的连接，根据设置界面的提示进行 SBP 探测系统设备连接。采集软件与换能器连通后根据表面声速仪测得的声速 1 486 m/s，填入声速、吃水深度等参数，并根据当地海域海底地质不同进行采样频率、发射能量、增益、脉冲宽度等采集参数的设置，这些参数值不是固定不变的，当采集参数固定为

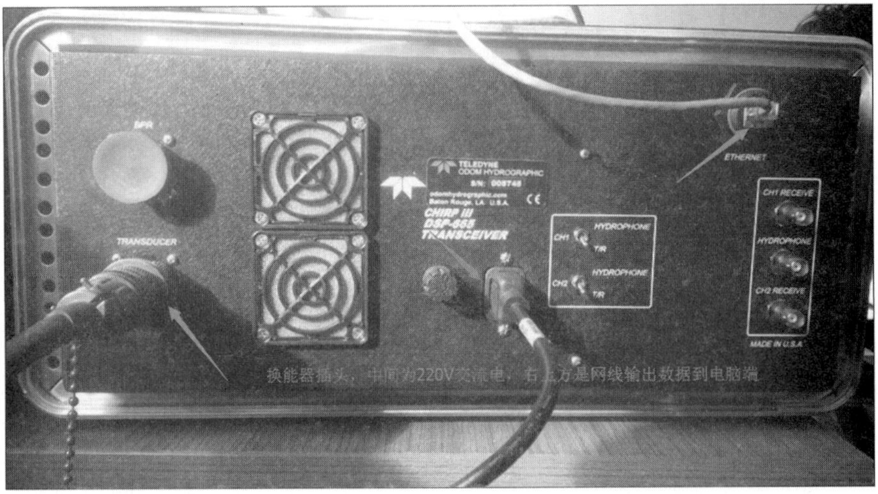

图 9-4 Chirp Ⅲ甲板单元

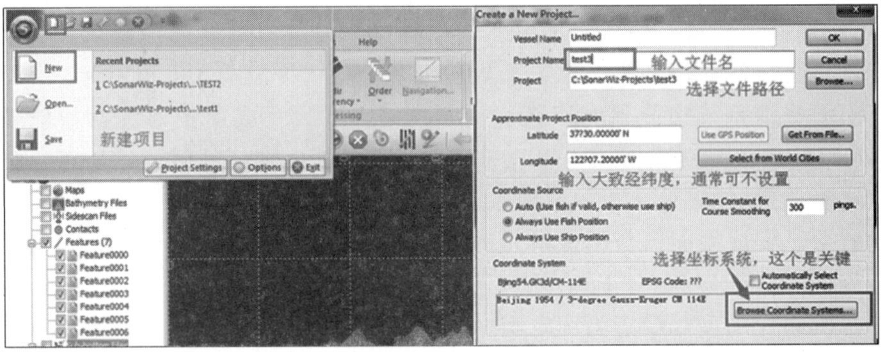

图 9-5 新建项目与选取坐标系统

同一组合值时，在不同的地质条件、不同的船速、不同的涌浪大小情况下，受这些因素的影响最终获取的数据质量也会不同。因此，为了保证采集的剖面数据质量最佳，通常在没有工作区域内海洋地质参数的情况下，需要在正式开始数据采集工作之前进行走航测试，以确定最佳数据采集参数组合值的范围。大量的 SBP 探测工作航行测试可确定 SBP 探测时船速为 4～8 kn，6 kn 最佳，船速大于 8 kn 时，SBP 探测回波数据质量明显下降。

各项设置都确定设置无误后，按照准备阶段布设的工作区域测线，如图 9-2 所示，开始 SBP 探测，数据采集过程中要有专人值守在计算机数据采集页面前，每条测线测完测船转向时要停止记录。由于该数据采集软件界面显示的参数在后处理过程中无法修改,所以当探测区域海底地势起伏较大时,要调整数据显示界面的起止范围,出现地质差别较大,回波质量差的情况下,也要适当调整增益及其他采集参数,以保证数据质量。

9.1.3 数据处理技术应用

以 4# 锚地第 11 条测线为例,其探测航迹线如图 9-6 所示,该测线在连续走航式测量过程中最大偏航距为 5 m,与前期布设的计划测线保持高度一致,符合航道测量规范要求,能够保证数据的可信度。运用 SBP 探测数据解码技术对该条测线进行解码、利用带通滤波对 SBP 探测图像进行消噪、采用非高斯性最大化预测反褶积滤波技术进行多次波压制,经过处理后得到高质量的地层剖面图像,对得到的 SBP 探测图像进行地层层序划分,结合少量钻孔资料对剖面数据进行解释,同时验证 SBP 数据处理方法的可行性。

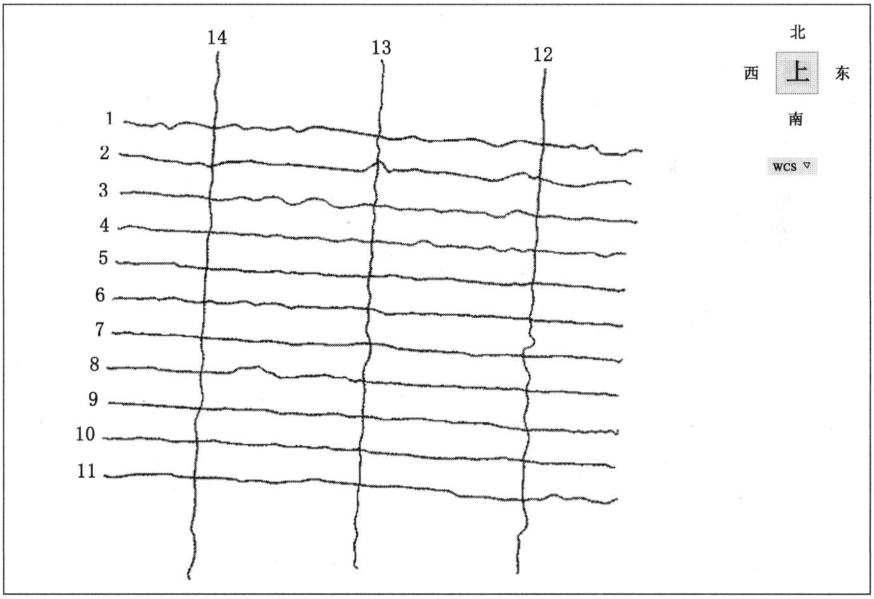

图 9-6 4# 锚地 SBP 探测航迹线

9.1.3.1 数据解码

利用解码技术对 4# 锚地的第 11 条测线进行解码,该测线文件命名为 4-11ys.sgy。数据解码后会显示该测线数据结构的一些基本情况,包含组成该数据结构的一些数据子集的基本信息,如图 9-7 所示,测线数据的卷头显示如图 9-8 所示。

```
               type: 'sbp'
                tag: 'unspecified'
               name: '4-11ys'
               from: 'E:\Master thesis\data\配套数据\convert\4-11ys.sgy'
        line_number: 1
        reel_number: 0
  traces_per_record: 1
           cdp_fold: 1
              first: 0
               last: 131.0400
               step: 0.0320
              units: 'ms'
             traces: [4096x17893 double]
               null: []
            history: {'25-Jan-2018 18:43:37 '  [205]  'FINALIZE_SEISMIC_DATASET'  'E:\Master thesis\data\配套数据\convert\4-11ys.sgy'}
        header_info: {9x3 cell}
            headers: [9x17893 double]
fp_format_of_segy_file: 'ibm'
```

图 9-7　测线 4-11 数据解码信息

```
C 1 SonarWiz V6.02.0006: Chesapeake Technology, Inc.
C 2 SonarWiz Server Benthos Chirp III Server V5.02.007
C 3 File: Ver-20161022_163151
C 4 SurveyLineName: 0
C 5 Recorded on Machine: THINK-PC
C 6 Recorded by User: think
C 7 Licensed to: Hu, Administr 2793
C 8 Custom Trace Header Definitions
C 9 Cable Out X 10 from Nav System stored in bytes: 45-48 (long)
C10 Event Number from Nav System Bytes: 181-182 (short)
C11 Vessel Speed (knots X 10) from Nav System Bytes: 183-184 (short)
C12 Vessel Roll (degrees X 10) from Nav System Bytes: 185-186 (short)
C13 Vessel Pitch (degrees X 10) from Nav System Bytes: 187-188 (short)
C14 Vessel Heave (cm X 10) from Nav System Bytes:189-190 (short)
C15 Distance Off Preplanned Track (meters X 10) Bytes:191-192 (short)
C16 Vessel Heading (degrees X 10) from Nav System Bytes:193-194 (short)
C17 Line Name from Nav System (10 bytes ASCII Text) Bytes:195-204 (short)
C18 Event Annotation (36 bytes ASCII Text): Bytes:215-240
C19 Fathometer Water Depth X 100.0 stored in Bytes:61-64
C20 Computed Water Depth stored in Bytes:65-68
C21 Transducer Altitude (if provided) stored in Bytes:53-56
C22 Transducer Depth Below Surface (if provided) stored in Bytes:49-52
C23
C24
C25
C26
C27
C28
C29
C30
C31
C32
C33
C34
C35
C36
C37
C38
C39
C40 END EBCDIC
```

图 9-8　测线 4-11 卷头文件信息

从图 9-7 和图 9-8 可以看出，测线 4-11 的地层剖面数据存储格式为标准 SEG-Y 格式，测线文件为有卷头的工作站数据格式，数据格式为 4 字节 IBM 浮点型 SEG-Y 文件，采样频率为 0.032 ms，单道采样点数为 4 096，且该数据较大，共有 17 893 道。卷头文件信息中详细显示了数据采集软件型号、采集设备型号、测线号、数据存储计算机等信息。由于数据采集过程中文件是由数据采集计算机中的时间自动命名的，因此所显示的头文件的测线号就是以当地时间为后缀进行存储的。其中道头文件“headers：[9×17893 double]”为 SBP 探测数据集的一个子集，储存了各道的坐标、道号等信息。

9.1.3.2　*数据处理*

由于测线较长，单条测线数据量较大，考虑到计算机内存限制，为保证显示的地层图像分辨率，能更好地进行 SBP 探测图像的分析与解译，测线 4-11 SBP 探测图像如图 9-9 所示，可将 4-11 测线上的 17 893 道数据进行分割。为了尽可能获取高分辨率的 SBP 探测图像，首先将整条线的 SBP 数据进行显示，对整条数据质量进行宏观把控，结合整体图像不足之处，选取合适的分割参数，进行指定道号、双程旅行时间、重置采样间隔之后再进行地层图像的显示。

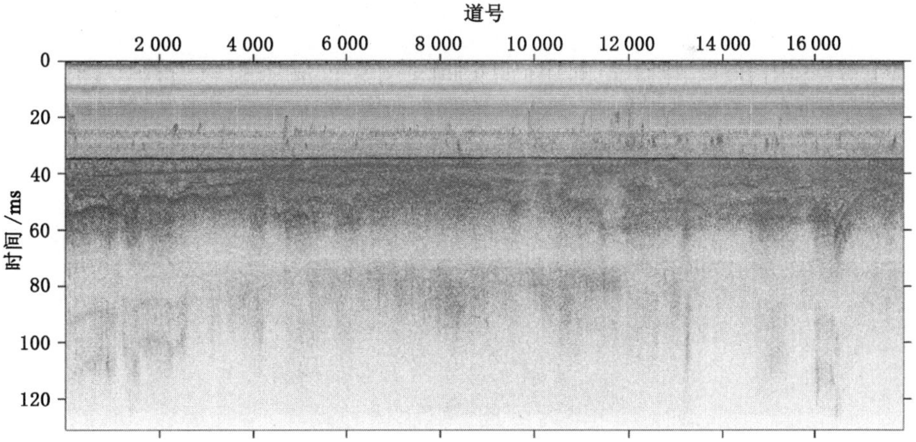

图 9-9　测线 4-11 SBP 探测图像

图 9-9 中的 SBP 探测数据道集堆积过于紧密，导致横向分辨率过低，只能看出海底层层界，不能明显看出其他地层层序的走势，不利于地层层序的划分与地质环境的分析。为了获取更加清晰的 SBP 探测图像，可将测线 4-11 的 SBP 探测数据进行分割，但是要注意数据分割的长度，如果数据分割长度过小，数据不足以堆积为清晰形象的地质剖面数据。假设将分割间隔设为 100，则对于测

线 4-11 的数据就要分割为 180 段，这样不仅增加了数据处理工作量，并且 SBP 探测图像清晰度也不理想，道集堆积不紧密，地层走势的连续性也不明显，会出现如图 9-10 所示的情况。因此，选取合适的分割长度是非常重要的，经过不断试验最终确定最佳分割长度为 4 500 道，即把测线 4-11 的剖面数据分 4 幅图显示，分别为 1～4 500 道、4 501～9 000 道、9 001～13 500 道、13 501～17 893 道的地层剖面图像。

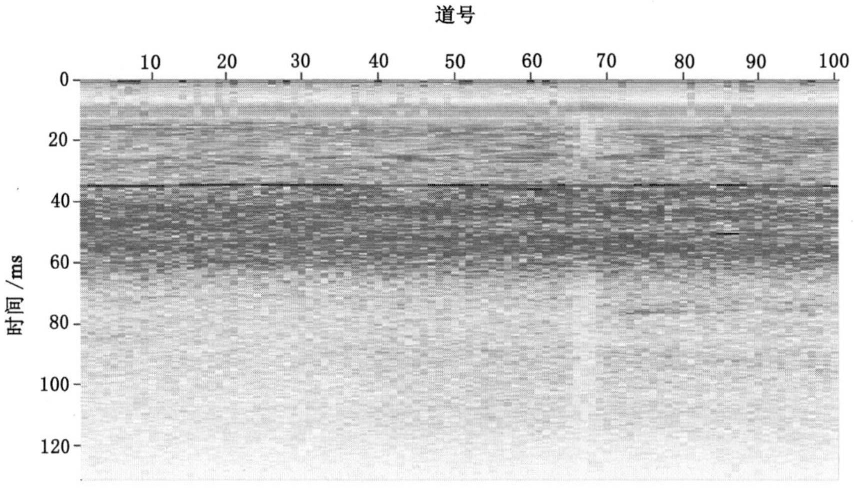

图 9-10　分割间隔为 100 道的 SBP 探测图像

同时，从图像纵向上看，能够反映海底地层层序走势的回波信号多集中在双程旅行时间 30～80 ms 内。双程旅行时间 0～30 ms 之间声波穿过的介质明显是海水，80 ms 以后回波信号已不明显，在该深度值以下震源能量损耗殆尽，接收阵列不能再接收到反映该深度以下地层的有效反射波信号。

因此，在进行数据分割的同时可进行数据时移处理，指定显示双程旅行时间 30～80 ms 之间的反射波信号，在提升横向分辨率的同时提升纵向分辨率，即显示区间 30～80 ms，1～4 500 道内的数据，可表示为{('time', 30, 80), ('traces', 1～4 500)}。

按照分割间隔值 4 500 道、双程旅时 30～80 ms 对 4-11ys.sgy 数据分割后进行图像的显示，如图 9-11 所示。

通过提高 SBP 探测图像的横向分辨率与纵向分辨率，4-11 测线上的 SBP 探测的一些明显地形起伏状况已可以明显看出，但是由于噪声及杂波的存在，基于以上图像展开地层划分工作还是比较困难的，因此在提高分辨率后仍需进行去噪与滤

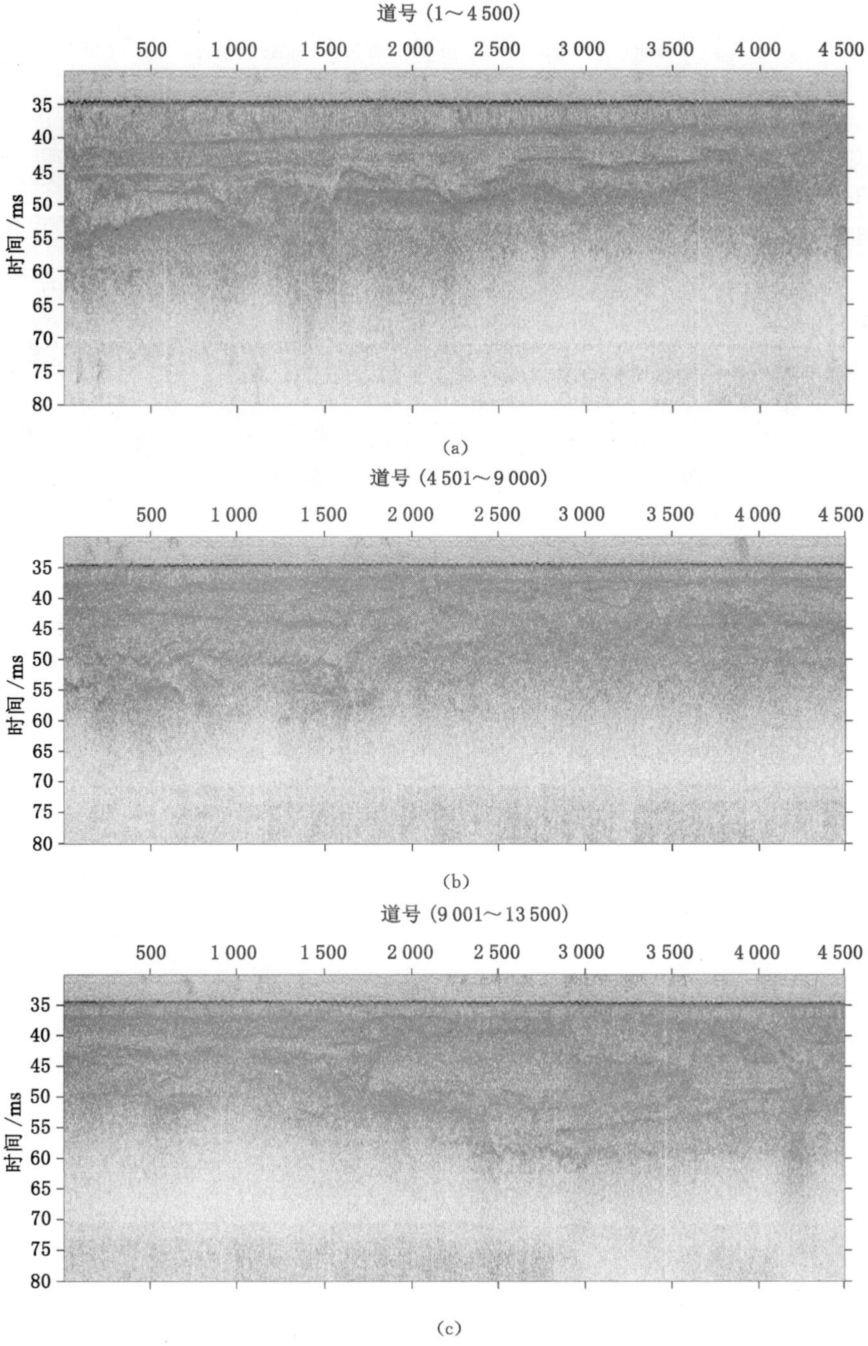

图 9-11　测线 4-11 在 30～80 ms 时间内的分割图像

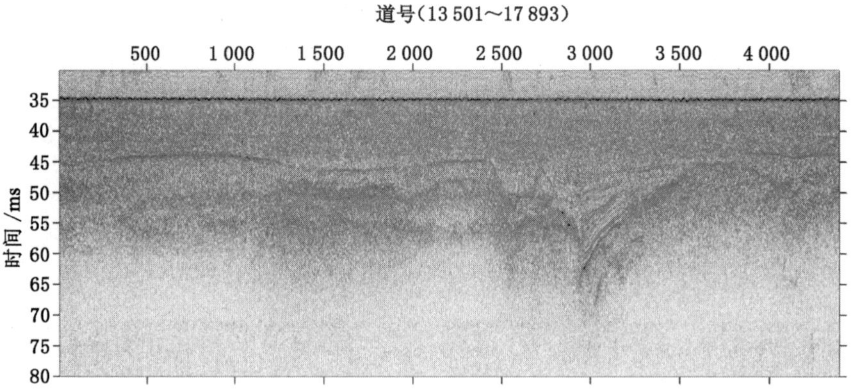

(d)

续图 9-11　测线 4-11 在 30～80 ms 时间内的分割图像

(a) 1～4 500 道 SBP 探测图像;(b) 4 501～9 000 道 SBP 探测图像;

(c) 9 001～13 500 道 SBP 探测图像;(d) 13 501～17 893 道 SBP 探测图像

波处理。此处选择带通滤波进行消噪处理,带通滤波高低截止频率如果参数选择过大,会去除并滤除反映地质环境的真实回波信息;如果参数选择过小,则达不到预期效果。根据第 5 章带通滤波去噪一节的实验数据选用频带范围为 200—220—780—800 Hz 的带通滤波器,多次波抑制采用非高斯性最大化预测反褶积滤波。经消噪与多次波压制处理后的 SBP 探测图像如图 9-12 所示。

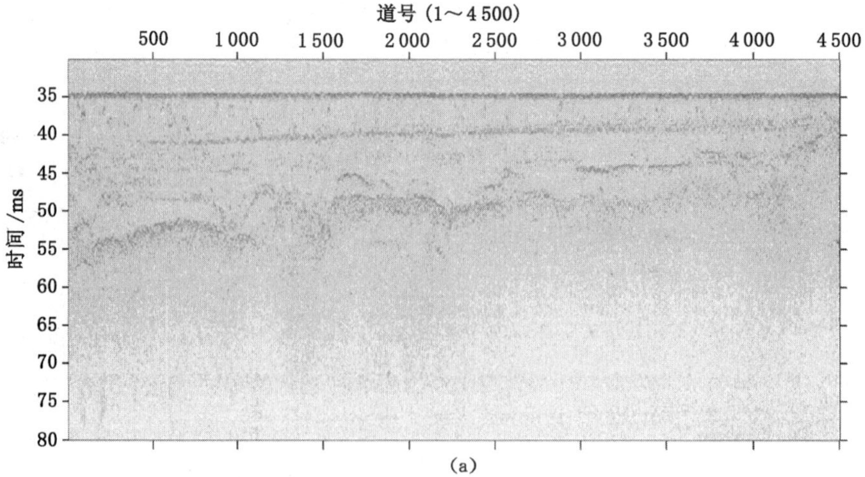

(a)

图 9-12　去噪和滤波后 SBP 探测图像

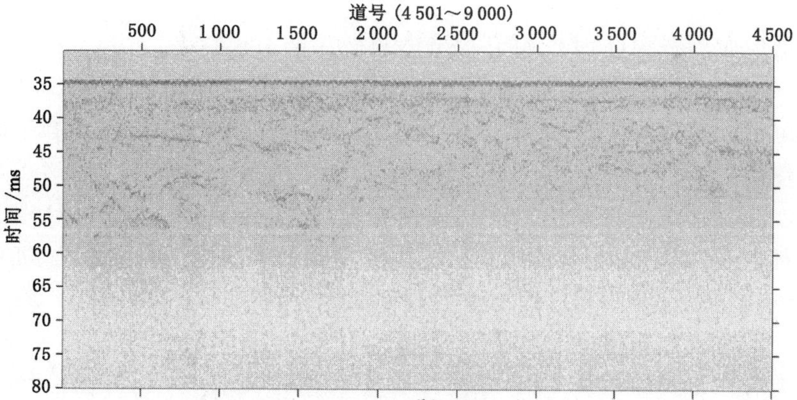

(b)

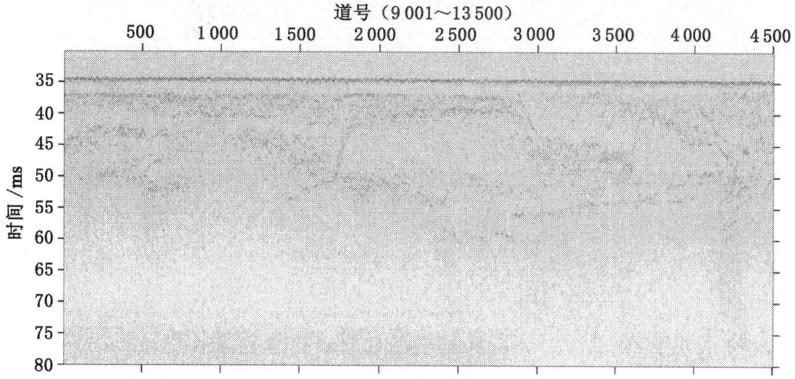

(c)

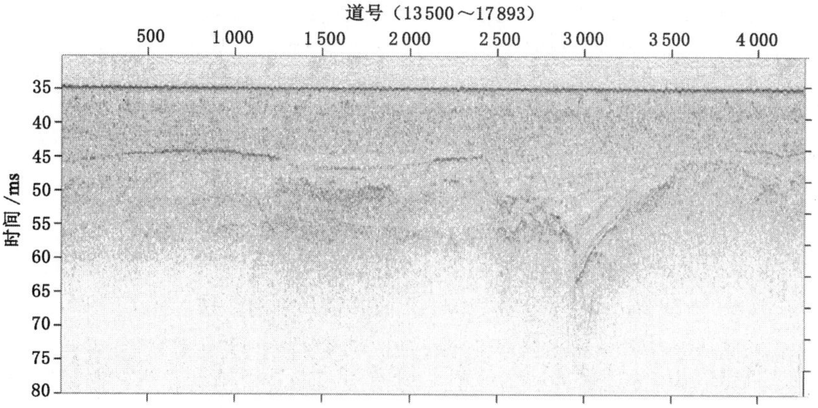

(d)

续图 9-12 去噪和滤波后 SBP 探测图像

(a) 1～4 500 道去噪和滤波后图像；(b) 4 501～9 000 道去噪和滤波后图像；
(c) 9 001～13 500 道去噪和滤波后图像；(d) 13 501～17 893 道去噪和滤波后图像

9.1.4 数据解译

数据解码与数据处理是 SBP 探测资料解译的前提环节，也是不可或缺的关键环节。根据经过解码、去噪、滤波等处理最终得到的 SBP 探测图像及其他当地地质资料，资料解译人员才能够针对各种资料进行综合分析以达到了解海底地质环境的目的。

以实际工程案例获取的 SBP 探测资料为例，结合少量钻孔资料对 SBP 探测资料进行去杂取精、去伪存真的分析。主要用到的方法有层位标定法、断层解释法、古环境解释法、绘制相应地层断面等方法。

9.1.4.1 层位标定解释法

首先可在得到的最终 SBP 探测图像中对层序明显的层界进行标定，如图 9-13所示，在图 9-13 的四幅图中，道集 1～13 500 组成的 SBP 探测图像中，均可按照波阻抗明显的层界走势标定出层位 T_0、T_1、T_2、T_3 四层，道集 13 501～17 893组成的 SBP 探测图像中按照地层的走向仅可标定出 T_0、T_1、T_2 三个层位。

综合四幅图层位的标定情况：四幅图中海底层 T_0 反射最为明显，且层位非常平缓，没有较大起伏；T_1 层相较 T_2、T_3 而言，波阻也很明显，层厚由平缓逐渐变小，在第三幅图的 3 000 道附近（整条测线的 12 000 道附近）出现突变，出现“凸”字形的变化，至第四幅图的开始（整条测线的 14 500 道附近）层厚再次趋于平缓，但此时层厚的厚度变大；T_2 层走势起伏不大，在第三幅图的 3 000 道附近层位下沉，但层厚无较大变化，层厚值相对稳定，在近测线末尾处由于古河道的存在出现断层；T_3 层位随着航向距的增加无明显起伏，但是随着航向距离的增加、地质构造的变化，在第四幅图中 T_3 几乎已经没有强波阻抗界面。

9.1.4.2 断层解释方法

由于大陆架上的沉积物及其来源、沉积结构、古环境演变时间久，人类海洋工程建设多，海洋资源开发活动广泛，所以断层成为 SBP 探测中常见的地质构造现象之一。

断层大小不一，规模也不等，它不仅仅指图 9-13(d)中的明显断层情况，反射波异常、反射波杂乱、反射波突变、同相轴相位突然增强等情况都可定义为断层，这些特征也是判定断层的依据。断层的判别与分析通常应在对整体测区有基本认识的基础上进行。

9.1.4.3 古环境解释方法

海底中存在的古环境有自然形成的地质环境，同时也少量存在人为因素造成的地质环境。海底古环境包括海底遗迹、海底古城墙、海底古村落、海底古河道、海底古沉船等。

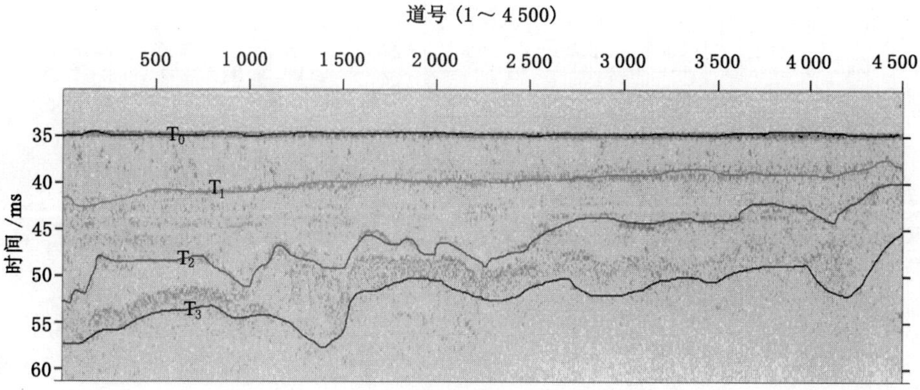

(a)

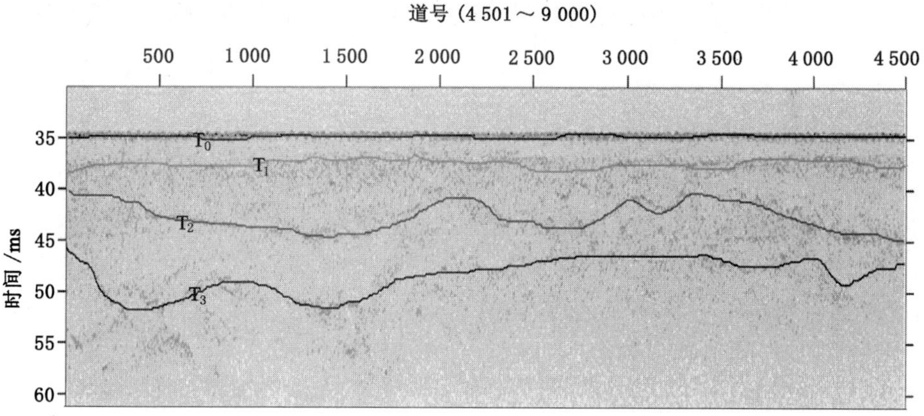

(b)

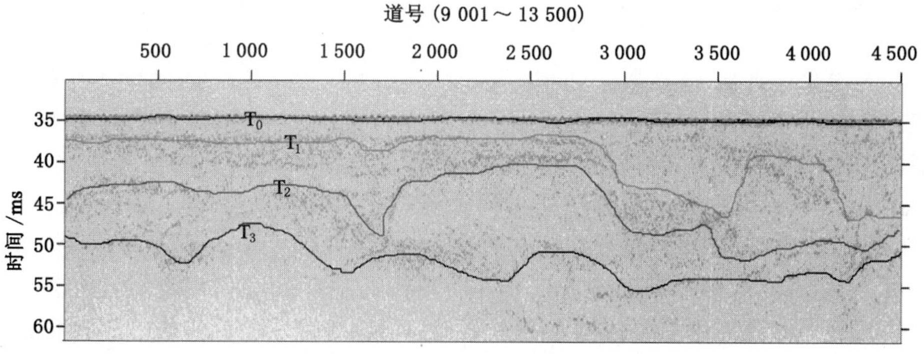

(c)

图 9-13　测线 4-11 地层剖面层界标定图像

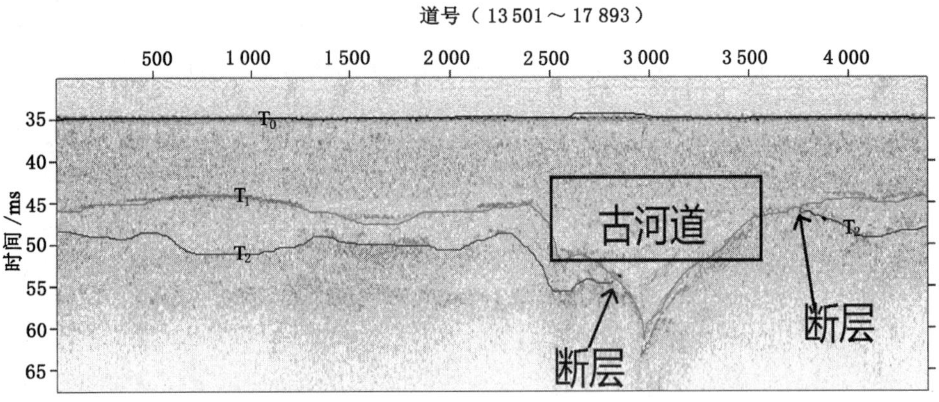

(d)

续图 9-13　测线 4-11 地层剖面层界标定图像

(a) 1～4 500 道层界标定 SBP 探测图像；(b) 4 501～9 000 道层界标定 SBP 探测图像；
(c) 9 001～13 500 道层界标定 SBP 探测图像；(d) 13 501～17 893 道层界标定 SBP 探测图像

古河道是由于河流改道、他移后形成的，海底构造运动是古河道的主要成因。古河道是海底古环境的典型代表，结合测区内其他测线上 SBP 探测图像，可判定图 9-13(d)中黑色方框框选的地质构造是典型的古河道。海底遗迹、古沉船是古环境的另一种典型代表，随着水下考古技术的发展，以及水声学探测设备的不断创新，越来越多的海底沉船与海底遗迹被发掘。

9.1.5　实验分析

利用数据解码过程中得到的 headers 文件中 SBP 探测道文件对应的坐标值及导航信息，并将双程旅行时间利用数据采集过程中的声速换算为深度值，绘制出测线 4-11 与钻孔位置匹配的断面图，如图 9-14 所示。

为定量地评估 SBP 数据处理方法的可靠性，在绘制测线 4-11 的断面图过程中将钻孔资料位置匹配在断面图中。钻孔深度为 8 m，以钻孔资料有效深度范围内的层界为参考，与处理后的最终 SBP 探测图像所划分的层界进行比较，如图 9-14 所示，划分层界的厚度与钻孔资料偏差值统计如表 9-2 所示。从图 9-14可以看出：划分层界与钻孔资料基本吻合，偏差值极小。从表 9-2 的统计结果可看出：SBP 探测数据处理方法处理后得到的地层剖面图像经过层界划分后与钻孔资料的层界偏差最大值的绝对值小于 30 cm，达到了钻孔资料提供的层厚精度的分米级别，表明 SBP 探测数据处理方法可以实现地层层序的划分，可以结合钻孔资料进行地质剖面数据的解释。

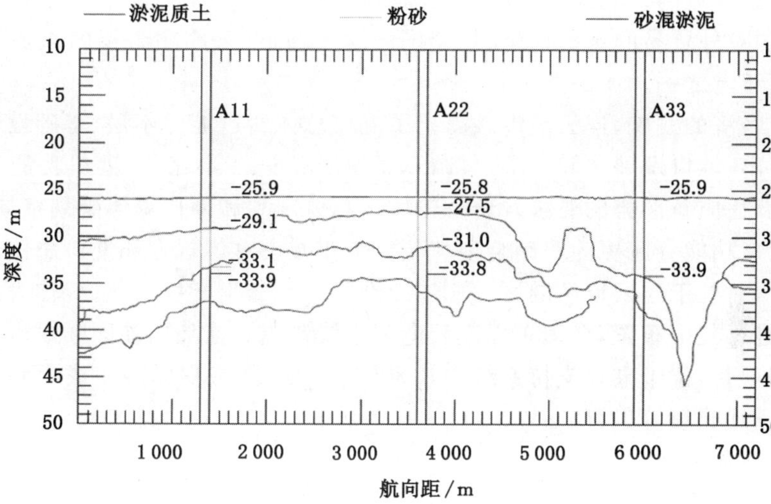

图 9-14　划分层界与钻孔匹配断面图

表 9-2　　划分层界与钻孔匹配偏差表

钻孔号	层厚偏差/m		
	层 1	层 2	层 3
A11	−0.13	−0.10	—
A22	0.26	0.23	—
A33	0.08	—	—

实验选用 4[#] 锚地其他测线的 SBP 探测数据解码，结合去噪、滤波以及划分地层层序等处理，综合分析 4[#] 锚地区域海底表面地形起伏不大，但在海底以下 8 m 厚度范围内有明显地形起伏变化，并存在地质断层、古河道等特殊海底地形。结合测线交点处的钻孔资料分析发现：海底地层表层均覆盖有淤泥，淤泥层厚变化较大，表层以下存在粉质黏土、中粗砂、淤泥质土、砂混淤泥等不同沉积物类型的地层，可确定在 SBP 探测系统穿透深度范围内未发现坚硬的基岩面。

9.2　填海工程验收中的应用与分析

9.2.1　概述

连云港位于我国黄海海州湾西南岸，与辽宁沈阳至海南海口(G15)、连云港至新疆霍尔果斯(G30)国道主干线、吉林长春至广东深圳(G25)和陇海铁路干线等构成的集疏运网络相连,地理位置优越,自然条件良好,腹地资源丰富,交通方便,是我国对外贸易的重要口岸,是全国水运主通道、公路主骨架的重要节点和沿海主枢纽港之一。

随着经济的发展,连云港港表露出了港口总体通过能力不足、基础设施结构性矛盾突出、港口发展空间受限、集疏运系统有待进一步完善、港口功能单一等问题,难以适应新形势的要求。新一轮城市总体规划和港口总体规划格局出台,城市和港口功能分区更为明确合理。项目是在城市总体规划和港口总体规划的新格局下,对处于连云港主港区——连云港区——非生产性物业(统称为港口支持系统)进行集中布置,合理布局连云港区岸线资源。连岛白沙国际娱乐城填海造地工程项目,位于港口支持系统中,2016年2月,该工程已经完成了防波堤围成、内部场地吹填等工程。

9.2.1.1 设备选择

项目选用SES-2000 Light参量阵探测系统,如图9-15所示。SES-2000系统采用2个100 kHz频率换能器作为主频声呐,由于100 kHz的换能器有一定的带宽,因此利用二者之差可以获得多个低频。例如,用106～100 kHz可获得6 kHz低频,其他依此类推。在测量时可以根据测区的具体情况,通过软件来选择所需的频率。SES-2000 Light系统的可选频率有4 kHz、6 kHz、8 kHz、10 kHz、12 kHz、15 kHz。

图9-15 SES-2000 SBP探测系统主机和换能器

9.2.1.2 技术指标

(1) 换能器:非线型发射器,线型接收器,波束角度±2°,波束覆盖范围<7%。水深发射器:主要频率为94～110 kHz,次要频率为4 kHz、6 kHz、8 kHz、10 kHz、12 kHz、15 kHz,脉宽为70～1 000 μs(用户可调),发射脉冲类型为CW/Ricker/LFM(Chirp),多频信号可选。

(2) 发射功率:大于12 kW;声源级,大于236 dB/μPa re 1 m。

(3) 涌浪补偿:在 30°横摇范围内可兼容常用涌浪数据进行实时涌浪补偿。

(4) 脉冲速率:可达 50/s,水深范围:0 m,…,400 m。

(5) 穿透剖面深度:可达 40 m,取决于地层介质、工作频率和环境噪声水平。

(6) 地层目标分辨率:>5 cm,取决于工作频率和脉冲宽度。

(7) 信号处理:带通滤波、噪声抑制、DSP 提供分辨率、涌浪/横摇补偿、涌浪滤波、TVG 调节等。

(8) 数据输入:RS232 串口或 LAN 网络端口输入导航数据,RS232 串口实时输入涌浪补偿数据。

9.2.2　数据采集

9.2.2.1　仪器安装和调试

平面定位使用的仪器是 Trimble SPS351 DGPS,DGPS 在控制点校正后,GPS 与 SBP 探测系统设备连接,使用 Hypack 专用导航测量软件进行导航,测量过程中能实时显示船舶位置、坐标、船首方位、航速、偏航状态及 GPS 接收卫星信号状态等参数。为了减少测量数据的定位误差,将 GPS 固定在 SBP 探测系统换能器的正上方。在工作之前,我们对 SBP 探测系统仪器进行了严格的状态调试,调试的主要内容包括工作频率、声速、量程、发射频率、增益控制、TVG、发射能量等。通过反复调试,结合测区地质特点,对 SBP 探测系统的工作参数进行了试验选择,并对增益、TVG 和发射能量参数的具体数值根据记录图像的具体情况做及时调整。

9.2.2.2　数据采集

SBP 探测系统测量同时记录水深数据和 SBP 探测数据。根据现场水下地形复杂,水深变化较大的情况,有针对性地选择吃水小于 0.5 m 的测量船舶,并选择在潮水处于较高水平的时间段实施测量,保证测量区域的覆盖程度和作业人员、设备的安全。作业过程中,随着地层的变化和水深的变化,现场人员需要不断地对设置参数进行适当调整。同时作业现场港区来往和锚泊的船只较多,因此测量过程中测量船只必须根据现场情况调整行驶位置,因此无法严格按照预设测线间隔要求进行测量。具体的勘察测量过程及船只航行情况如图 9-16 所示。

9.2.3　数据处理

SBP 探测过程中测量船只尽量沿着垂直于岸堤方向进行走航式测量,为尽可能多地获取抛石区与自然淤积区边界位置点,沿垂直岸堤方向探测 21 条交叉线。利用 SBP 探测系统配备的 Innomar ISE 分析软件处理 SBP 探测数据,应用 SBP 探测数据处理技术进行分析,根据 SBP 探测声学回波信号在抛石区与自然淤积区边界的突变,确定抛石区与自然淤积区的边界位置,并提取该位置的坐标信息。

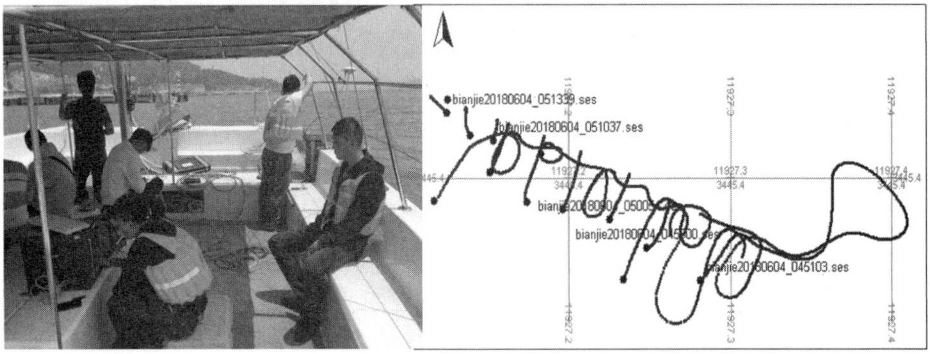

图 9-16　现场采集与航迹线图

采取数据预处理技术方法，进行比较分析，部分测线上的抛石区与自然淤积区边界位置周围的 SBP 探测图像清晰可辨，如图 9-17 所示。椭圆标记两侧 SBP 探测系统反射信号明显开始变化，可以注意到在深度 6 m 与 9 m 处的一条反射界面在虚线椭圆标记右侧之后反射开始变得不明显，根据 SBP 探测原理可知道其根本原因是地质变硬(抛石)，进而造成信号反射明显变弱。可判定该位置为抛石区与自然淤积区的界址点，给予坐标点标记与编号，对应验收

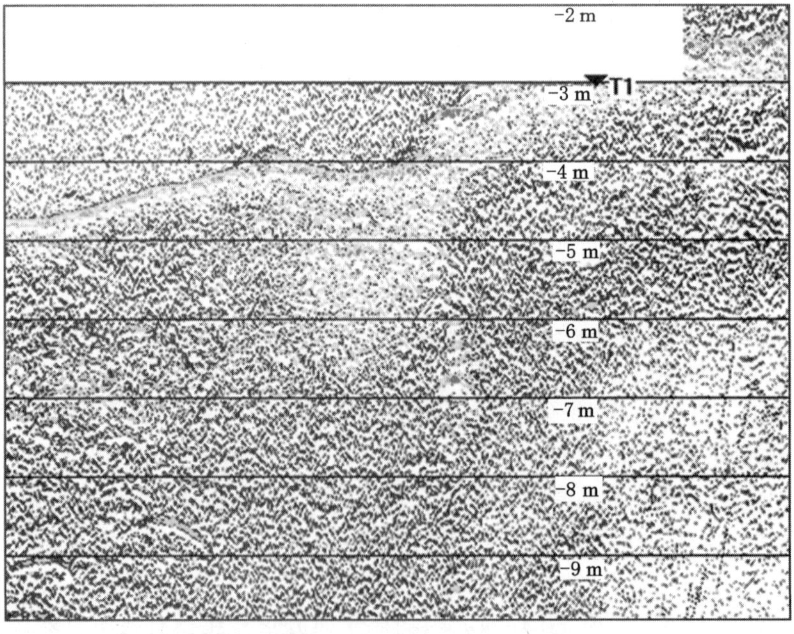

图 9-17　自然淤积区与进入抛石区 SBP 探测反射截面图

界址点号。类似的，可以提取测线上的所有对应点数据信息，以此为基础，开展填海工程区域面积与抛填量统计分析，检测结果符合要求，全面完成填海工程验收工作任务。

9.3　海洋底质层界提取中的应用与分析

9.3.1　概述

基于 SBP 探测技术及数据处理系统，应用采取深圳市西部海域海洋基础资源项目中所采集的 SBP 探测数据，开展 SBP 探测数据精化处理的实践，对这批数据分别进行图像生成、数据预处理等步骤，并基于边缘检测进行层界的提取，取得了较为满意的结果，并验证后处理软件系统的实用性。

项目测量区域位于深圳西部和西南部的珠江口、伶仃洋，北至东莞海域，西至中山、珠海海域，南至香港海域。测区水深较浅，大部分区域水深 3～10 m，海底表层底质以淤泥质为主，近岸处多为淤泥质滩或沙滩。珠江河口区多陆屿和岛屿，内伶仃岛以西，靠近大陆一侧，有浅滩分布。测区总面积约 617 km^2，包含众多繁忙水域，靠近大陆一侧岸线曲折，城镇密集。

该项目采用 C-Boom SBP 探测系统结合 DGPS 或 GPS-RTK 定位设备对水深 3 m 以上的适航区域进行 SBP 探测，SBP 探测与侧扫声呐测量同步进行，以分辨出海底浅地层结构，获取基岩、古河道、浅层气、软土层等地质现象及沉积厚度的信息，初步获取海沙等资源分布。

测量过程采用的 C-Boom SBP 探测系统如图 9-18 所示，主要参数如下：释放能量，每脉冲 100 J；声输出，200 dB(re 1 m μPa @ 600 V)；额定频率，1 760 Hz；分辨率，超过 20 cm。C-Boom SBP 探测系统换能器固定安装在船体中部右舷，换能器吃水 1 m 左右。GPS 安装于船头，甲板单元安置于船舱，GPS 信号和 SBP 探测信号同时接入记录的计算机中。

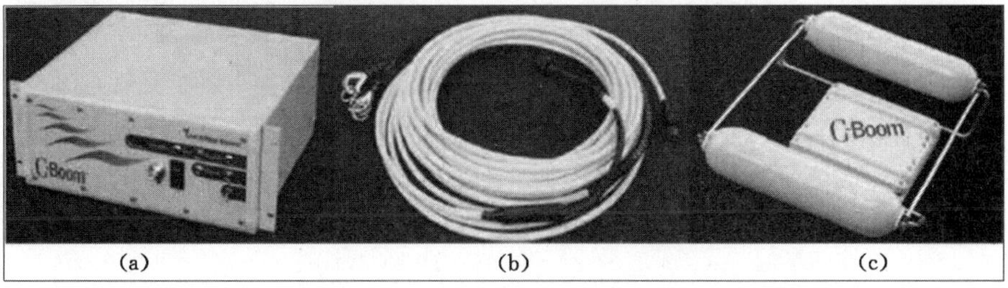

图 9-18　C-Boom SBP 探测系统

(a) C-Boom 电源；(b) C-Boom 轻质拖缆；(c) C-Boom 双体船

仪器安装完成后，分别测量出 GPS 接收机与换能器位置处的偏移量，并输入 SBP 探测数据采集软件的偏移量参数中，采集数据时进行实时改正。海上探测开始前在测区内进行仪器参数设置，根据测区地层，确定各项参数的最佳取值，以确保剖面图像清晰，无强噪声干扰与图像模糊、空白、间断等现象。

C-Boom SBP 探测系统需连接主机与电脑机箱，测量时采用配套软件进行数据采集，记录浅设置功率、脉冲频率、拖鱼与 GPS 位置改正等信息，记录时采用 SEG-Y 格式。

9.3.2 数据预处理

在测区所有 SBP 探测测线中，随机选取满足测量要求、数据质量较好的几条测线，测线号分别为 16、27、36、39、41、42，共 6 条，进行 SBP 探测数据处理的实验，来验证前文数据处理方法的可行性。编写 SBP 探测解码程序，对实验所用 SEG-Y 二进制文件进行解码，并提取回波信号。将回波信号映射到 0～255 的灰度值，得到浅地层垂直剖面灰度图像如图 9-19 所示，测线下的数字为测线编号。

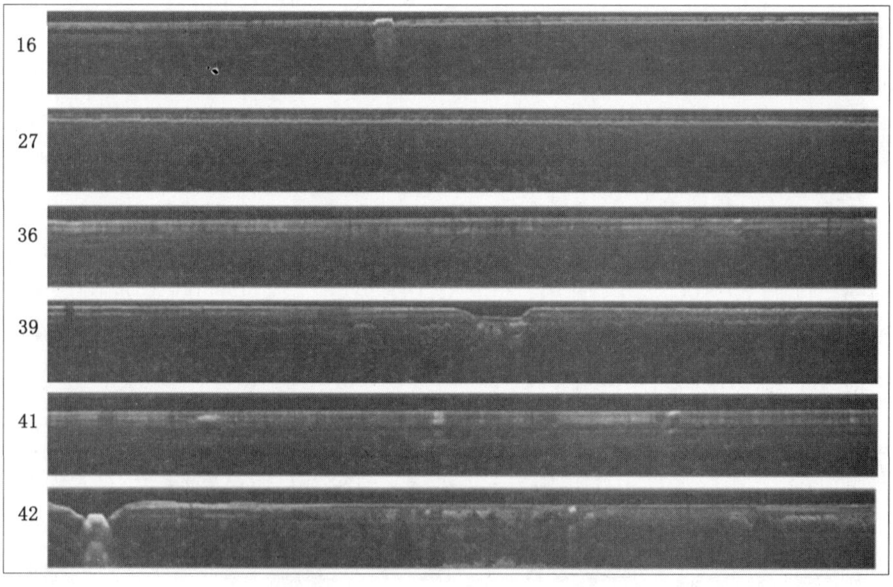

图 9-19　SBP 探测原始灰度图像

如图 9-19 所示，选取测区测线中第 16、27、36、39、41、42 共 6 条测线。测区位于浅海区，水下地形相对平坦。由图中可看出，海底面与水面接近，尤以 16、

27、36 三条测线水深最浅，41、42 两条测线水深稍深，39 号测线中央出现凹陷，考虑可能为海底河道。

原始灰度图像已初步显示海底地形特征，但存在灰度值集中、图像细节模糊的问题。为解决该问题，对原灰度图像进行灰度拉伸，重新分配图像像素值，使得集中某个灰度区间内的灰度值变为在全部灰度范围内的均匀分布，得到灰度均衡化后的图像，如图 9-20 所示。

图 9-20 灰度均衡化后 SBP 探测图像

对比图 9-19 和图 9-20 可知，灰度均衡化前，除海底面相对清晰外，海底以下大部分区域在图上表现为黑色，无法看出底质结构；图像均衡化后，图像层次更加丰富，海底以下地层细节表现得更为清晰。选取测线细节部分进行放大，得到均衡化前后对比如图 9-21 所示。

由于仪器及数据传输等影响，SBP 探测图像中会存在数据道的缺失，在剖面图上表现为空白竖线，如 41 号测线、42 号测线中都出现多条明显的空白道。这些空白道的出现，将直接影响 SBP 探测成图质量及后续层界提取。因此，在预处理阶段，需对 SBP 探测数据中存在的异常 Ping 进行检测和修复。截取部分存在异常缺失的测线，修复前后细节对比如图 9-22 所示。

由于图像中存在大量高斯噪声和椒盐噪声，在异常数据修复后，需对图像做去噪处理，先后对 SBP 探测图像做滑动均值滤波和中值滤波，得到异常修复和

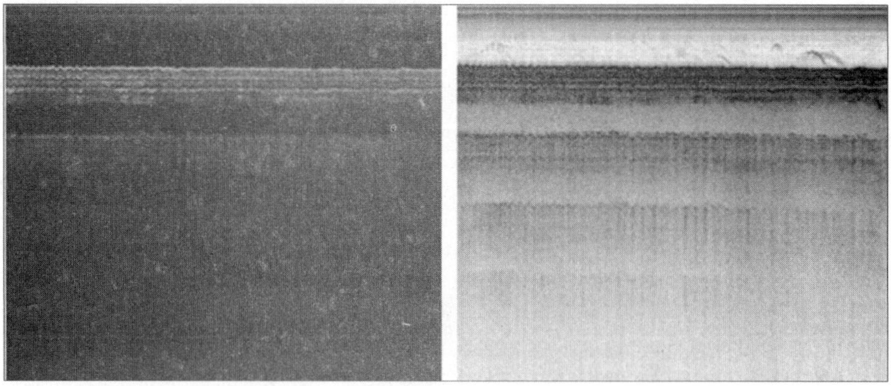

图 9-21　灰度均衡前后细节对比

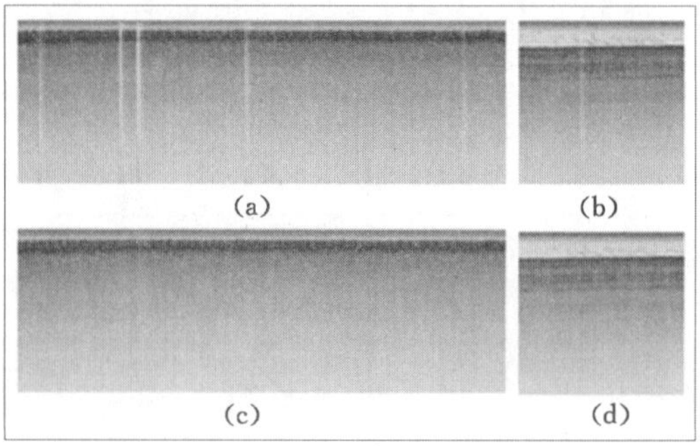

图 9-22　Ping 修复前后细节对比图

(a) A 修复前；(b) B 修复前；(c) A 修复后；(d) B 修复后

去噪后的全部图像如图 9-23 所示。

从图 9-23 中可看出，36 号测线和 41 号测线原始图像中存在明显的缺失 Ping 数据，在图像中表现为竖直白线，经修复处理后，缺失 Ping 数据得到修复，图像质量变好。

9.3.3　多次波压制

对去噪后的 SBP 探测图像进行多次波压制，求解反褶积矩阵得到预测算子 f，将回波信号 $x(t)$ 与预测算子做褶积得到一阶多次波数据。二阶多次波由一阶多次波与预测算子褶积得到，相应的，n 阶多次波由 $(n-1)$ 阶多次波与其对应预测算子褶积而成。因此，设计迭代算法，在计算得到一阶多次波后经迭代计算依次得到二阶、三阶直到 n 阶多次波数据。将不同阶多次波叠加并由原始回波信号中减去，即可得到去除多次波影响的有效波信号。

图 9-23　异常修复和去噪后的图像

实验中，迭代次数增加虽能拟合高阶多次波，但同时也会对有效波造成损伤，且迭代次数越多，有效波损伤越严重。因此，需合理控制迭代次数。经试验，迭代次数控制在 3～6 次为宜，应根据数据情况进行合理取舍。

9.3.4　层界提取与分析

层界提取是针对海底底质进行的，但获取的 SBP 探测图像包含水体部分，海水部分的存在将影响层界自动化提取的精度。因此，在对 SBP 探测图像提取层界前需先对预处理后的图像做海底跟踪，将海水部分去除，仅保留海底线以下底质部分，得到海底跟踪的结果如图 9-24 所示。

图 9-24 表明，海底跟踪效果理想，跟踪出的海底线位置准确、结构清晰。其中，16 号测线的凸起和 39、42 号测线的凹陷都得到清晰呈现。

完成海底线跟踪后，就可以对 SBP 探测图像依据层界提取理论进行层界提取。层界提取的基本过程为：先对 SBP 探测灰度图像做边缘检测和膨胀运算得到初步提取的层界，再对初步提取的层界做后续处理和优化，得到层界提取结果如图 9-25 所示。

实验中要进行窗口大小、相邻层界的最小间隔、层界厚度、层界取舍等参数确定。

图 9-24　海底跟踪结果

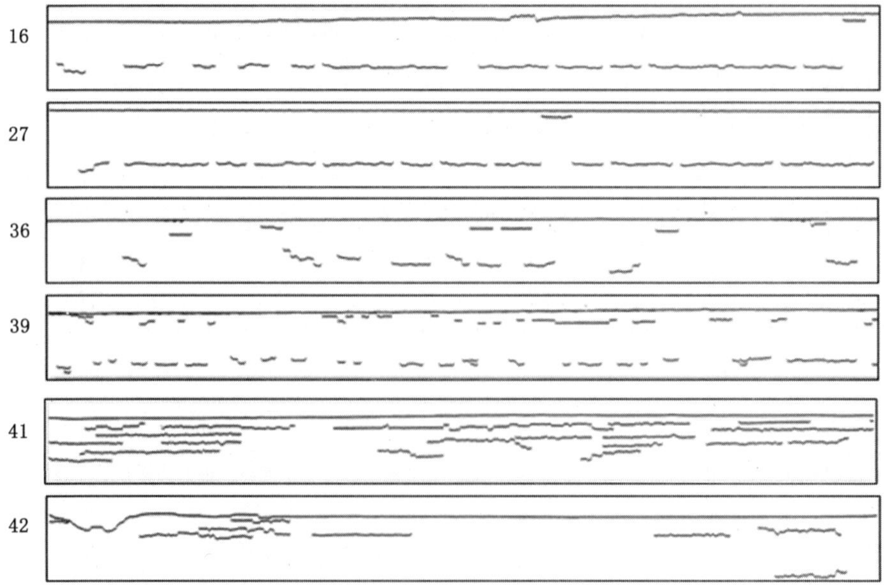

图 9-25　层界提取结果

(1) 窗口大小。将图像以每$(2N+1)$Ping 划分窗口，窗口大小对每个窗口内所选的基准层界点也造成影响。划分窗口并选取基准点，其目的是消除高频噪声对层界的影响。N 的大小可在实验中确定，此处取 $N=50$。

(2) 相邻层界的最小间隔。海底底质是由于沉积作用经漫长年代而形成的沉积层，同一介质构成的沉积层一般具有一定的厚度，也就是说，在实际中，垂直方向上相邻的层界面应具有一定间隔。实验中，以 100 个采样点限定为层界提取过程中相邻层界的最小间距，即 Interval＝100。结合测量中采样间隔为 92 μs，100 个采样点间隔对应的地层深度约为 7 m，这个间隔应是较为合理的。实验中也可根据经验或者试验来调整间隔值。

(3) 层界厚度。现实中不同类型底质间的层界面为一个具有一定厚度的模糊带，故在实验中按照基准层界点搜寻真实层界位置时也应考虑一定厚度范围的点，认为在这个范围内的初始层界点都可能为真层界点。实验中，取 Range＝10。

(4) 层界的取舍。经上述过程提取的层界中仍存在大量间断点或短线，而现实中层界应具有一定的连续性，因此要对提取出的层界线进行筛选，剔除伪层界。经试验，以图像横向间距 500 作为层界剔除的阈值，若提取出的层界短于 500，则剔除；否则认为是真层界，予以保留。

对选取的 6 条测线进行层界提取，提取结果如图 9-25 所示。

从图 9-25 可以看出，各条测线的层界线基本已提取出。16、27 这两条测线提取的层界线相对比较连续，36、39 这几条测线层界点则比较散乱，但总体来说，与原图对比，层界位置较为吻合。

取有钻孔数据的另一测区某测线进行数据处理及层界提取的实验，得到层界与钻孔匹配结果如图 9-26 所示。

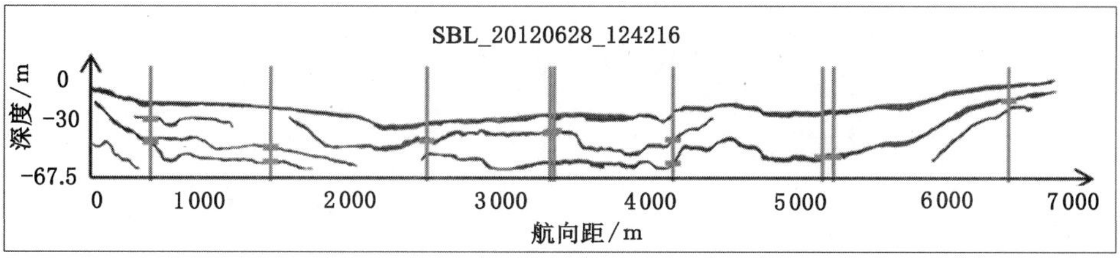

图 9-26　层界与钻孔匹配结果

匹配图表明，该方法提取出的层界位置可靠，与钻孔层界相吻合，验证了前面所述方法的可行性和可靠性。

9.4 航道淤泥工程中的应用与分析

9.4.1 概述

基于 SBP 探测航道淤泥后处理软件，实践区域位于江苏省连云港市连云港港。连云港港是江苏省最大的海港，也是中国沿海 25 个主要港口、12 个区域性主枢纽港和长三角港口群三大主体港区之一。连云港港区位优势明显，南连长三角，北接渤海湾，隔海东临东北亚，又通过陇海铁路西连中西部地区以至中亚、欧洲，是连接南北、沟通东西的纽带，在中国区域经济协调发展中具有重要战略地位。连云港港各类专业化泊位齐备，最大泊位 30 万 t 级，年设计吞吐能力超亿吨，主航道已浚深至 25 万 t 级，具有集装箱、杂货、客货班轮航线近 60 条。借助江苏沿海开发、国家东中西部合作示范区、长三角一体化、国家创新型试点城市等战略机遇，连云港港正在“一体两翼”的港口规划引领下，以区域性国际枢纽港和集装箱干线大港为目标，加快建设成为我国重要的综合交通枢纽、陇海兰新沿线地区最便捷的出海通道和对外开放窗口、亚欧之间重要的国际交通枢纽，成为辐射带动能力强的新亚欧大陆桥东方桥头堡。

应用实验区域位于连云港港，其地理位置位于北纬 34°44′25″，东经 119°30′02″。测量船行驶航线如图 9-27 所示，采取 WGS84 坐标系统。

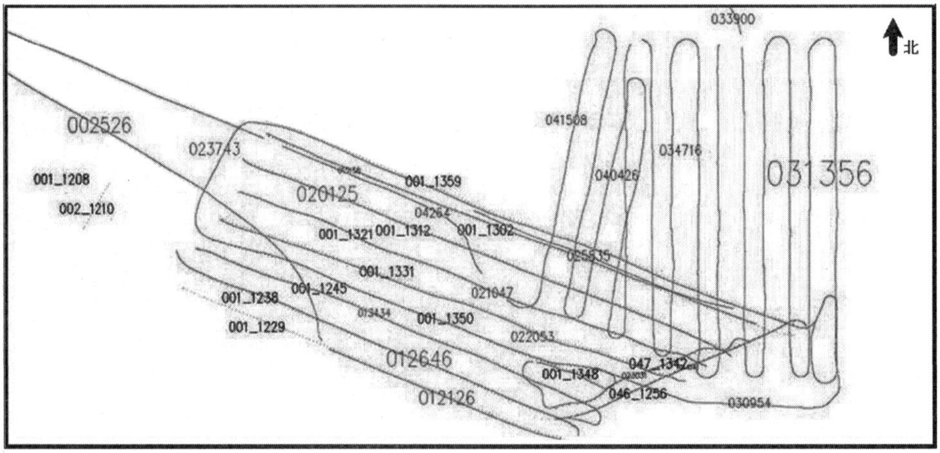

图 9-27 测量船行驶航线图

9.4.1.1　实践依据

(1)《海洋工程地形测量规范》(GB/T 17501—2017)。

(2)《水运工程测量规范》(JTS 131—2012)。

(3)《海道测量规范》(GB 12327—1998)。

(4)《水运工程岩土勘察规范》(JTS 133—2013)。

(5)《建筑工程地质勘探与取样技术规程》(JGJ/T 87—2012)。

9.4.1.2　已有分析资料

(1) 连云港港航道区域淤泥特性资料。

(2) 连云港海域潮汐资料。

(3) 连云港港航道航线资料。

(4) 连云港港航道周边GNSS控制点资料。

(5) 连云港港往期航道清淤资料。

(6) 连云港航道钻孔柱状样资料。

9.4.2　数据采集

9.4.2.1　探测仪器

选用SES-2000 Light Plus SBP探测系统作为实验设备。该仪器是世界上第一款便携式的参量阵探测型SBP探测系统，是由德国Innomar公司生产的，仪器体积小、质量轻，搭载在小渔船上都可以出海作业，作业时可以直接显示探测信息。另外，该型号SBP探测系统具有波束角小、分辨率高、探测数据精准等优势，是专门为近海航道等一些水深小于400 m的浅水环境而设计的。SBP探测系统采用差频原理进行海底地层剖面探测，其广泛应用于海洋、湖泊、河口等环境中进行工程外业数据测量，如海底地层结构调查及浅地层精细划分；近海航道工程选址；海底掩埋物体的探测(如水下沉船、管线、输油管道等)；海底淤泥运动规律研究；湖泊、水库等淤泥淤积监测；近海航道与港口河道清淤整治等。

SES-2000 Light Plus型SBP探测系统硬件系统由主机单元和换能器单元两个部分组成。主机单元由声波信号收发单元、声波信号处理单元等组成。主机单元接口有很多种，具体详情可以参照图9-28所示。换能器单元由声波信号的发射装置、接收装置以及20 m长的电缆组成。换能器安装完成后，要确保其运动轨迹方向与外壳标注箭头的方向一致，且换能器电缆与换能器是一体化结构，不可进行拆分。仪器技术参数如表9-3所示。

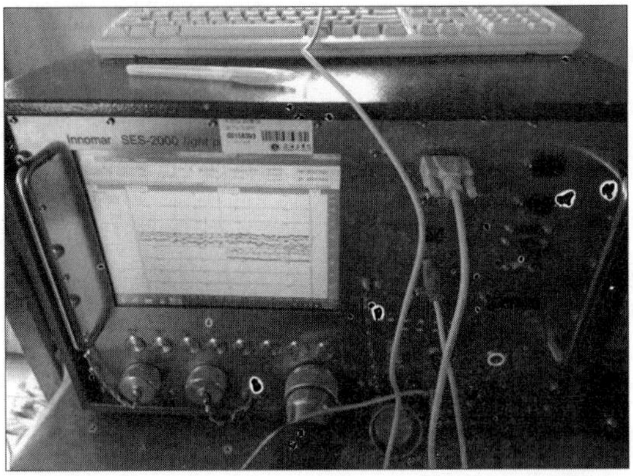

图 9-28　SES-2000 Light Plus 型 SBP 探测系统组成

表 9-3　　SES-2000 Light Plus 型 SBP 探测系统技术参数

项　目	内　容	指　标
	工作水深	0.5～400 m
	穿透能力	最深 40 m
性能指标	分辨率	5 cm
	HRP 姿态补偿	升沉
	波束角	±1.8°
	主频	100 kHz
	差频	4 kHz、5 kHz、6 kHz、8 kHz、10 kHz、12 kHz、15 kHz
信号发射单元	主声源级别	>238 dB/μPa re 1 m
	脉冲长度	0.07～1 ms
	脉冲频率	最高 50/s
	脉冲类型	CW、Richer
	主频	底部跟踪
信号接收单元	次频	SBP 探测数据
	采样频率	96 kHz
	主机单元尺寸	0.52 m×0.35 m×0.4 m
硬件组成	换能器单元尺寸	0.34 m×0.08 m×0.26 m
	控制系统	内部电脑
电源	电压	110～240 V
	功率	<250 W

9.4.2.2 仪器安装

主机单元又称为甲板单元，如图 9-29 所示，必须在干燥的环境下使用，并用适当的方法进行固定，避免主机单元在测量船恶劣摇摆条件下发生碰撞而造成设备损坏。主机单元底部和后面的散热孔不得遮盖物体，必须确保仪器内部热量能够从散热孔辐射出去。然后连接外部设备，如换能器、鼠标、键盘、导航系统等。主机单元工作期间严禁插拔换能器接头，且电源键启动后，检查所有电源的 LED 是否被点亮，如果没有，应该立即关闭主机单元并及时维修。

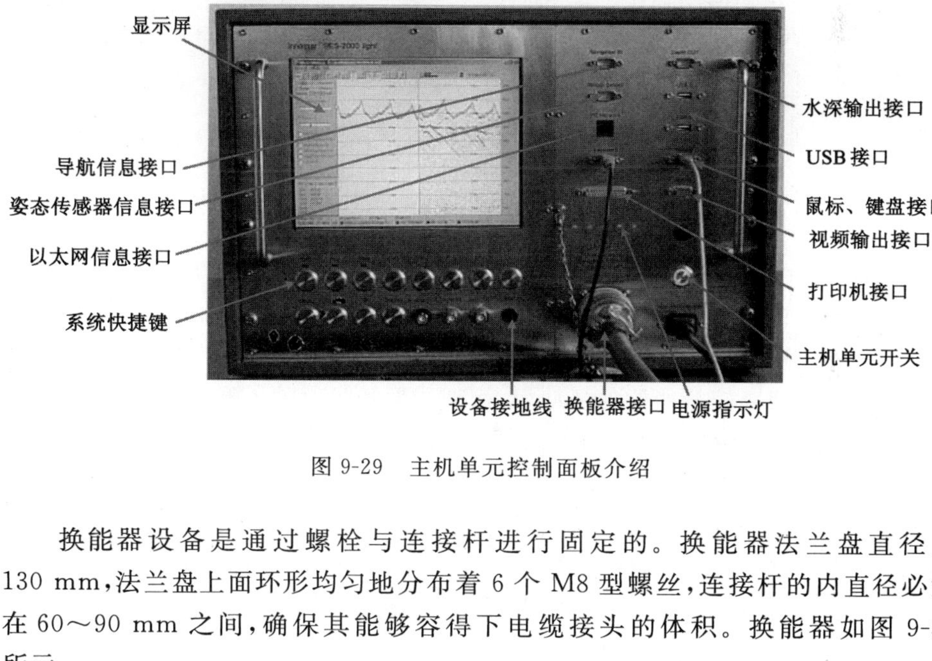

图 9-29 主机单元控制面板介绍

换能器设备是通过螺栓与连接杆进行固定的。换能器法兰盘直径为 130 mm，法兰盘上面环形均匀地分布着 6 个 M8 型螺丝，连接杆的内直径必须在 60～90 mm 之间，确保其能够容得下电缆接头的体积。换能器如图 9-30 所示。

SBP 探测系统的换能器安装必须遵循以下原则：

(1) 换能器吃水深度要合适。在海风海浪较大的条件下，上层水体含有大量的气泡，气泡会吸收声波能量，严重时会完全阻断声波信号，因此换能器吃水深度应该在水体气泡的下方位置。当在浅水区域进行海底地质探测作业时，换能器的吃水深度应该避免触底现象。

(2) 换能器安装位置要远离噪声源。换能器安装位置应该尽可能地远离噪声源，其中最主要的是远离测量船的发动机。距离船头的船体三分之一位置是气泡、噪声、紊流都相对较小的位置，是比较理想的换能器安装位置。

(3) 换能器安装方向要正确。要确保换能器运动轨迹方向与外壳标注箭头

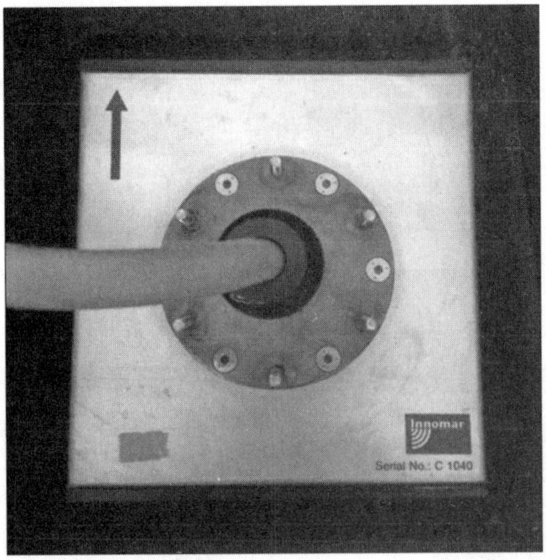

图 9-30　换能器

的方向一致。

(4) 减轻换能器振动。测量船行驶时连接杆会产生振动，在换能器螺栓处填充弹性材料会减轻换能器的振动，从而减弱振动噪声的干扰。

(5) 换能器要做防腐蚀工作。如果换能器需要长期放置在水中进行测量工作，可以添加锌块来减轻换能器腐蚀程度。当测量工作结束后，需要用淡水冲洗换能器，然后擦干保存在专用的运输箱内。

9.4.2.3　*声速测量*

声波速度是表示声波在介质中传播快慢的参数。声速在海底地质探测中是很重要的参数之一，但是声速的数值是很难测定的。声波的速度是一个关于空间三维坐标的函数，即 $v=v(x,y,z)$。在实际工作中，通常是根据探测任务的复杂程度，建立合适的计算模型，并推导出声波速度的计算公式。当声波在海水中传播时，影响声波速度的因素有很多，例如海水温度、盐度、深度等，关于声波在海水中传播的声速计算模型在国内已经比较成熟了。声速测量实验采用的仪器是 Teledyne Odom Hydrographic 公司生产的 Digibar S 自容式声速剖面仪，如图 9-31 所示，该款仪器测量的结果是声波在海水中传播的平均速度。仪器内存是 64 KB，可以测量水深 500 m 以内的声波速度数据，且仪器内部自带电池，外业测量时无须电源电缆。Digibar S 型自容式声速剖面仪技术参数如表9-4所示。

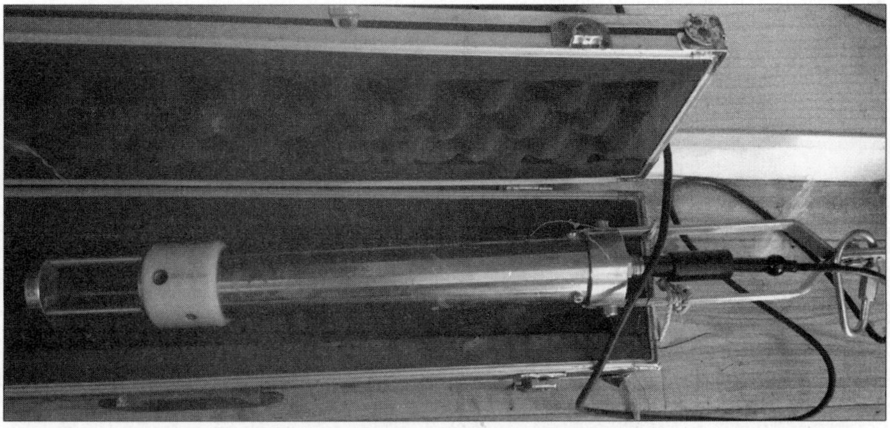

图 9-31 Digibar S 型自容式声速剖面仪

表 9-4 **Digibar S 型自容式声速剖面仪技术参数**

内容	技术参数	内容	技术参数
内存大小	64 KB	充电方式	USB 线充电或 AC 充电器
通信接口	USB	材质	不锈钢
声速测量范围	1 400～1 550 m/s	温度传感器	
声速测量分辨率	0.1 m/s	温度测量精度	±0.05 ℃
声速测量精度	±0.05 m/s RMS	温度测量范围	−5～+40 ℃
采样速率	1 kHz	温度测量分辨率	0.01 ℃
工作温度范围	−2～+40 ℃	深度/压力传感器	
记录程序	水深间隔(0.25 m)或时间间隔(1 s)	深度测量范围	0～500 m
尺寸	长 61 cm、直径 6.04 cm	大气压校准	自动
质量	2.84 kg	深度测量精度	±1% FS
供电	3 节可充电镍氢电池	深度测量分辨率	0.1 m
电池连续工作时间	12 h		

9.4.3 算法模型

通常意义上的淤泥，根据《水运工程岩土勘察规范》里的表述，准确名称应为淤泥性土，其是指在静水或缓慢的流水环境中沉积，天然含水率在 $55\%<w\leqslant 85\%$ 之间，天然孔隙比在 $1.5<e\leqslant 2.4$ 之间的黏性土。海底底质可细分为浮泥、

流泥、淤泥、岩土等，其定义如表 9-5 所示。

表 9-5　　海底底质分类

	孔隙比 e	含水率 $w/\%$
浮泥		$w>150$
流泥		$85<w\leqslant 150$
淤泥	$1.5<e\leqslant 2.4$	$55<w\leqslant 85$
岩土等	$1.0<e\leqslant 1.5$	$36<w\leqslant 55$

反射波的波形与反射界面的结构紧密相关，反射界面的结构包括界面的数量、界面之间的厚度、界面反射系数的大小和符号等。在这些因素中，任何一种因素的改变，都会引起反射波的波形变化。在淤泥反射模型中，当只有一个海水底层分层界面 N_1 时，反射波的频谱就是原脉冲频谱，这种单界面的反射波情况很少，绝大多数的反射波都是由相互相邻的多个界面的子波叠加在一起的。当声波传播到淤泥层中，淤泥层反射波之间的干涉将会影响反射波的频率变化。

假设淤泥表层的反射系数为 $-R$，淤泥底层的反射系数为 R，声波在淤泥层中传播的时间为 τ。当入射波 $f(t)$ 的频谱为 $F(\omega)$ 时，则淤泥表层反射波为 $f_1(t)=-Rf(t)$，淤泥表层频谱为 $F_1(\omega)=-RF(\omega)$，淤泥底层反射波为 $f_2(t)=(1-R^2)Rf(t-\tau)$。由于 $R\ll 1$，所以 $f_2(t)\approx Rf(t-\tau)$，则淤泥底层反射波的频谱为：

$$F_2(\omega)=R\mathrm{e}^{-\mathrm{j}\omega\tau}F(\omega) \tag{9-1}$$

淤泥表层与底层的反射合成波的波形为：

$$f_{\sum}(t)=f_1(t)+f_2(t)=-Rf(t)+Rf(t-\tau) \tag{9-2}$$

根据声波叠加原理，则合成波的频谱为：

$$F_{\sum}(\omega)=F_1(\omega)+F_2(\omega)=-RF(\omega)+R\mathrm{e}^{-\mathrm{j}\omega\tau}F(\omega)=(\mathrm{e}^{-\mathrm{j}\omega\tau}-1)RF(\omega) \tag{9-3}$$

合成波的频谱与淤泥表层反射波的频谱、振幅之比分别为：

$$\frac{F_{\sum}(\omega)}{F_1(\omega)}=1-\mathrm{e}^{-\mathrm{j}\omega\tau} \tag{9-4}$$

$$\left|\frac{F_{\sum}(\omega)}{F_1(\omega)}=1-\mathrm{e}^{-\mathrm{j}\omega\tau}\right|=\sqrt{2-2\cos\omega\tau} \tag{9-5}$$

这就是淤泥层声波反射模型。因此，利用反射波的频谱可以判断海底淤泥层的信息，如图 9-32 所示。

SBP 探测系统属于声波探测范畴，源于海洋仿生学的研究发展。SBP 探测

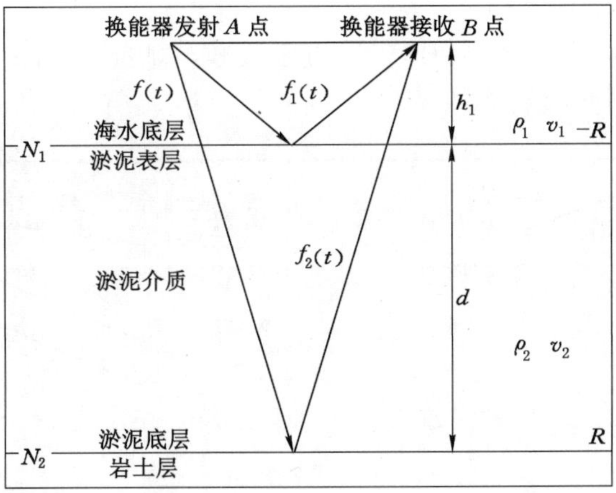

图 9-32 淤泥层声波反射模型

系统测量技术是利用声波在海底地质中的反射特征不同,而获得直观的淤泥层剖面的一种声学探测技术方法。SBP 探测系统的换能器按一定时间间隔垂直向下发射声波,声波穿过海水触及海底以后,高频率声波被反射回到换能器中,低频率声波会继续向海底地质深层中传播,低频率声波到达淤泥底层时,会被反射回到换能器中。测量淤泥层厚度,实际上是测量声波穿透淤泥层传播的时间,即利用声波的反射定律、透射定律计算淤泥层厚度。声波在实际传播中,路径非常复杂,一般都是简化声波传播模型来计算声波传播距离的。若用 ΔT 表示声波往返两次穿过淤泥层上、下两个界面的时间,用 v 表示声波在淤泥层中传播的声速,于是淤泥层的厚度计算公式为:

$$d = \frac{1}{2} \times v \times \Delta T \tag{9-6}$$

式中,d 表示淤泥层厚度;v 表示声波在淤泥层中传播的速度;ΔT 表示声波往返两次穿过淤泥层的时间。

9.4.4 实验分析

9.4.4.1 钻孔柱状样资料

海底地质钻孔资料是海洋海底地质调查、资源评价最重要的原始数据,是其他成果资料最主要的基础性分析资料。为验证声强波形特征方法提取淤泥层界的准确性,需要通过与往期钻孔柱状样数据进行对比分析。柱状样地质钻孔位于连云港市南防波堤旗台嘴东侧海域,地质钻孔地理位置位于北纬 34°44′,东经 119°31′,地质钻孔总数为 52 个,每个钻孔间距为 400 m,施工线路总长度为 5 100 m。图 9-33、图 9-34 是部分钻孔资料。柱状样海底地质层界数据通过使用钻机单点采集柱状样本，并量取各分层的厚度得到。钻孔定位坐标系统采用 1985 国家高程基准，高程系统为连云港市水尺零点基准，图 9-35 所示是 SK24a 与 SK26a 号钻孔剖面数据资料。

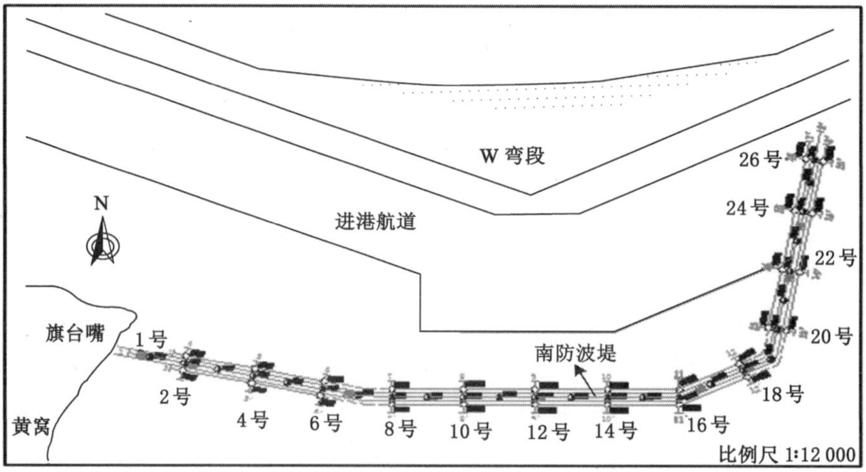

图 9-33　钻孔位置分布图 1

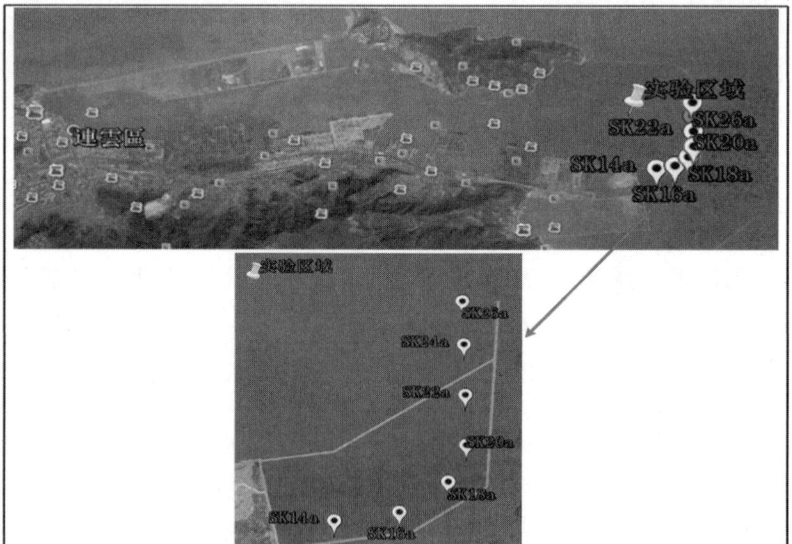

图 9-34　钻孔位置分布图 2

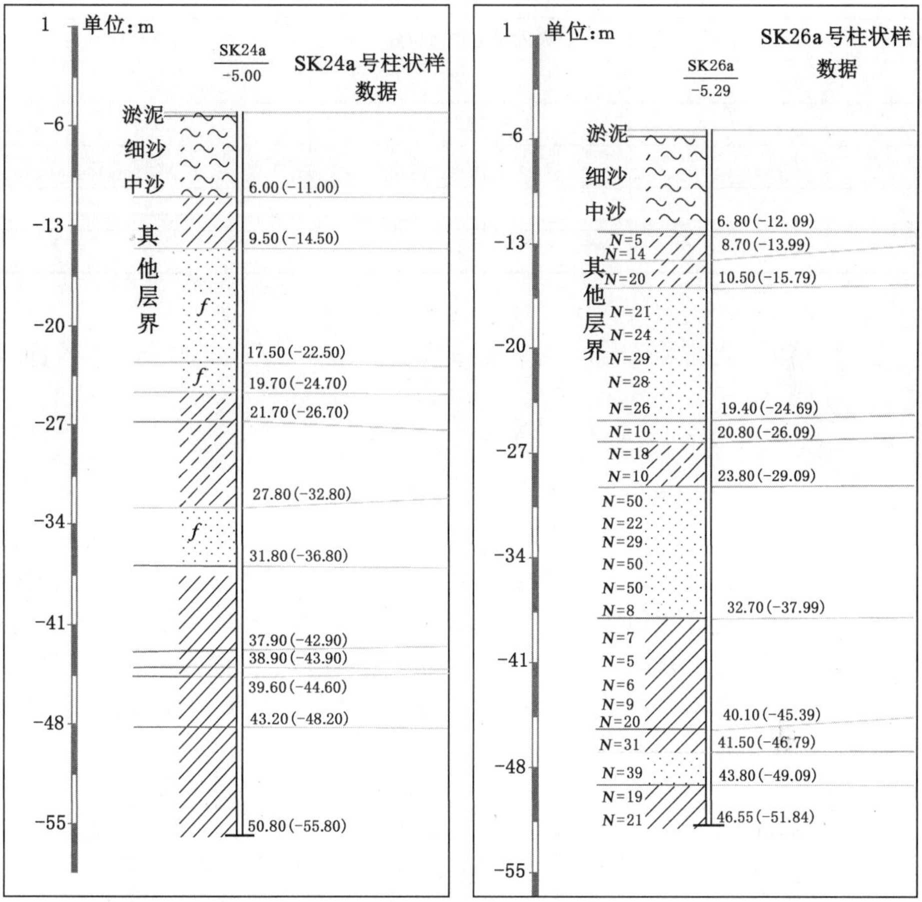

图 9-35 SK24a、SK26a 号钻孔资料

9.4.4.2 淤泥层数据提取精度对比

选用 SES-2000 Light Plus SBP 探测系统进行外业数据测量，将测量得到的原始数据根据 SBP 探测数据处理相关步骤进行操作，便可以得到测区淤泥层界数据。淤泥层界数据是以文本文件格式保存的。此以第 5 条测线数据进行举例说明，淤泥层界提取结果如表 9-6 所示。

在表 9-6 中，Ping 的位置距离代表的是测线航向距离，其单位距离是测线实际距离除以 N 个 Ping 值得到的，选用相应计算模型，如式(9-7)；淤泥层上、下界面位置代表的是 SBP 探测系统测量海底淤泥层位置的距离，包括海水深度值，其单位距离是 SBP 探测系统测量的实际海底地质深度值除以 Z 个 Ping 的节点数值得到的，淤泥层界面位置计算模型如式(9-8)：

表 9-6　　　　淤泥层界数据记录格式

Ping 号	淤泥层上界面位置	淤泥层下界面位置
1	203	505
2	548	559
3	543	547
4	573	586
……	……	……

$$X = \frac{x}{N} \tag{9-7}$$

$$Y = \frac{y}{Z} \times n \tag{9-8}$$

式中，x 表示航线实际距离；N 表示 Ping 值总数；X 表示 Ping 位置单位距离；y 表示 SBP 探测实际测深值；Z 表示 Ping 节点总数值；Y 表示淤泥层界面位置。

将自主研发软件提取的数据，利用式(9-7)、式(9-8)进行淤泥层位置转换计算，通过与钻孔柱状样数据以及 SBP 探测系统附带的 ISE 软件手动提取淤泥层数据结果做一个对比分析，分析结果表明，两个软件提取的淤泥层位置数据误差范围是符合工程容差范围的，误差小于 1%，证明自主研发的软件算法可靠性强。结果分析如图 9-36 所示，部分对比数据如表 9-7 所示。

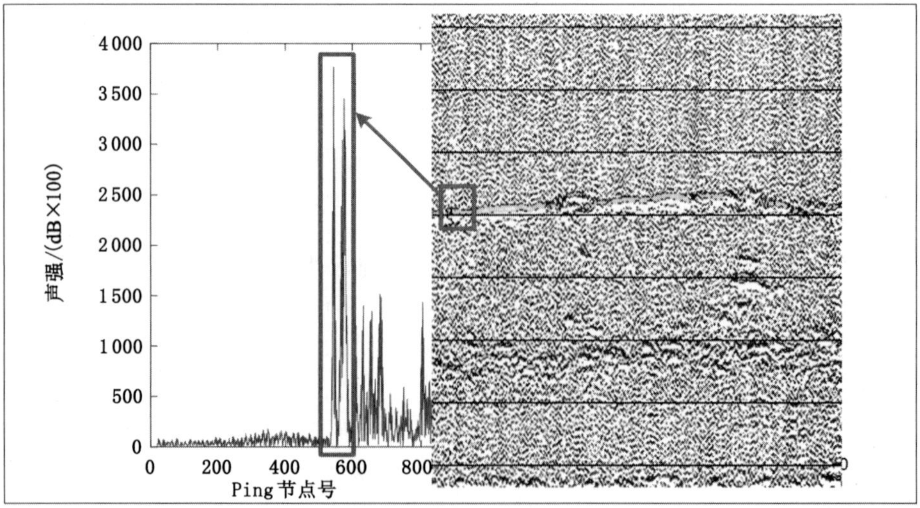

图 9-36　淤泥层数据提取精度对比分析

表 9-7　　　　淤泥层数据提取精度对比表

序号	自主研发软件 淤泥层厚度/m	ISE 软件 淤泥层厚度/m	钻孔柱状样数据 淤泥层厚度/m
1	0.21	0.27	参考数据 0.20
2	0.24	0.20	
3	0.18	0.15	
4	0.23	0.24	
5	0.28	0.28	
6	0.25	0.27	
7	0.27	0.24	
8	0.17	0.19	
9	0.82	0.85	参考数据 0.89
10	0.89	0.89	
11	0.87	0.86	
12	0.85	0.85	
13	0.89	0.82	
14	0.88	0.84	
15	0.84	0.81	
16	0.81	0.89	
17	0.23	0.23	参考数据 0.25
18	0.24	0.22	
19	0.31	0.26	
20	0.26	0.25	
21	0.27	0.26	
22	0.29	0.27	
23	0.28	0.32	
24	0.25	0.26	
25	0.37	0.31	参考数据 0.36
26	0.34	0.41	
27	0.37	0.36	
28	0.33	0.37	
29	0.38	0.37	
30	0.37	0.39	
31	0.39	0.44	
32	0.32	0.36	

续表 9-7

序号	自主研发软件 淤泥层厚度/m	ISE 软件 淤泥层厚度/m	钻孔柱状样数据 淤泥层厚度/m
33	0.49	0.44	参考数据 0.51
34	0.51	0.48	
35	0.49	0.53	
36	0.48	0.51	
37	0.48	0.47	
38	0.49	0.49	
39	0.52	0.47	
40	0.51	0.47	
41	0.48	0.46	
42	0.44	0.41	参考数据 0.43
43	0.37	0.42	
44	0.43	0.43	
45	0.45	0.45	

9.4.5 实验解译

海底地质剖面资料的解释是海洋测绘工作的关键环节。SBP 探测外业调查工作是为了获取原始数据，经过后期数据处理，便可以得到 SBP 探测成果文件，方便相关人员进行分析研究。

海底地质剖面资料的解释是通过声波的运动学、动力学等相关规律，对海底 SBP 探测反射波信号进行一个去伪存真、由表及里的研究。首先通过相关数学模型识别出来自海底地质分层界面的反射波，并通过时间或者声强等因素判断出海底地质分层界面反射波与实际海底地质层界位置的对应关系，以及分析出海底地质剖面上所反映的各种地质特征现象，如断层、浅层气、海底管线等。海底地质剖面资料可以反映出地质构造的真实情况，但也可能是某些假象；海底地质剖面资料上的同相轴只是反映海底地层的起伏形态，至于每一层的构造成分还是不清楚的，并且也不能对测量区域的整个分层界面起伏状况作出三维完整的描述。因此，必须对海底地质剖面资料进行解译工作。

9.4.5.1 海底跟踪

海底表层是海水与海底淤泥之间的分界面，该分界面处声波会发生很明显的声波阻抗现象。因此，在海底地质剖面图上准确地识别出海底表层，是海底地质剖面资料解释的最重要一步，并且后续的海底地质剖面资料解译工作内容都是基于海底作为基准进行的。

海底跟踪目前主要有最大振幅法、能量比值法、梯度法，普遍最实用的方法是梯度法。对于海底表层声波反射回到换能器接收装置之前，换能器接收到的声波信号主要是噪声，能量比较弱且起伏比较小。当海底表层声波反射回到换能器之后，接收到的信号就是噪声与海底表层回波信号的叠加声波信号，此时能量大且起伏较大。如图 9-37 所示，所有海底回波位于噪声的接壤处，具有梯度和振幅的极大值性质，对于海底跟踪具有普遍实用法则。

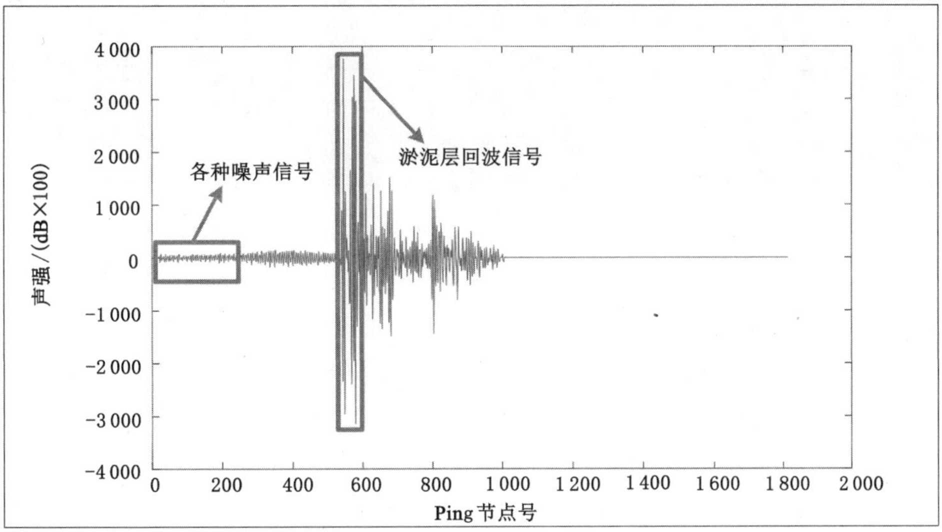

图 9-37　海底回波声强示意图

9.4.5.2　钻孔数据确定海底地质分层界面

根据同一块区域海底地质钻孔柱状样数据，可以从钻孔中心位置向外沿着测线轨迹方向对海底地质进行海底地质分层界面的划分，然后按照距离钻孔中心位置由近及远的顺序分别对其他测线剖面进行分层界面的划分，且相邻两条测线之间的分层界面划分应该具有连续性。总体来说，海底地质分层界面与钻孔柱状样数据是基本对应的。

由于海底地质分层界面是不同类型沉积物的分界面，因此能够反映出海底地质构造的主要特征，主要表现在分层界面回波信号连续、清晰且比较稳定，且同一个分层界面具有相同的回波信号形态、能量、频率等内容。

9.4.5.3　详细分层解译

因为钻孔柱状样数据是单个位置点数据，因此对于海底地质详细分层就不能够依赖于钻孔资料了，而是需要根据海底地质分层界面反射波的同相轴原理进行划分。如图 9-38 所示，当海底地质分层界面连续性好，组成成分稳定，那么分层界面回波的特征就会很明显，可以在较大区域内根据回波相位一致性进行分层界面跟踪，该方法叫作相位对比法。当海底地质分层界面比较靠近时，可以将距离较近的几个分层界面组成一个层界组，则层界组的回波特征就较为明显，因此可以根据层界组的回波进行跟踪层界走势，层界组的子层虽然回波信号特征不是很明显，但是可以通过子层回波的次序和时间差进行区分，该方法叫作波组对比法。

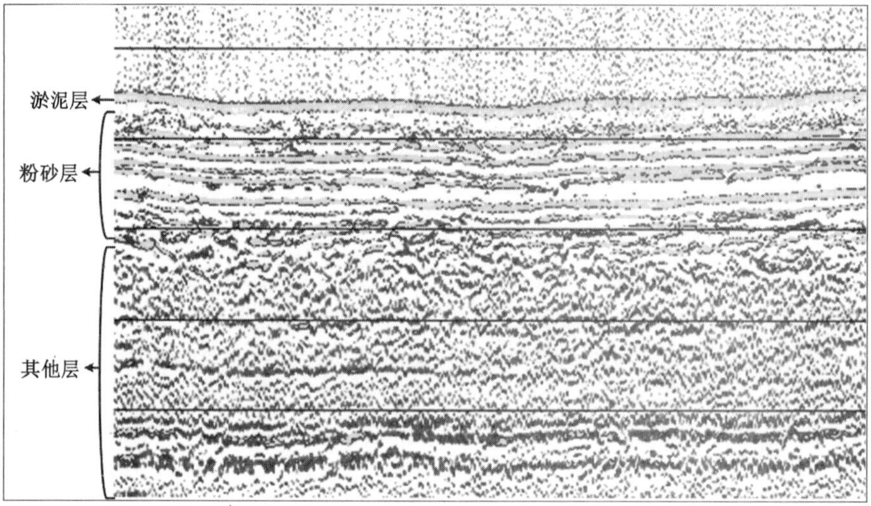

图 9-38　详细分层解译图

9.4.6　实验结论

基于 SBP 探测航道淤泥后处理软件，根据连云港港进行淤泥探测实践过程，自动提取 SBP 探测系统探测数据中的淤泥层界数据，对比分析淤泥提取数据与钻孔柱状样数据以及 SBP 探测系统附带的 ISE 软件手动提取淤泥层数据，结果表明，两个软件提取的淤泥层位置数据误差范围是符合工程容差范围的，同时验证了自主研发的软件算法可靠性强。主要结论如下：

(1) 利用声强波形特征方法提取的淤泥层厚度与钻孔柱状样数据资料差别不大，误差小于 1%，满足清淤施工工程要求。

(2) 连云港实验测量区域航道海水深度较大，最大海水深度 21.48 m，最浅海水深度 5.12 m，平均海水深度 15.34 m。

(3) 连云港实验测量区域淤泥厚度不均、高差大，淤泥最大厚度 2.08 m，最薄厚度 0.15 m，平均厚度 0.49 m。淤泥呈块状分布，凹凸不平，但海床稳定、微冲不淤且航道具有良好的通航能力。

(4) 连云港实验测量区域海底淤泥，含水量一般在 70%以上，最大含水量为 85.5%，孔隙比一般在 2.0 以上，压缩系数在 1.0～2.0 MPa^{-1}左右，在 50 kPa 荷载作用下平均应变量达 25%以上，在 400 kPa 荷载作用下平均应变量约为 50%。

(5) 连云港旗台港区，距离海岸线约 1 000 m，其地貌类型为淤泥质浅滩地貌，水下地形较为平坦。海水位受潮汐影响，水位变幅较大，记录数据显示最大水深差值有 6.5 m。

9.5 海底管线勘测中的应用与分析

9.5.1 概述

海底管线探测包含多项工作步骤，对于悬空、裸露的海底路由管线而言通常需要结合侧扫声呐、多波束测深系统、SBP 探测系统、海洋磁力仪等多种测量设备进行综合探测；对于用途较为特别的管线，甚至还需要使用 ROV 进行管线表面的探伤检测；而对于有埋置深度的海底管线，则侧扫声呐、多波束、ROV 等设备就无法施测。

对于海底埋深管线，其探测精度通常要求相对较高，定位、定深是必不可少的探测成果资料。对于有埋深的、看不见、摸不着的管线，当前在考虑成本的情况下只有海洋磁力调查和 SBP 探测是较为合适的调查方法。海洋磁力调查过程中海洋磁力仪通常是船尾拖曳式测量，在测得磁力异常点后，计算磁力异常位置坐标通常需要考虑布放拖缆的长度、磁力仪浮水深度等因素，经过误差累积，最终计算出的坐标通常与管线真实位置偏差较大。因此，固定安装的 SBP 探测设备成为海底埋深管线探测的高性价比设备。

参量阵 SBP 探测系统发射的差频声波拥有极强的指向性，且旁瓣效应低，通过非线性调频技术的运用，其在保障较强的穿透能力和分辨率的条件下，可以详细探测出类似管线的海底较小目标物的结构状况。结合 DGPS 导航定位系统，可以准确对海底管线进行平面位置的确定，即满足对管线的定位要求；利用声波反射信号的双程旅行时间以及声速可以准确计算出管线埋置深度，即满足定深要求。实验所用管线数据均由 SES-2000 Standard 型参量阵 SBP 探测系统在实践过程中采集获取，设备的主要参数如表 9-8 所示。

表 9-8　　SES-2000 Standard 型参量阵 SBP 探测系统技术参数

参数	参数值
数据存储格式	SES/RAW 格式
SBP 主频频率	90～115 kHz
SBP 低频频率	4 kHz、5 kHz、6 kHz、8 kHz、10 kHz、12 kHz、15 kHz(中央频率,可选)
SBP 波束角	±4°
SBP 工作水深范围	1～500 m
SBP 垂向分辨率	最小 5 cm
脉冲频率	最大 50 Ping/s

9.5.2　探测技术优化应用

为保证所探测的管线特征在 SBP 探测图像中容易识别,利用 SBP 探测系统进行管线探测布置时,计划测线需要垂直管线路由布设,施测过程中也需要保持换能器垂直经过管线,这样才能保持测得的管线痕迹清晰可见。

9.5.2.1　悬空状态下的管线探测

海底管道悬空是海水冲刷和淤积的泥沙量不平衡的结果,当某一海域海水携砂力大于该区域淤积的含沙量时,则会发生冲刷现象,导致该区域淤积的泥沙减少,严重时即会造成该处管道悬空。悬空状态的海底管线分布形态如图9-39所示,管线明显高于海底处于悬空状态,海底界面明显,因管线处反射信号强而形成颜色较深的图像,其图像呈抛物弧状且清晰可见,其深度可由双程旅行时间与声速数据计算获取。

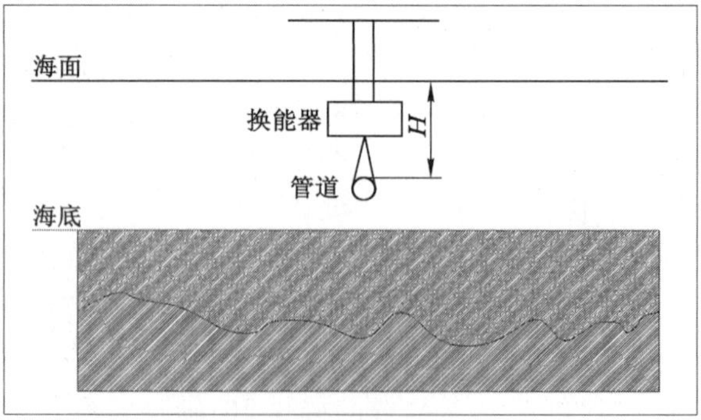

图 9-39　悬空管线示意图

悬空状态下的管线在剧烈海流冲刷、海床冲淤的情况下受力增大,很有可能造成管道的断裂。国内曾有输油管道破裂的事故,其修复难度大且费用昂贵。

此外，如果是输油管道断裂，则会造成严重的环境污染，影响附近海域百姓的日常生活。因此，对悬空管线的探测一定要做到定期检测与维护，确保管线变形量在可控范围之内。

9.5.2.2　裸露状态下的管线探测

裸露管线是指管线经过铺设之后，当泥沙淤积量大于海水携砂能力，则有泥沙淤积在铺设的管道周围，形成半露出半掩埋的状态，如图 9-40 所示。利用 SBP 探测技术探测裸露管线，在判图过程中应特别注意沉积物反射的影响，当管道与沉积物对声波反射能量大小相近时，则很难判读出图像中哪个部位是管道，此时通常要结合与其相近测线的 SBP 探测图像综合对比分析，进而识别出管线所在位置。

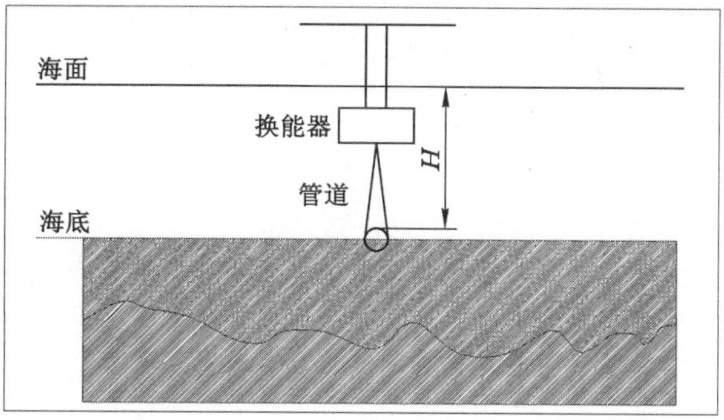

图 9-40　裸露管线示意图

如图 9-41 所示，裸露管线是东营某油田输油管道探测中获取的 SBP 探测数据，由于该条输油管道直径较大，从(a)图的数字包络图像较难判断该处是否是输油管道位置，但在(b)图的振幅包络图像中更清晰地反映出管道反射波与两侧沉积物反射波的不同之处，管道的反射波更密，而沉积物的反射波较为稀疏，从管道正下方的反射图像来看，左图中管道正下方几乎没有反射回波，更为容易判断此处目标有别于周围沉积物。如图 9-42 所示，小直径的管线在数字包络图中还是非常容易分辨的。因此，在遇到不易判别的含有管道的 SBP 探测图像时，可根据不同成像方式来进行判图，以达到准确无误判定目标物位置、分析目标物海底轮廓的目的。

9.5.2.3　埋深状态下的管线探测

铺设管线通常需要进行开挖管沟，按照设计深度进行管沟的开挖并即时下放铺设管线，但通常不再回埋，利用自然回淤达到回埋的效果，经长时间自然回淤直至管沟与自然海底面齐平，这种情况下会形成上覆泥沙等沉积物的埋深状

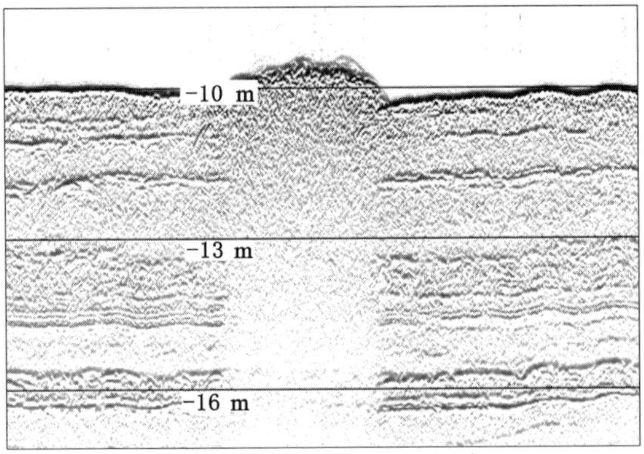

(a)

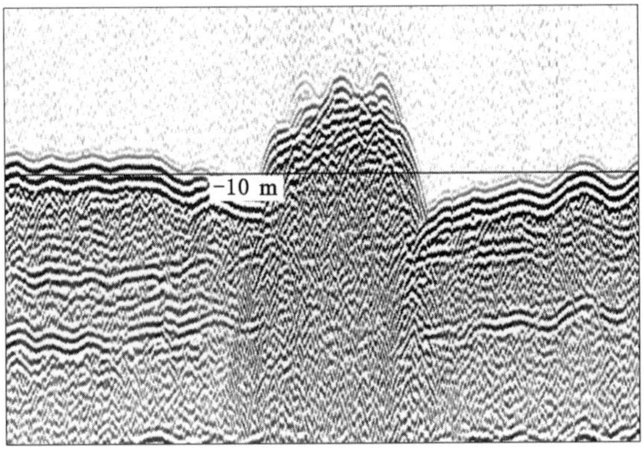

(b)

图 9-41　大直径裸露管线包络图像

(a) 数字包络图像；(b) 振幅包络图像

态的管线，其形态如图 9-43 所示，实际探测到的管线如图 9-44 中的弧状物体所示。

9.5.3　探测问题对策分析

利用 SBP 探测技术勘测自然回淤状况良好的埋深管线效果是非常明显的，如果管沟自然回淤不均，且管沟两侧堆积沉积物过高的情况下进行 SBP 探测，常常会有回转波、绕射波的产生，这两种波的存在会与 SBP 探测图像中管线的反射弧产生严重混淆，为管线反射弧的识别与管线定深带来极大困难。

9.5.3.1　问题分析

深水中利用 SBP 探测技术进行埋深管线探测需要同时顾及 SBP 探测系统的穿透能力和分辨率。穿透能力与分辨率之间存在矛盾关系，SBP 探测系统发

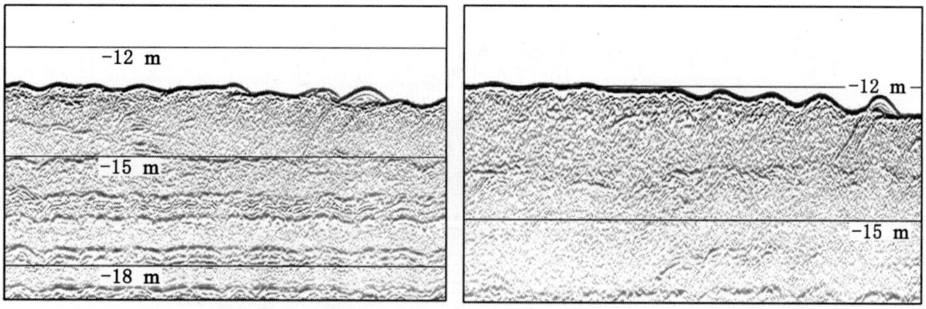

图 9-42　小直径裸露管线实测剖面图

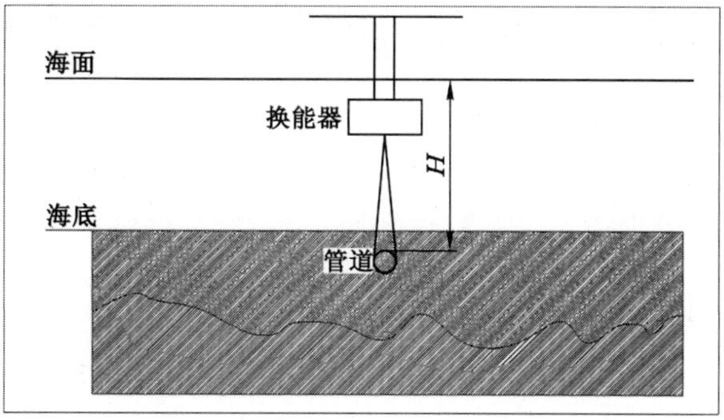

图 9-43　埋深管线示意图

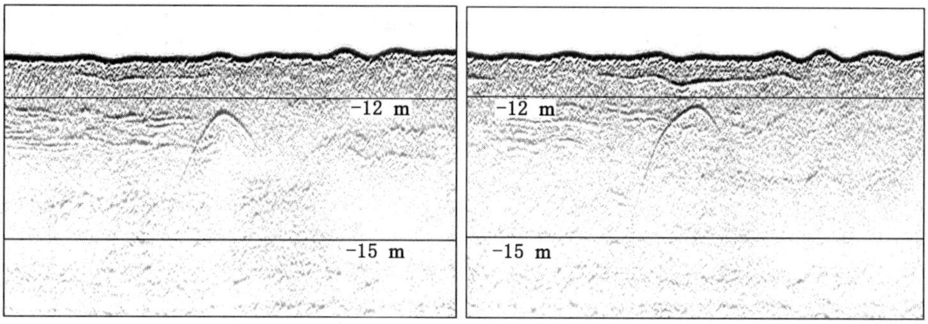

图 9-44　一组同直径不同位置埋深管线实测剖面图

射频率越低其穿透能力越大，分辨率越低。鉴于管线位置位于近百米深度，为了能得到管线的反射回波，SBP 探测系统所发射震源声波必须有足够大的能量（即相对低的发射频率），此时分辨率就显得差强人意。同时管沟两侧堆积物过高且呈圆弧状，受这些不整合凸起点反射波的影响，最终形成如图 9-45 中难以进行分辨的管线反射波的剖面图像。

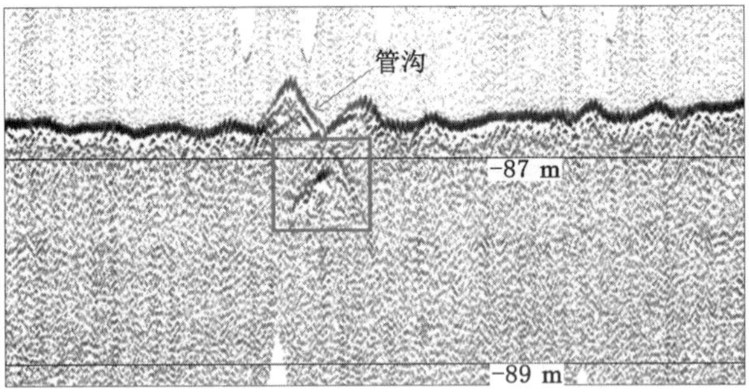

图 9-45　有管沟的 87 m 水深处管线实测剖面图

如图 9-44 所示的管线探测数据采集于东海某海域，管道材质为钢铁材质，采集参数具体为：采样频率 12 kHz，吃水深度 2.08 m，采集过程显示的深度起始值为 85 m，深度显示范围为 5 m。提取出的管沟回转波与管道反射弧所在道的采样数为 480。

产生图 9-44 方框中反射波的主要原因是管沟两侧堆积的不整合沉积物产生回转波。回转波实质上就是地层中凹界面上的反射波，由于回转波是在凹界面上形成的，即界面上的反射点坐标和时距曲线上的点坐标没有严格意义上的单一对应的关系。例如，界面上某两个点的反射可能同时达到换能器接收阵列的同一个观测点，这是回转波与平界面反射波相比的特殊性。典型回转波如图 9-46(a)所示，凹状的管沟形成向上凸的抛物状反射弧，与管线的抛物状反射弧互相混淆，如果判断不出两个反射弧哪个是管线位置，管线定深工作就无法进行。

9.5.3.2　解决措施

(1) 基于波路径的偏移处理。针对管沟凹界面上回转波同相轴上回转波的产生机理，如图 9-47 所示，基于回转波产生的机理及波的传播路径，可根据波的偏移进行回转波的偏移成像处理，滤除回转波，恢复管沟真实状况的反射波，如图 9-47(b)所示。结合图9-46与图 9-47 分析，即可合理解释管线的反射弧是图 9-45 中框中 87 m 界线下方的反射弧。

(2) 基于信号分析的管道反射弧识别。考虑到管线物理性质与沉积物物理性质的差异性，管沟回转波的抛物状反射弧与管道的抛物状反射弧在声强上会有一个固定的差值，其声阻抗必然不是等值的。利用管沟沉积物与管道的这一差异，可进行二者反射弧所在道的数据提取，进行声信号分析鉴别二者在同相轴

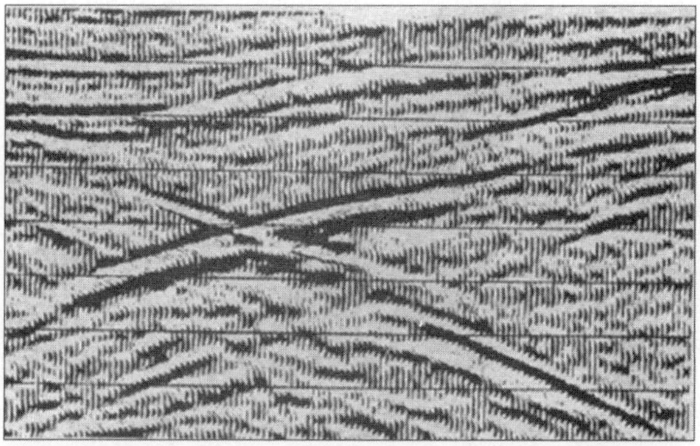

(a)

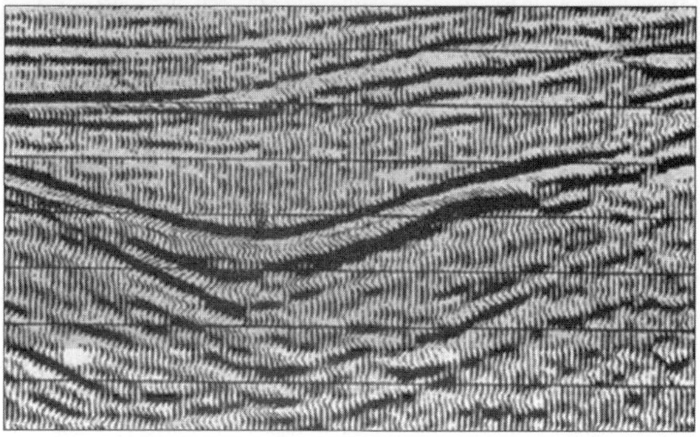

(b)

图 9-46 回转波偏移前后剖面图

(a) 有回转波的地层剖面图；(b) 偏移后地层剖面图

上的振幅差异性，振幅强的位置则是管道所在位置。

提取出管道反射弧弧顶与回转波弧顶所在道的声强数据并求其平均值，道堆积紧密时，提取 10～20 个单道数据求其平均值，形成样本与振幅对应的"样本—振幅"图像，如图 9-48 所示。根据式(9-1)计算振幅强度跳变大的样本点所在深度，进行海底-回转波、回转波-管道弧顶的比较，进而确定出管线所在深度值。

$$h = H_0 + \frac{(H_1 - H_0)n}{N} \tag{9-9}$$

式中，h 为某一样本对应的深度；H_0 为深度起始值；H_1 为深度变化范围值；n 为第 n 个样本；N 为该声强文件中总的样本数。

从图 9-47 可明显看出标记的两个样本处是振幅变化明显的深度位置，即声阻抗较大的位置。根据式(9-9)可以计算，道样本数为 167 处的深度为 86.74 m，

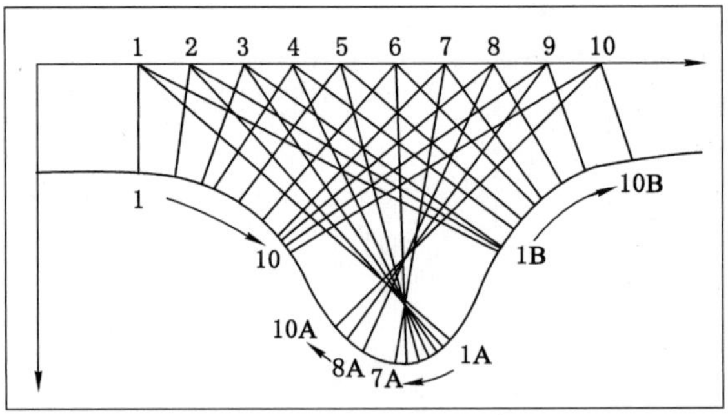

(a)

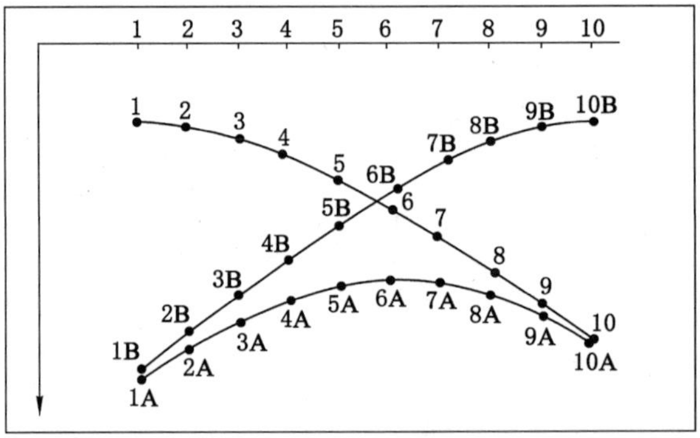

(b)

图 9-47 凹界面回转波同相轴

(a) 自激收情况下射线路径；(b) 时间剖面上回转波同相轴形态

样本 209 处的深度值为 87.18 m。考虑到管道材质为钢铁，其声阻抗相对沉积泥沙要大，所以可以确定管道深度所在位置为 87.18 m 处，即在图 9-47 中两个反射弧中下方反射弧才是管道的回波。

9.5.4 探测图像三维显示

三维可视化技术应用于 SBP 探测技术中可实现 SBP 探测图像的三维全景可视化，对于多条测线的 SBP 探测数据清晰地显示在一个三维立体区域，有助于研究人员从整体上清晰地认识该区域地层构造机理特征，针对特定小型目标物可通过拉伸缩放进行目标物特征详细识别，掌握目标物所在空间位置。

利用功能强大的 IVS 3D Fledermaus 交互式三维数据可视化系统，融合 SBP 探测数据后处理软件 ISE 处理输出的 SD 文件，可实现海底地层剖面的三维显示。因为三维可视化必须有平面的坐标与深度信息作为标签轴，而 SBP 探测系统采集数据时频率高，且主要是单道采集模式，原始地层剖面数据中不能保

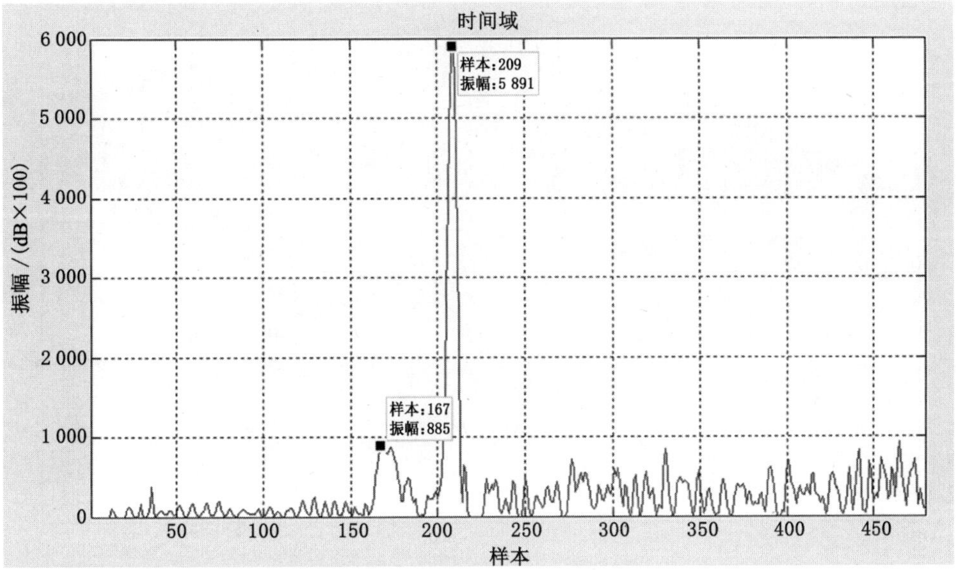

图 9-48　管沟回转波与管道反射弧所在道集的样本—振幅图像

证每一 Ping 都有对应的坐标信息，因此直接采集的 SBP 数据不能直接应用于三维可视化系统中。

为保证 SBP 数据每一道的回波图能够准确投影到非线性的弯曲幕帘图窗上，必须进行 SBP 数据的坐标插值。坐标插值有两个重要作用：第一是保证每一 Ping 都有对应的坐标值；第二是坐标校正，坐标插值过程中可同时将地层剖面回波图的横向尺度与速度异常点剔除，保证图像的严谨可靠性。对于导航数据质量差的 SBP 探测数据，进行一次坐标插值是不能满足三维显示需求的，对于这种数据要进行多次坐标插值，以保证三维显示的剖面图像更加饱满。

SBP 探测图像的三维可视化充分发挥了人机交互的优势，剖面立体可通过研究人员手动调节观测角度、显示比例等参数，将需要分析的地层剖面调整至最佳效果进行展现，可随时将地质突变地层进行放大显示，以满足研究人员判图过程中的不同需求。

如图 9-49 所示，是探测裸露管线的多条 SBP 探测图像经过数据拼接、坐标插值加密后的三维图像显示。从图像中可明显看出，在坐标(4 229 525.0，659 850.0)处剖面图像有明显的凸起抛物弧，该管弧在每一段地层剖面上均有出现，直至三维图像坐标(4 229 350.0，660 100.0)处，如将两个坐标连接成线，即可确定出管线的路由，与设计路由相比较，则可以获得管道路由的偏差。这种三维图像显示的方法更能直观地看出管线的走向，同时在遇到图像不好判读的情

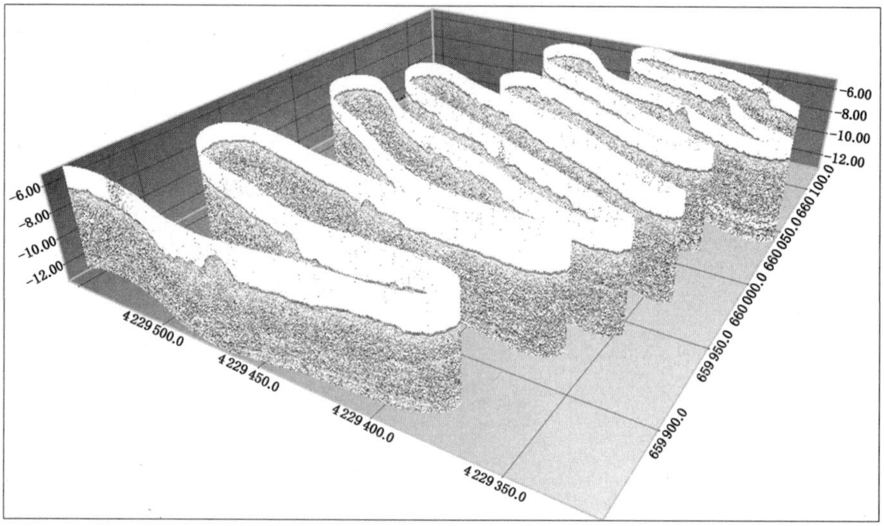

(a)

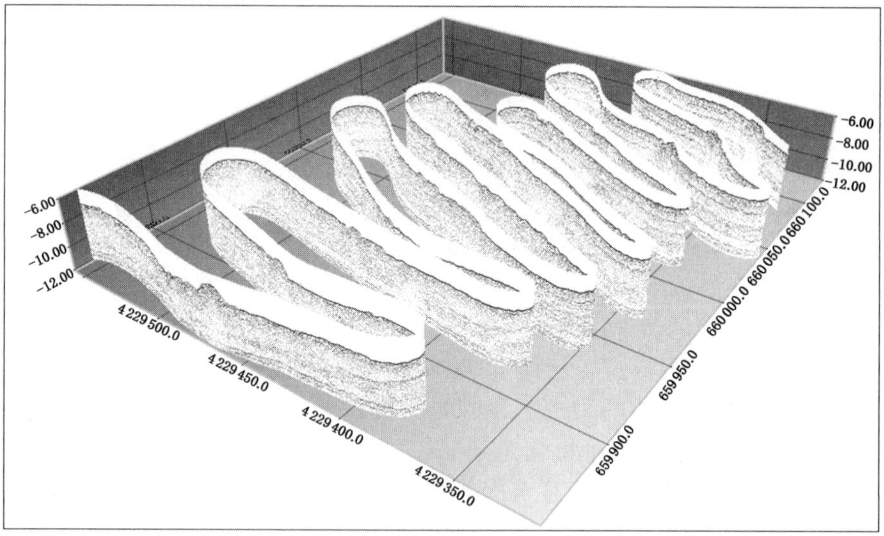

(b)

图 9-49　管线探测地层剖面三维显示图

况下，可结合前后段的剖面图像对比分析，使地层剖面资料说明性更强，可信度更高。

如图 9-50 所示，三维图像中的 SBP 探测图像是浙江温岭某港池为了清淤疏浚计算淤泥方量而进行探测获取的 SBP 数据。四段数据呈交叉状，在放大的情况下能清晰地显示出断面交叉点位置的地层反馈图像信息，在淤泥层层序划分后可以全局、全方位地把握港池淤积状况，对于港池清淤工作量概算有较大帮助。

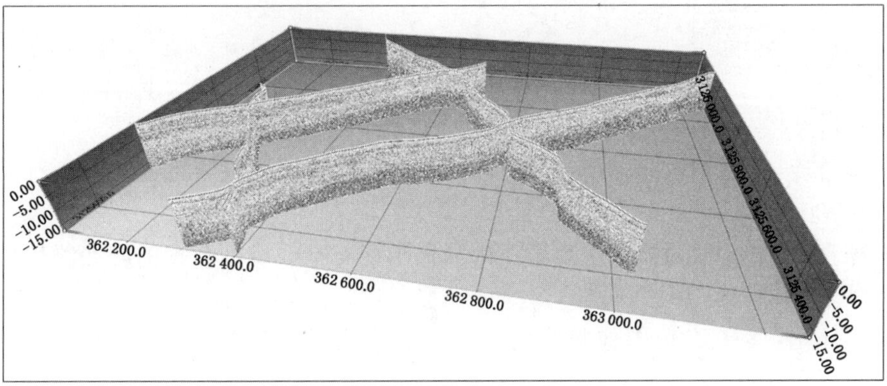

(a)

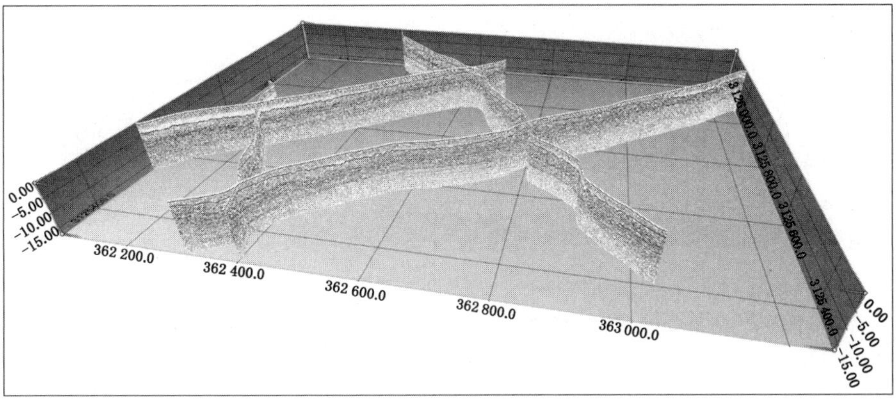

(b)

图 9-50　港池清淤 SBP 探测三维显示图

SBP 探测图像的三维可视化技术实现了地层剖面的立体显示，通过调整图像色彩，于地层层序划分而言，可在图像中清晰显示地层层序的起伏变化及其走势；通过拉伸图像调整分辨率，于分辨地层中的特定目标物而言，可以对比其他地质图像快速找到目标物反射波。SBP 探测图像的三维可视化技术综合整个探测区域的 SBP 探测信息，使研究人员与工程技术人员可以更好地理解测区地质概况，提高工作效率，提升地质解释的准确性与合理性。

参考文献

[1] 蔡希玲，赵波，贺振华，等.异常噪声对叠前多道处理效果的影响[J].石油物探，2002，41(1)：84-87.

[2] 陈森，阎贫，王彦林.东沙群岛西南泥火山区 Chirp 浅剖数据的海底物性反演[J].地球科学，2016，41(3)：425-432.

[3] 邓仕超，黄寅.二值图像膨胀腐蚀的快速算法[J].计算机工程与应用，2017，53(5)：207-211.

[4] 丁维凤，李家彪，苏希华，等.声学地层剖面深水探测研究与开发[J].海洋学报，2015，37(6)：70-77.

[5] 董玉娟，周浩杰，王正虎.侧扫声纳和浅地层剖面仪在海底管线检测中的应用[J].水道港口，2015，36(5)：450-455.

[6] 段瑞玲，李庆祥，李玉和.图像边缘检测方法研究综述[J].光学技术，2005，31(3)：415-419.

[7] 冯强强，温明明，吴衡，等.海洋浅地层剖面资料的数据处理方法[J].海洋地质前沿，2013，29(11)：49-54.

[8] 高薪，胡月，杜威，等.腐蚀膨胀算法对灰度图像去噪的应用[J].北京印刷学院学报，2014，22(4)：63-65.

[9] 何林帮，赵建虎，张红梅，等.基于 MB 栅格回波强度和改进 BPNN 的底质分类[J].中国矿业大学学报，2014，43(5)：956-961.

[10] 何林帮.基于多波束和浅剖的海底浅表层沉积物分类关键问题研究[D].武汉：武汉大学，2015.

[11] 胡梦涛，蒋廷臣，李佳琦，等.浅剖数据解译中淤泥层层界提取方法[J].测绘通报，2017(6)：72-76.

[12] 纪良波.基于小波神经网络熔丝堆积三维打印精度预测模型[J].上海交通大学学报，2015，49(3)：375-378.

[13] 姜小俊，胡建炯，史永忠.海底基岩高程测量中浅地层剖面仪数据处理方法研究[J].测绘科学，2008，33(5)：169-170.

[14] 金明霞，张冰，易淑昌.基于 Gabor 变换反褶积技术在渤海某工区的应用研

究[J].地球物理学进展,2017,32(2):856-861.

[15] 金翔龙.海洋地球物理研究与海底探测声学技术的发展[J].地球物理学进展,2007,22(4):1243-1249.

[16] 李平,杜军.浅地层剖面探测综述[J].海洋通报,2011,30(3):344-350.

[17] 李一保,张玉芬,刘玉兰,等.浅地层剖面仪在海洋工程中的应用[J].工程地球物理学报,2007,4(1):4-8.

[18] 李增林,亓发庆.采用独特低电压技术的新型浅地层剖面仪 C-Boom[J].海岸工程,2005,24(3):72-77.

[19] 刘伯胜,雷家煜.水声学原理[M].哈尔滨:哈尔滨工程大学出版社,2010.

[20] 刘加银,刘海行,苏天赟,等.一种海底浅层声学探测数据综合可视化方法[J].海洋通报,2015,34(3):322-326.

[21] 刘秀娟,高抒,赵铁虎.浅地层剖面原始数据中海底反射信号的识别及海底地形的自动提取[J].物探与化探,2009,33(5):576-579.

[22] 刘秀娟,高抒,邹文,等.浅地层剖面仪 SEGY 型数据文件的读取[J].物探化探计算技术,2007,29(3):273-275.

[23] 刘雁春,暴景阳,李明叁.我国海洋测绘技术的新进展[J].测绘通报,2007(3):1-7.

[24] 刘玉萍,丁龙翔,杨志成,等.利用浅剖资料进行海底底质分析[J].物探与化探,2016,40(1):66-72.

[25] 罗进华,丁维凤,潘国富.改进的滚动时窗法实现海底浅地层剖面反射层位自动拾取的研究[J].物探化探计算技术,2008,30(5):363-367.

[26] 吕公河.高精度地震勘探采集技术探讨[J].石油地球物理勘探,2005,40(3):261-266.

[27] 吕连港,高大治,刘进忠,等.浅地层剖面仪的测量模拟[J].海洋科学进展,2011,29(3):411-417.

[28] 牛雄伟,阮爱国,吴振利,等.海底地震仪实用技术探讨[J].地球物理学进展,2014,29(3):1418-1425.

[29] 裴彦良,王揆洋,闫克平,等.深水浅地层高分辨率多道地震探测系统研究[J].海洋科学进展,2010,28(2):244-249.

[30] 钱祖文.非线性声学[M].北京:科学出版社,2009.

[31] 施凤,张红梅,赵建虎.浅地层剖面数据的自动精处理方法研究[J].测绘地理信息,2017,42(2):49-52.

[32] 石颖,王维红.基于波动方程预测和双曲 Radon 变换联合压制表面多次波[J].地球物理学报,2012,55(9):3115-3125.

[33] 苏天赟，吕智涵，周林，等.基于 web3d 的海底地层三维可视化平台[J].系统仿真学报，2013，25(10)：2403-2407.

[34] 孙鹏.浅地层剖面仪在海底管线探测中的应用[J].珠江水运，2015(13)：76-77.

[35] 王方旗，吕京福，申宏，等.浅地层剖面资料解释中的陷阱问题分析[J].物探与化探，2013，37(6)：1061-1066.

[36] 王方旗，亓发庆，姚菁，等.浅海区 C-Boom 型浅地层剖面地层畸变及校正[J].海洋科学进展，2011，29(1)：47-53.

[37] 王方旗，周兴华，丁继胜，等.浅地层剖面仪和侧扫声呐仪器检测与评价方法研究[J].海洋科学进展，2017，35(4)：559-566.

[38] 王培刚.海洋高新技术装备选购指南——海底探测类[M].北京：海洋出版社，2013.

[39] 王琪，刘雁春，暴景阳.浅剖仪垂直探测分辨力分析[J].海洋科学，2003，27(6)：77-80.

[40] 王琪，肖付民，暴景阳，等.浅地层剖面仪垂直测量性能分析[J].海洋测绘，2013，33(2)：29-33.

[41] 王晓松，徐妍，田董炜，等.SharpGL 三维建模技术实现[J].软件导刊，2017，16(4)：205-208.

[42] 吴时国，张建.海洋地球物理探测[M].北京：科学出版社，2017.

[43] 肖迁，李文华，李志刚，等.基于改进的小波-BP 神经网络的风速和风电功率预测[J].电力系统保护与控制，2014，42(15)：80-86.

[44] 熊章强，方根显.浅层地震勘探[M].北京：地震出版社，2002.

[45] 徐国强，亓发庆，阚长宾，等.浅海海底管道探测技术探讨[J].海岸工程，2013，32(2)：20-29.

[46] 徐泰然，卢占武，王海燕，等.深反射地震剖面数据处理的主要技术方法[J].地球物理学进展，2017，32(2)：762-774.

[47] 阳凡林，刘经南，赵建虎，等.基于遗传算法的 BP 网络实现海底底质分类[J].测绘科学，2006，31(2)：111-114.

[48] 杨词银，许枫.基于分形维的底质分类[J].海洋测绘，2005，24(6)：5-8.

[49] 杨敏，宋湦，王芳，等.掩埋海底管道探测方法及新技术应用研究[J].海洋科学，2015，39(6)：129-132.

[50] 俞巍巍，郑红，程苇杭，等.浅剖仪数据处理后图像的可视化实现[J].中国水运，2018，18(9)：60-61.

[51] 翟国君，黄谟涛.海洋测量技术研究进展与展望[J].测绘学报，2017，46

(10):1752-1759.

[52] 张海青,王宁.应用浅剖灰度图像进行海底底质分类[J].中国海洋大学学报,2006,36(s2):131-135.

[53] 张军华,缪彦舒,郑旭刚,等.预测反褶积去多次波几个理论问题探讨[J].物探化探计算技术,2009,31(1):6-10.

[54] 张庆河,侯凤林,夏波,等.黄骅港外航道淤积的二维数学模拟[J].中国港湾建设,2006(5):6-9.

[55] 张同伟,秦升杰,王向鑫,等.深海浅地层剖面探测系统现状及展望[J].工程地球物理学报,2018,15(5):547-553.

[56] 张晓磊,王润秋,邓晓娟,等.混合相位反褶积串联形态滤波技术提高地震资料分辨率[J].石油地球物理勘探,2016,51(4):670-676.

[57] 赵波,谭军,李金山,等.浅地层剖面的自由界面多次波预测与衰减[J].中国海洋大学学报(自然科学版),2017,47(8):112-118.

[58] 赵建虎,冯杰,施凤,等.基于图像处理技术的浅地层层界划分方法[J].中国矿业大学学报,2016,45(2):411-417.

[59] 赵铁虎,张志珣,许枫.浅水区浅地层剖面测量典型问题分析[J].物探化探计算技术,2002,24(3):215-219.

[60] 郑红波,阎贫,王彦林,等.基于希尔伯特变换的 Chirp 信号浅地层剖面数据分析及转换[J].海洋技术,2012,31(1):91-95.

[61] 周兴华,姜小俊,史永忠.侧扫声纳和浅地层剖面仪在杭州湾海底管线检测中的应用[J].海洋测绘,2007,27(4):64-67.

[62] 朱建军,魏玉阔,杜伟东,等.基于分数阶傅里叶变换的 Chirp 浅剖精细探测方法[J].电子与信息学报,2015,37(1):103-109.

[63] 朱再宁,晏琮良.基于浅层地震勘探技术的近海海底断裂探测研究[J].地质学刊,2015,39(2):258-262.

[64] 祝鸿浩,王锦柏.参量阵浅剖仪及其信号预处理方法研究[J].现代电子技术,2018,38(9):47-50.

[65] 祝鸿浩.参量阵浅地层剖面技术研究[D].北京:中国舰船研究院,2015.

[66] 庄杰枣,王绍智,兰志光.浅地层剖面记录地质解释的若干问题[J].海洋测绘,1996(2):16-24.

[67] ALAN J, MARTIN H. Seabed fluid flow: The impact on geology, biology and the marine environment[M]. Cambridge: Cambridge University Press, 2007:2-9.

[68] ALVANITOPOULOS P F, ANDREADIS I, ELENAS A. Interdependence

between damage indices and ground motion parameters based on Hilbert-Huang transform[J]. Measurement science & technology,2009,21(2):25-101.

[69] CANEPA G,BERGEM O,PACE N G.A new algorithm for automatic processing of bathymetric data[J].IEEE journal of oceanic engineering,2003,28(1):62-77.

[70] CHAPPELL D, GIANI S, TANNER G. Dynamical energy analysis for built-up acoustic systems at high frequencies[J]. The journal of the acoustical society of America,2011,130(3):1420-1429.

[71] CURT D S,THERESA A F,JARED D F,et al.Burial and exhumation of temperate bedrock reefs as elucidated by repetitive high-resolution sea floor sonar surveys: Spatial patterns and impacts to species' richness and diversity[J]. Continental shelf research,2013(55):40-51.

[72] DUNBAR J A, ALLEN P M, HIGLEY P D, et al. Acoustic sub-bottom profiling surveys of flood control reservoirs[J]. Environmental & engineering geoscience,2013,19(2):135-148.

[73] ERSKINE A D. The effect of tidal fluctuation on a coastal aquifer in the UK[J]. Ground water,2010,29(4):556-562.

[74] GUTOWSKI M,BULL J,HENSTOCK T, et al. Chirp sub-bottom profiler source signature design and field testing[J]. Marine geophysical research,2002,3(5):481-492.

[75] HAMILTON L, MULHEARN P, POECKERT R. Comparison of RoxAnn and QTC-View acoustic bottom classification system performance for the Cairns area, Great Barrier Reef, Australia[J].Continental shelf research,1999,19(12):1577-1597.

[76] HAMPSON D. Inverse velocity stacking for multiple elimination[J].Geophysics,1987,52(3):419.

[77] JIAN X X,ZHU S X. Predictive Deconvolution for attenuation of multiple reflections in marine seismic data processing[J]. Journal of coastal research,2005,73:310-314.

[78] LAFFERTY B, QUINN R,BREEN C. A side-scan sonar and high-resolution Chirp sub-bottom profile study of the natural and anthropogenic sedimentary record of Lower Lough Erne, northwestern Ireland[J]. Journal of archaeological science,2006,33(6):756-766.

[79] LANG J. Application examples of 3D visual interpretation technology in

Dagang Oilfield[J].Applied geophysics,2006,3(3):179-186.

[80] LI G,CHEN C.Determining the length of confined aquifer roof extending under the sea by the tidal method[J].Journal of hydrology,1991,123(1-2):97-104.

[81] MARONI C S, QUINQUIS A, VINSON S. Horizon picking on subbottom profiles using multiresolution analysis[J]. Digital signal processing, 2001,11(4):269-287.

[82] MISSIAEN T, WARDELL N, DIX J. Subsurface imaging and sediment characterisation in shallow water environments — Introduction to the special volume[J]. Marine geophysical researches,2005,26(4):83-85.

[83] NUMMIARO K, KOLLER-MEIER E, GOOL L V. An adaptive color-based particle filter[J]. Image & vision computing,2003,21(1):99-110.

[84] RADOVICH B J, OLIVEROS R B. 3-D sequence interpretation of seismic instantaneous attributes from the Gorgon Field[J]. Leading edge, 1998,17(9):1286-1293.

[85] SAVINI A, CORSELLI C. High-resolution bathymetry and acoustic geophysical data from Santa Maria di Leuca Cold Water Coral province (Northern Ionian Sea-Apulian continental slope)[J].Deep-sea research Ⅱ, 2010(57):326-344.

[86] SHELINE H E. Crosswell seismic interpretation and reservoir characterization: An offshore case history[J].Leading edge,2012,17(7):935-939.

[87] STEVENSON I R,MCCANN C,RUNCIMAN P B.An attenuation-based sediment classification technique using Chirp sub-bottom profiler data and laboratory acoustic analysis [J]. Marine geophysical research, 2002, 23(4):277-298.

[88] THEUILLON G, STEPHAN Y, PACAULT A. High-resolution geoacoustic characterization of the seafloor using a subbottom profiler in the Gulf of Lion [J]. IEEE journal of oceanic engineering, 2009, 33 (3): 240-254.